U0262841

浑河中游水污染控制与水环境综合整治技术丛书

基于微波预处理的
污泥减量化和资源化技术

魏源送　王亚炜　刘吉宝　著

科 学 出 版 社

北 京

内 容 简 介

  本书是介绍基于微波预处理的污泥减量化和资源化技术的专著,全书共5章,系统、全面地阐述了污泥处理和资源化现状、微波及其组合污泥预处理技术的特点和处理效果、基于微波预处理的污泥减量化技术、基于微波预处理的污泥资源化技术,并包含了该领域最新的研究进展和工程实践案例。

  本书可供环境工程技术人员、研究人员参考,也可供高等院校环境工程等专业的师生阅读。

图书在版编目(CIP)数据

基于微波预处理的污泥减量化和资源化技术 / 魏源送,王亚炜,刘吉宝著. —北京:科学出版社,2021.5

  (浑河中游水污染控制与水环境综合整治技术丛书)

ISBN 978-7-03-068626-8

Ⅰ. ①基⋯　Ⅱ. ①魏⋯　②王⋯　③刘⋯　Ⅲ. ①污泥处理　②污泥利用　Ⅳ. ①X703

中国版本图书馆 CIP 数据核字(2021)第 069793 号

责任编辑:王喜军　孙　曼 / 责任校对:樊雅琼
责任印制:吴兆东 / 封面设计:壹选文化

科 学 出 版 社 出版
北京东黄城根北街 16 号
邮政编码:100717
http://www.sciencep.com

北京中石油彩色印刷有限责任公司 印刷
科学出版社发行　各地新华书店经销
*
2021 年 5 月第　一　版　　开本:720 × 1000　1/16
2021 年 5 月第一次印刷　　印张:14　插页:4
字数:282 000
定价:98.00 元
(如有印装质量问题,我社负责调换)

前　　言

  随着我国城市化进程的加快和环境质量标准的日益提高，城市污水处理技术得到了长足发展，污泥产生量、处理处置量相应大幅增加。通常污泥处理处置费用占污水处理厂总运行费用的 30%～50%。随着我国土地填埋场地的日益减少、环保法规和民众要求的日益严格，污泥处理处置已成为我国城市污水处理面临的一个严峻挑战。然而，我国在城市污水处理领域长期存在"重水轻泥"的观念，导致我国污泥处理处置的问题日益突出，主要体现在多数污泥尚未得到无害化处理处置、设施建设和运营资金不足、运营监管不到位等问题上。污泥富含有机物以及氮、磷、钾等营养元素，是放错位置的资源，污泥无害化、减量化、资源化、能源化是污泥可持续管理的根本途径。同发达国家和地区相比，我国城镇的土地资源紧缺和资金短缺已成为污泥处理处置的瓶颈，因此，与日本、韩国和欧洲国家的不惜代价，以及美国、加拿大和澳大利亚的地广人稀相比，开发低投资、低运行成本、可持续发展的污泥处理处置工艺技术与方法，是实现我国污泥处理处置产业可持续发展的根本出路。

  污泥预处理是指采用物理、化学、生物及其组合方法，通过破碎污泥的絮体结构、胞外聚合物、微生物细胞等，有效释放污泥中的有机物、氮、磷、水分，提升污泥减量化和资源化的效能。例如，污泥预处理能够有效提高污泥水解效率和厌氧消化产甲烷量；预处理后的污泥可为污水生物脱氮提供碳源，减少外加碳源的使用量；或者预处理后的污泥回流至曝气池，实现原位污泥减量等。因此，污泥预处理是实现污泥高效率减量化和资源化的关键环节。

  目前已有热处理、化学、机械等多种污泥预处理技术，其中微波预处理是近年来兴起的污泥预处理技术。微波是指频率为 300MHz～300GHz 的电磁波，具有穿透、反射、吸收三个特性。微波对微生物的作用包括热效应和非热效应。热效应是指水、蛋白质等极性分子在微波辐射下快速转动、碰撞而将微波能转化为热能。基于微波的上述三个特性、两种效应，微波技术广泛应用于食品、医疗、塑料、制陶等行业的灭菌、干燥、消毒过程，并在微波诱变育种、微波预处理、微波辐射微生物诱变等应用领域，有其独具的研究与应用价值。作者多年来致力于基于微波预处理的污泥减量化和资源化研究与应用。例如，形成了基于预处理的污泥减量化与碳、氮、磷资源化成套技术，包括微波及其组合工艺的污泥预处理技术，污泥溶胞效率大于 15%，可实现碳、氮、磷的选择性释放；基于微波预处理的源头污泥减量技术，其平均污泥减量比例为 30%；基于微波预处理的污泥磷回收技术，可通过鸟粪石（磷酸铵镁）回收 90%以上释放的氮、磷。这些研究将会促进我国污泥处理处置技术的应用与发展，为破解我国的污泥处理处置难题提供科技支撑。

本书内容是在作者所开展研究工作的基础上整理和总结而成的，其中部分成果已获国家发明专利授权或在相关期刊上发表。作者衷心感谢国家 863 计划课题（2007AA06Z347）、国家水体污染控制与治理科技重大专项课题（浑河中游水污染控制与水环境综合整治技术集成与示范，2012ZX07202-005）和国家自然科学基金项目（51008297）等对本书相关研究的资助与支持。

本书第 1 章和第 5 章由魏源送完成，第 2 章由王亚炜完成，第 3 章和第 4 章由刘吉宝完成，全书由魏源送统稿。在本书的实验研究、资料收集与整理和撰写过程中，程振敏、阎鸿、肖庆聪、徐荣乐、倪晓棠、贾瑞来等参与了大量工作，做出了重要贡献，作者对他们表示衷心的感谢。作者在本书撰写过程中参考了大量专家学者发表的文献，对原作者的辛勤劳动表示感谢，同时和作者一起参与国家水体污染控制与治理科技重大专项课题的同事对本书研究提供了大量的帮助，作者一并表示衷心感谢。

限于作者水平和经验，本书难免有疏漏和不妥之处，欢迎广大读者批评指正。

作　者

2019 年 6 月

目　　录

第1章 概　　述

1.1　污　泥　特　性

1.1.1　污泥成分

污泥是污水生物处理的副产物，其处理处置已成为污水处理厂面临的主要挑战。污泥成分复杂，主要组成成分为水、有机物和 N、P 等营养元素，污泥中也含有重金属、有机污染物、病原微生物等有害物质。有机物、N、P、K 等营养元素的含量是污泥能否资源化处置的关键。污泥的理化特性包括含水率、pH、碱度及热值等。初沉污泥的含水率通常为 97%～98%，活性污泥的含水率通常为99.2%～99.8%。活性污泥中微生物细胞及胞外聚合物（EPS）形成稳定的絮状结构，导致活性污泥极难脱水。污泥主要理化特性见表 1-1[1]。

表 1-1　污泥主要理化特性

项目	初沉污泥	剩余活性污泥	厌氧消化污泥
pH	5.0～8.0	6.5～8.0	6.5～7.5
干固体总量/%	3～8	0.5～1.0	5.0～10.0
挥发性固体（VS）总量（以干重计）/%	60～90	60～80	30～60
固体颗粒密度/(g/m³)	1.3～1.5	1.2～1.4	1.3～1.6
容重/(g/m³)	1.02～1.03	1.0～1.005	1.03～1.04
BOD_5/VS（质量比）	0.5～1.1	—	—
COD/VS（质量比）	1.2～1.6	2.0～3.0	—
碱度(以 $CaCO_3$ 计)/(mg/L)	500～1500	200～500	2500～3500

重金属、有机污染物和病原微生物则关系到污泥无害化处置。污水处理厂来水复杂，污泥中重金属种类多样，并且近年来部分有机污染物的发现日益受到关注，如多环芳烃（PAHs）成为部分污水处理厂中取代重金属的首要污染物[2]。中国城市污水处理厂污泥中污染物含量（质量分数）情况见表 1-2[3]。

表 1-2 中国城市污水处理厂污泥中污染物含量

污染物	含量/(mg/kg 干重)					
	最小值	中值	最大值	算数平均值	几何平均值	标准差
As	0.78	19.9	269	25.2	19.7	26.8
Cd	0.04	1.74	999	18.2	2.33	109
Cr	20	85.3	6365	259	103	714
Cu	51	223	9592	499	257	1131
Hg	0.04	2.18	17.5	3.18	1.98	3.13
Ni	16.4	46.2	6206	167	58.8	719
Pb	3.6	83.6	1022	112	78.2	134
Zn	217	1025	30098	2089	1235	3819
PAHs	1.4	—	169	—	—	—
PCDD/Fs	330	—	4245	—	—	—
PCBs	65.5	—	157	101	—	—
CBs	0.01	—	6	—	—	—
苯并[a]芘	0.007	—	6.578	0.076	—	—
NP	1.2	—	190.4	47.6	—	—
NP1EO	0.34	—	67.2	8.1	—	—
NP2EO	0.69	—	597.6	29.3	—	—
PEs	11.725	—	114.23	32.12	—	—
PBDEs	6.2	—	57.0	19.6	—	—
PCNs	1.48	—	28.21	7.69	—	—
OCPs	0	—	0.426	0.055	—	—

注：PAHs. 多环芳烃；PCDD/Fs. 多氯代二苯并-对-二噁英/二苯并呋喃；PCBs. 多氯联苯；CBs. 氯化联苯；NP. 壬基苯酚；NP1EO. 4-壬基苯酚单乙氧醚；NP2EO. 4-壬基苯酚双乙氧醚；PEs. 邻苯二甲酸酯；PBDEs. 多溴二苯醚；PCNs. 多氯萘；OCPs. 有机氯农药。

1.1.2 我国城市污水处理厂污泥成分时空分布特征

因污水处理厂的污水来源和污水生物处理工艺的不同，污泥成分和特性存在差异。即使是同一座污水处理厂，一年四季污泥成分和特性也不尽相同。由于国家"十二五"规划之前，重点关注污水处理规模和处理效率及管网配套建设，出现了"重水轻泥"的现象。因此，此前国内缺乏系统的全国城镇污水处理厂污泥成分及理化特征调查数据。

受地区气候、生活习惯、工业类型等的影响，我国部分城市污水处理厂污泥有机物、N、P营养组分含量有一定差异，见表1-3。

表 1-3　中国部分城市污水处理厂污泥有机物、N、P 含量

污泥产地	有机物含量/(g/kg)	N 含量/(g/kg)	P 含量/(g/kg)	参考文献
北京	313.5～667.6	28.7～56.6	23.1～61.3	[4]
重庆	195.40～410.63	35.11～72.48	7.76～26.07	[5]
青岛	506.58～552.12	13.45～27.29	4.96～5.74	[6]
南京	425	25.5	12.1	[7]
贵州*	320	23.1	18.2	[8]
福州	356～601	3.43～5.70	11.01～17.40	[9]
合肥	342～407	22.1～31.3	10.4～12.0	[10]
金华	127	42.4	21.3	[11]

* 该研究涵盖了贵州 8 个地级市的研究成果。

　　由于缺乏国家层面有关污泥的统计数据,目前很少有关于我国污水处理厂污泥时空分布特征的报道,而已有调查研究缺乏可靠性、全面性及权威性。浙江大学马学文等[12]较全面地统计分析了全国 111 个城市 193 个污水处理厂的重金属、有机物以及氮、磷、钾含量的时空分布特征,统计结果见表 1-4。

表 1-4　全国部分城市污水处理厂成分地域特征

地域比较	重金属	有机物	氮、磷、钾
南北差异	北方污泥中 Zn、Cu、Cd、Cr、Ni 的含量低于南方污泥,Pb、As 和 Hg 的含量则远高于南方污泥	北方污泥的有机物含量高于南方污泥	北方污泥氮、磷含量低于南方污泥,钾含量高于南方污泥
东中西差异	Zn、Cu、Cd、Pb、Hg、Ni 的含量由东向西逐渐降低;Cr 的含量则为中部最高;As 的含量由东向西逐渐升高	污泥的有机物含量由东向西逐渐升高	污泥的氮含量由东向西逐渐升高,磷的含量则逐渐降低,中西部污泥的钾含量高于东部污泥

　　污泥成分变化和地域性差异直接关系到污泥处理政策的制定和技术路线的选择。为了解国内外城镇污水处理厂污泥处理处置相关技术与工艺的应用现状和发展趋势,为污泥处理处置政策和技术路线的制定提供依据,国家已开展了关于全国城镇污水处理厂污泥处理处置技术与工艺应用情况的调研工作[13]。
　　污水处理厂有机物等成分含量的差异,必将影响污泥厌氧消化、焚烧等碳能源化利用潜势。针对厌氧消化,在污泥厌氧消化设计前期,应对污水水质、污泥泥质进行详细的调研,重点考察污泥的 pH、碱度、有机物和 C/N(质量比)等指标是否在厌氧消化的适用范围内,尤其注意污泥中抑制厌氧消化的有毒有

害物质含量，如氨氮、重金属等[14]。而对于污泥焚烧，国家已颁布了污泥单独焚烧用泥质要求（表 1-5）。

表 1-5　理化指标及限值[15]

类别	pH	含水率/%	低位热值/(kJ/kg)	有机物含量/%
自持焚烧	5～10	<50	>5000	>50
助燃焚烧	5～10	<80	>3500	>50
干化焚烧*	5～10	<80	>3500	>50

* 干化焚烧含水率是指污泥进入干化系统的含水率。

1.2　污泥处理处置面临的主要挑战

污泥处理处置已成为有机固体废弃物治理的重要方面，其主要面临产量大、处理难等问题。相关文献报道[16]，截至 2013 年，我国市政污泥年产量达到 625 万 t（干重），从 2007 年到 2013 年，污泥年产量以 13%的增长率增加。但相比于欧美等发达国家和地区，我国污泥人均产量仍然较低，只有约 6.2g(干重)/(人·d)，而在欧洲，已经达到 45～56g(干重)/(人·d)[17]。因此，随着我国新型城镇化等社会、经济的进一步发展，污水处理规模、处理效率不断提升，污泥产量仍将继续增长。

基于污泥的组分及特性，污泥既是具有能源、资源利用价值的生物质固体（bio-solid），又是重要的环境二次污染源。因此，污泥处理处置以实现无害化、减量化、稳定化及资源化为目的[18]。为了尽可能地实现多方面的目的，污泥处理处置主要依靠脱水、消化、堆肥、填埋、焚烧等各单元技术合理组合处理。虽然污泥处理目标明确，技术众多，但世界各国仍然存在污泥处理处置难题，主要表现为：①发展中国家存在突出的污泥无害化处置率低的问题[16, 19]；②在发达国家，虽然污泥大部分得以处理处置，但是仍然受限于传统处理技术效率不高以及新的标准法规对污泥土地利用、填埋等主要处置方式的严格限制[17]。

面对上述问题，中国在 2015 年发布的《水污染防治行动计划》中明确提出，现有污泥处理处置设施应于 2017 年底前基本完成达标改造，地级及以上城市污泥无害化处置率应于 2020 年底前达到 90%以上[20]。同时，禁止处理处置不达标的污泥进入耕地。欧美等发达国家和地区也在探索新的污泥处理处置及管理策略，开发利用新的污泥处置技术，以替代部分传统处置方式如填埋，或者提高污泥品质，降低土地利用安全风险[17, 21-24]。此外，污泥的能源化、资源化利用备受关注，这对未来可持续污水处理厂的构建至关重要[25]。

综上，污泥处理处置是世界各国普遍面临的环境问题。其中提高污泥无害化处置率是发展中国家的首要目标；对于发达国家，面对公众环保意识的提高，相关规范标准限制的日益严格，以及可持续污水处理厂的构建需求，环境友好、经济合理、资源可回收的污泥处理处置技术和管理策略是未来污泥处理处置的必然趋势。

1.3　国内外污泥处理处置现状

1.3.1　国外污泥处理处置现状

欧美等发达国家和地区污水处理厂的污泥处理处置设施比较完善，相关规范标准比较成熟，污泥的处置方式以土地利用、焚烧、填埋为主。为了满足污泥最终处置要求，污泥需先进行一定的处理，主要目的包括降低污泥含水率，去除一定的有机物、病原菌以实现污泥稳定化。因此，污泥的主要处理技术包括稳定化技术（好氧消化、厌氧消化、石灰稳定化、堆肥）、污泥调理技术（无机、有机絮凝剂混凝，石灰调节，热处理）、污泥脱水（离心脱水，板框、带式压滤脱水，干化）。

文献[26]报道，美国干污泥产量于 2004 年已超过 718 万 t/a，其主要处置方式如图 1-1 所示。根据 2004 年的调查结果，美国市政污泥以土地利用为主，约有 37% 的污泥被农用处置，13% 用于园林绿化等。约有 31% 的污泥与城市固体垃圾一起进行填埋处置。此外，约有 17% 进行焚烧处置。

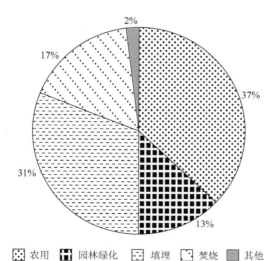

图 1-1　美国污泥处置方式（2004 年）

据《美国联邦法规》第 40 卷中第 503 部分[27]（Title 40 Code of Federal Regulations, Part 503），污泥依据粪大肠菌、沙门氏菌、肠道病毒的含量被分为 A 级（class A）、B 级（class B）。常规污泥稳定化处理方式，如好氧消化、厌氧消化、自然干化、堆肥、石灰稳定化能在一定程度上削减致病微生物的含量，使污泥达到 B 级标准。A 级污泥需要除常规稳定化处理外的更进一步的处理，以达到更高的致病微生物限值要求，《美国联邦法规》中明确的处理方式包括高温堆肥、热干化、污泥热处理、高温好氧消化、γ 射线辐射、巴氏杀菌等。2004 年，美国约有 23%的市政污泥达到了 A 级污泥标准，34%达到了 B 级污泥标准，剩余部分污泥由于采用填埋、焚烧的处置方式，缺乏稳定化处理及检测数据，并未实现或界定为 A 级、B 级污泥[26]。

据不完全统计，欧洲各国市政污水处理厂的干污泥产量于 2012 年达到约 1129.6 万 t/a，得到处置的干污泥约为 1038.2 万 t/a，处置率达到 91.9%[28]。欧洲各国之间污泥的年产量和增长趋势存在明显的差异。如表 1-6 所示，干污泥产量较大的国家包括德国、西班牙、意大利、英国、波兰等发达国家。对于污泥人均产量，同样是发达国家如西班牙、德国、奥地利、葡萄牙等明显高于其他国家。如图 1-2 所示，部分国家如德国、英国，污泥年产量出现了明显的负增长现象，但大部分国家的污泥年产量比较稳定或缓慢增长。

表 1-6 欧洲部分国家污泥产生和处置情况[28]

年份	国家	干污泥产量/($\times 10^3$t/a)	干污泥处理量/($\times 10^3$t/a)	污泥人均产量/[kg/(人·a)]
2012	比利时	157.2	107.3	14.17
2012	保加利亚	59.3	41.8	8.09
2012	捷克	263.3	263.3	25.06
2012	丹麦	141	114.9	25.27
2012	德国	1848.9	1844.4	22.59
2012	爱沙尼亚	21.7	21.7	16.37
2012	爱尔兰	72.4	72.4	15.8
2012	希腊	118.6	118.6	10.7
2012	西班牙	2756.6	2577.2	58.88
2012	法国	987.2	932.3	15.12
2012	克罗地亚	42.1	0	9.85
2010	意大利	1102.7	953.7	18.63
2012	塞浦路斯	6.5	6.5	7.54
2012	拉脱维亚	20.1	18.1	9.83
2012	立陶宛	45.1	18.2	15.02

年份	国家	干污泥产量/(×10³t/a)	干污泥处理量/(×10³t/a)	污泥人均产量/[kg/(人·a)]
2012	卢森堡	7.7	4.7	14.67
2012	匈牙利	161.7	157.7	16.28
2012	马耳他	10.4	10.4	24.91
2012	荷兰	346.4	324.6	20.7
2012	奥地利	266.3	266.3	31.67
2012	波兰	533.3	533.3	14.01
2012	葡萄牙	338.8	113.1	32.14
2012	罗马尼亚	85.4	48.4	4.25
2012	斯洛文尼亚	26.1	25.7	12.7
2012	斯洛伐克	58.71	58.71	10.86
2012	芬兰	141.2	141.2	26.14
2012	瑞典	207.5	195.9	21.88
2012	英国	1136.7	1078.4	17.9
2012	挪威	122	122	24.47
2009	瑞士	210	210	27.27
2012	波黑	1.2	1.2	0.31

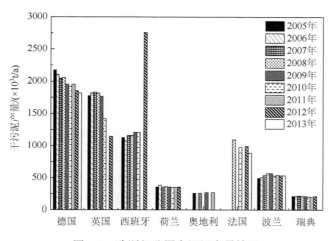

图 1-2　欧洲部分国家污泥产量情况

　　欧洲污泥处置总体情况如图 1-3 所示，污泥处置以农用、焚烧为主，占比分别为 48.31% 和 24.34%。

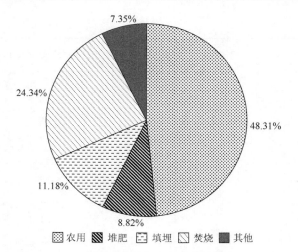

图 1-3　欧洲污泥处置总体情况（2012 年）

　　欧洲不同国家的污泥处置方式存在明显的差异。如图 1-4 所示，德国、荷兰以污泥焚烧处置为主，特别是荷兰，污泥焚烧处置率达到了 99%。而其他国家大部分以污泥农用处置为主，如西班牙、法国、英国，污泥农用处置率达到了 70%以上。意大利仍有约 48%的污泥采用填埋处置方式。

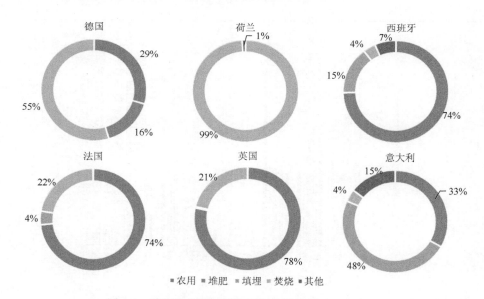

图 1-4　欧洲部分发达国家污泥处置情况（2012 年）

英国的数据因为四舍五入，加和不为 100%

随着污水处理效率和处理标准的提升，污水中污染物的去除从简单的有机物去除发展到高标准的氮、磷的去除。污水处理工艺由二级处理变为三级处理，甚至是深度处理与再生利用，这导致越来越多、越来越复杂的污染物被转移、浓缩到剩余污泥中。为了尽量避免污泥土地利用对环境、人类健康构成威胁，欧美等发达国家和地区都发布了相应的法规来规范污泥处理处置。早在 1972 年，美国国会便令环境保护局（EPA）在《联邦水污染控制法》405（a）部分规范了污泥向水体的排放。1977 年，该法规进行了修订，增加了污泥土地利用的相关条款。目前，美国污泥处理处置主要依据 1993 年施行的联邦法规（Title 40 Code of Federal Regulations，Part 503），其中就污泥土地利用、焚烧等处置过程对重金属、致病微生物（细菌、病毒）两种污染物设定了标准限值，并且将污泥分为 A 级、B 级，同时提供了为实现不同等级污泥相应的处理技术指导。按照这一法规，美国大部分污泥采用厌氧消化等稳定化处理技术，达到 B 级污泥标准后进行土地利用。

欧洲于 1986 年发布了《欧盟污泥指南》（Directive 86/278/EEC），规定了污泥农用的标准限值。该法规主要就 Cd、Cu、Hg、Ni、Pb、Zn、Cr 七种重金属限定了污泥农用的基本要求。如表 1-7 所示，欧盟成员国中意大利、比利时、丹麦、德国、荷兰、瑞典等国家在此法规基础上，执行了更为严格的标准，如重金属 Hg 在《欧盟污泥指南》中规定的限值为 16～25mg/kg，而意大利最高允许 Hg 含量为 10mg/kg。除此之外，在污泥指南的基本框架下，欧洲不同国家除了限定这七种重金属之外，还补充限定了其他重金属如 As、Mo、Co、Se，有机污染物如多氯联苯、多环芳烃、二噁英、塑化剂、表面活性剂，以及致病微生物如沙门氏菌、肠球菌、肠病毒等。在这些污泥农用标准的限制下，欧洲有 40% 以上的污泥进行农用处置。

表 1-7　不同国家和地区污泥土地利用重金属标准限值 （单位：mg/kg 干重）

国家和地区	法规/标准	As	Cd	Cu	Pb	Hg	Mo	Ni	Se	Zn	Cr
美国	Title 40 Code of Federal Regulations，Part 503	75	85	4300	840	57	75	420	100	7500	—
欧洲	Directive 86/278/EEC	—	20～40	1000～1750	750～1200	16～25	—	300～400	—	2500～4000	—
澳大利亚	—	—	10	500	400	10	—	100	—	2000	500
法国	—	—	20	1000	800	10	—	200	—	2000	1000
德国	—	—	2	600	100	1.4	—	60	—	1500	80
意大利	—	—	20	1000	750	10	—	300	—	2500	
荷兰	—	15	1.25	75	100	0.75	—	30	—	300	75
比利时	—	—	10	600	500	10	—	100	—	2000	500
丹麦	—	25	0.8	1000	120	0.8	—	30	—	4000	100

续表

国家和地区	法规/标准		As	Cd	Cu	Pb	Hg	Mo	Ni	Se	Zn	Cr
希腊	—		—	40	1750	1200	25	—	400		4000	500
瑞典	—		—	2	600	100	2.5	—	50		800	100
西班牙	—		—	40	1750	1200	25	—	400		4000	1500
葡萄牙	—		—	20	1000	750	16	—	300		2500	1000
芬兰	—		—	3	600	150	2	—	100		1500	300
中国	《城镇污水处理厂污泥处置 农用泥质》（CJ/T 309—2009）	A级	30	3	500	300	—		—		1500	500
		B级	75	15	1500	1000	—		—		3000	1000

　　此外，欧洲近年来对废弃物处理提出了新的处理规范、指南，如 Directive 2008/98/EC。该指南中对废弃物管理相关概念进行了明确的定义，如对废弃物、再循环、回收等概念的定义。废弃物的管理应遵循一定的优先级，如图1-5所示。

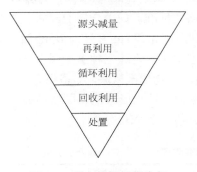

图 1-5　废弃物管理优先级

同时，该指南提出了可处理制作成新物料的废弃物［所谓的废物终结（the so-called end of waste）］应具备的基本特征、要求以及相关标准。当某种废弃物满足一定的标准要求后，便可作为一种原始物料（input material），经过一定处理后，产生具有一定市场需求或特定用途的新物料（output material）。在这一过程中，废弃物管理需要考虑对人类健康、环境等的影响。因此，必须要有严格的污染物浓度限值以保证新物料的使用安全性。在这一指导规范（Directive 2008/98/EC）中，污泥并未被定义为生物固体废弃物（bio-waste），但污泥作为污水生物处理过程中产生的废弃物，其经过堆肥或厌氧消化处理后成为肥料以进行土地利用等已在欧美诸多发达国家和地区实施多年。在该废弃物处理指导框架下，污泥有可能成为一种原始物料，经过堆肥/厌氧消化处理后成为具有市场需求的新产品。在将污泥处理成为肥料这一过程中，必须满足一定的标准，特别是产品的污染物不能对环境、人类健康构成威胁。相关文献报道[17]，污泥处理产生的肥料仍然较难达到理想的要求。例如，在重金属浓度限值为 1.5mg/kg（Cd）、100mg/kg（Cr）、200mg/kg（Cu）、1mg/kg（Hg）、50mg/kg（Ni）、120mg/kg（Pb）、600mg/kg（Zn）的标准下，抽样调查结果表明，约有52.2%的污泥产品能达到要求。此外，在有机污染物方面，全氟化合物（PFC）在污泥中浓度较高，远远超过了 100μg/kg 的限值。因此，在未来制定的更高标准要求的指南中，污泥很难被列为一种符合"所谓的废物终结"相关标准的物料。在该废弃物处理指导框架下，污泥是否继续适于土地利用处置值得考量。

1.3.2　国内污泥处理处置现状

如图 1-6 所示，随着污水处理厂的建设及污水处理能力的提升，我国污泥产量年年增加，湿污泥（含水率 80%）年产量已经超过 3000 万 t，并以 13%的增长率连年增加。虽然如此，我国污泥人均产量只有约 6.2g(干重)/(人·d)，远远低于欧

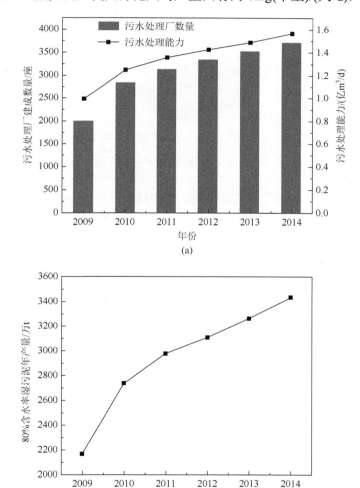

图 1-6　我国污水处理能力以及污泥年产量

（a）污水处理能力；（b）污泥年产量

洲人均水平［45～56g(干重)/(人·d)］[29]。随着我国社会经济的发展和人民生活水平的提高，污泥年产量将持续增加。在污泥产量如此巨大的背景下，我国污泥无害化处置情况却不容乐观，污泥无害化处置率严重偏低。相关文献报道，我国污泥无害化处置率只有20%～25%，其余大部分污泥并未得到合理处理处置。如图1-7所示，污泥的主要处置方式为卫生填埋，少量污泥进行土地利用、焚烧处置[30]。

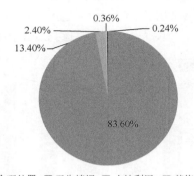

图1-7　中国污泥处置情况（2013年）[30]（后附彩图）

我国污泥处理处置相关的规范指南、行业标准已经有不少。如表1-8所示，我国已经公布的污泥处理处置相关指南有3个，相关标准有17个。不同指南中就污泥处理处置原则、目标、技术路线、关键技术进行了说明。而相关标准也涉及填埋、焚烧、农用等不同的处置方式对污泥泥质的基本要求。此外，近年来，政府对污泥处理处置越来越重视。国务院于2015年4月公布的《水污染防治行动计划》中更是明确提出，污水处理产生的污泥应进行稳定化、无害化和资源化处理处置，现有污泥处理处置设施应于2017年底前基本完成达标改造，地级及以上城市污泥无害化处置率应于2020年底前达到90%以上。

表1-8　我国污泥处理处置的相关指南、标准

序号	名称	文号/编号	发布单位	发布时间
1	城镇污水处理厂污泥处理处置及污染防治技术政策（试行）	建城〔2009〕23号	住房和城乡建设部、环境保护部、科学技术部	2009年2月
2	城镇污水处理厂污泥处理处置污染防治最佳可行技术指南（试行）	HJ-BAT-002	环境保护部	2010年3月
3	城镇污水处理厂污泥处理处置技术指南（试行）	建科〔2011〕34号	住房和城乡建设部、国家发展和改革委员会	2011年3月
4	农用污泥中污染物控制标准	GB 4284—1984	城乡建设环境保护部	1984年5月
5	城市污水处理厂污水污泥排放标准	CJ 3025—1993	建设部	1993年7月

序号	名称	文号/编号	发布单位	发布时间
6	城镇污水处理厂污染物排放标准	GB 18918—2002	国家环境保护总局	2002 年 12 月
7	城市污水处理厂污泥检验方法	CJ/T 221—2005	建设部	2005 年 12 月
8	生活垃圾填埋场污染控制标准	GB 16889—2008	环境保护部	2008 年 4 月
9	城镇污水处理厂污泥处置农用泥质	CJ/T 309—2009	住房和城乡建设部	2009 年 4 月
10	城镇污水处理厂污泥处置分类	GB/T 23484—2009	住房和城乡建设部	2009 年 4 月
11	城镇污水处理厂污泥处置园林绿化用泥质	CB/T 23486—2009	国家质量监督检验检疫总局，国家标准化管理委员会	2009 年 4 月
12	城镇污水处理厂污泥处置混合填埋泥质	GB/T 23485—2009	国家质量监督检验检疫总局，国家标准化管理委员会	2009 年 4 月
13	城镇污水处理厂污泥泥质	GB 24188—2009	国家质量监督检验检疫总局，国家标准化管理委员会	2009 年 7 月
14	城镇污水处理厂污泥处理技术规程	CJJ 131—2009	住房和城乡建设部	2009 年 7 月
15	城镇污水处理厂污泥处置水泥熟料生产用泥质	CJ/T 314—2009	住房和城乡建设部	2009 年 8 月
16	城镇污水处理厂污泥处置单独焚烧用泥质	GB/T 24602—2009	国家质量监督检验检疫总局，国家标准化管理委员会	2009 年 11 月
17	城镇污水处理厂污泥处置土地改良用泥质	GB/T 24600—2009	国家质量监督检验检疫总局，国家标准化管理委员会	2009 年 11 月
18	城镇污水处理厂污泥处置制砖用泥质	GB/T 25031—2010	国家质量监督检验检疫总局，国家标准化管理委员会	2010 年 9 月
19	水泥窑协同处置污泥工程设计规范	GB 50757—2012	住房和城乡建设部	2012 年 3 月
20	农用污泥污染物控制标准	GB 4284—2018	国家市场监督管理总局，国家标准化管理委员会	2018 年 5 月

　　因此，我国污泥处理处置不缺乏相关规范、标准，但是污泥处理处置仍难以突破现有困境。究其原因，主要有以下几个方面：①在国家层面上缺乏主管污泥处理处置的部门，相当长一段时期内涉及污泥处理处置规范、标准制定的政府部门就有 5 个之多。因此，部门间公布的规范标准仍存在着统一性不足等问题，难以有效引导我国污泥处理处置。②"十二五"规划之前，我国存在"重水轻泥"的现象，市政污水处理对污泥处理处置缺乏足够的关注，导致大部分污水处理厂污泥处理不充分，如大多数缺乏厌氧消化等污泥稳定化措施。③我国污泥处理处

置技术路线不够完善，虽然随着近年来我国对污泥处理处置的关注度逐渐提高，工业界、学术界也都在探讨突破我国污泥困境的路径，但是收效甚微，仍难以有令人满意的答案。④虽然欧美发达国家和地区已经有多年比较成熟的污泥处理处置路线，但是我国却难以照搬进行，由于我国污水来源更为复杂（雨污不分流，生活污水、工业污水混合处理），污泥泥质存在着含沙量大、有机物含量低等问题，部分城市污泥重金属超标严重，污泥的厌氧消化、土地利用等处理处置方式受到严重影响，在污泥处理单元技术上面临特殊的处理难题。⑤我国污泥处理处置的核心问题是污泥处理处置受制于出路，而出路的限制有多个主要因素，例如，管理不够规范，技术可靠性和运行稳定性有待提高，政府与市场化的衔接不够，民众的邻避主义思想等。欧美等发达国家和地区仍然以土地利用、焚烧作为污泥最终处置的方式，我国在现今并无更好的污泥最终出路时，推进采用土地利用、焚烧的处置方式不无道理，实际上，我国污泥土地利用特别是农用标准要比欧美等发达国家和地区更加严苛，污泥土地利用仍具有很大的市场空间，而焚烧技术虽然能耗高，烟气可能对环境构成危害，但是日本、荷兰等发达国家的焚烧技术已经实行多年，甚至有了市场盈利。⑥仍需政府的大力支持，促进企业在土地利用、焚烧等污泥处置过程中获得市场盈利，打通污泥处理处置市场的产业链条。

1.4　污泥减量化和资源化的技术需求

从原则上说，污泥处理必须达到无害化、减量化、稳定化，以避免大量污泥对环境产生二次污染。因此，从污泥处理流程上来说，污泥经过浓缩、调质、脱水、稳定以及后续处置过程。随着污水处理规模和效率的提高，污泥产量呈逐渐增长趋势。在填埋、焚烧、土地利用等处置方式存在诸多弊端的情况下，污泥的最终处置仍面临很大挑战，因此，减少污泥产量尤为重要。减量化是使污泥产量急剧减少，降低污泥量，当污泥含水率自 99.5% 降低至 98.5% 时，污泥的体积缩减成原污泥的 30% 左右，再进一步降低到 95% 时，污泥的体积缩减成原污泥的 10% 左右。含水率的降低对于污泥减量化效果明显，因此，污泥脱水是污泥减量化的核心手段。此外，污泥脱水的减量化处理，也是后续堆肥、填埋、焚烧等处置的前处理过程，浓缩污泥的含水率达到 95% 以上，难以满足后续处置过程的要求，例如，污泥填埋和堆肥处理需要污泥的含水率在 60% 以下，污泥的含水率决定了其后续处理手段的选择。

活性污泥法处理污水主要是利用微生物的代谢作用实现对污水中有机物及氮、磷的去除。由于微生物的生长代谢作用，污水中的有机物除部分被分解矿化外，仍有部分转化为微生物组成成分。此外，微生物及其分泌的胞外聚合物聚集形成的菌胶团也具有一定的吸附作用，吸附污水中一定的难降解有机物。因此，污水经过活性污泥法处理后，有 30%～50%的有机物转移到剩余污泥中，并且大量的氮、磷等营养元素也富集于污泥中。污泥成为污水中有机物、氮、磷等营养元素重要的"汇"。

在能源危机，氮、磷等资源危机以及气候变暖的全球性问题面前，人们越来越关注污水处理的节能减排。在活性污泥法污水处理技术诞生的百年之际，人们开始反思活性污泥法污水处理技术，提出了以实现污水处理能源自给、资源回收为目标的新概念水厂理念。因此，污水、污泥的资源化处理是未来发展的必然趋势。如图 1-8 所示，污泥的资源化手段包括生物化学方法、热化学方法及机械化学方法等，具有代表性的如污泥厌氧消化产甲烷、污泥高温裂解制油气及机械破解后提取污泥中的蛋白质等。尽管在实验室研究中，不同技术都能达到污泥能源化或资源化的目的，但是在处理成本、处理效率、社会认可情况及技术规模化等方面存在着诸多瓶颈，因此，污泥的资源化、能源化仍难以大规模实现，仍需开发新的技术或解决已有技术的弊端。

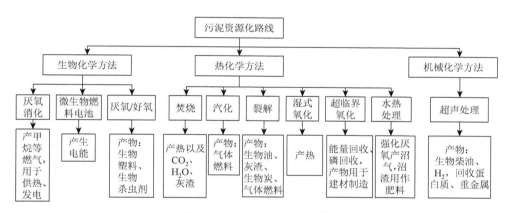

图 1-8　污泥资源化路线图[31]

1.5　污泥预处理的作用与方法

由于污泥中水和有机物被束缚于微生物细胞及其分泌的胞外聚合物中，污泥中的水难以被脱除，有机物也难以被后续生物处理过程有效分解，这成为限制污泥减量化、资源化处理的主要因素。因此，污泥的预处理是破解后续处理难题的关键措施。

污泥预处理是实现污泥减量化、资源化和无害化的关键，目前国内外污泥预处理技术主要有物理技术、化学技术、生物技术及其组合技术，各种预处理技术的特点见表 1-9。目前应用较多的污泥预处理技术主要有热处理技术、超声波技术，它们都能有效地释放污泥中的碳、氮、磷等营养物质。污泥热处理技术的温度范围为 100℃附近至 400℃。其中，低温热处理技术温度为 135～165℃，压力为 1.0～1.5MPa；高温热处理技术的温度为 170～200℃，压力为 10～15MPa，应用较多的温度是 135～180℃[32]，有一定的安全隐患。此外，热处理技术应用过程中存在占地面积大的缺点。污泥超声波技术存在能耗较高、超声发生探头易损坏等缺点[33]。相比于超声波技术，微波的热效应和非热效应能有效地实现污泥的无害化，缺点是目前微波预处理污泥技术只能进行批量处理，如何开发相应的设备装置来实现污泥连续处理值得进一步研究。

表 1-9　主要污泥预处理技术的特点

预处理技术	效果	优点	缺点	参考文献
机械破碎技术	主要依靠剪切应力破坏细胞壁，各种机械预处理方式均有一定的处理效果，但 COD 释放率不超过 40%	技术要求较低，较易运行	能量利用效率较低，总能耗过高，经济性较差	[34, 35]
热处理技术	污泥在 175℃下处理 40min，发现污泥脱水性能明显改善，消化停留时间缩短至 2.9d，消化后污泥总固体含量减少了 65%	技术要求较低，操作简便，运行管理费用低	设备投资较高，操作中可能出现高温、高压，存在安全隐患	[32, 36, 37]
超声波技术	通过 $32W/cm^2$、$56W/cm^2$、$92W/cm^2$ 的超声波预处理，污泥产气量分别提高了 45%～202%、184%～220%和 115%～205%	反应条件温和，污泥降解速度较快，可与其他技术组合使用	能耗较高，投资较大	[33, 38]
超/次临界技术	在次临界状态下（513K，3.35MPa）处理 5min 时，残留固体产率达到最终值 0.03g/g 干污泥，因水解产生的悬浮固体量达到最终值 0.2g/g 干污泥，油类则为 0.1g/g 干污泥左右，处理后的甲烷产量增幅达 100%	良好的处理效果	对反应环境要求很严格，技术难度较高，处理量较小	[39]
电离辐射技术	采用 0.5～10kGy 的电子束对污泥进行辐射，24h 内总 COD 累计溶出率达到 30%～52%	效率高，操作简便，清洁	能耗较高，具有辐射风险	[40]
酸碱预处理技术	加酸能改善污泥脱水性能；浓度为 0.5%～2.0% 的污泥，用 8～16g NaOH/100g TSS 处理时，其中近 40% 的 TCOD 可转化为 SCOD	操作简便	酸/碱投加量大，处理效果不明显	[41, 42]
氧化预处理技术	使用臭氧氧化对污泥进行溶胞处理，在 0.015g O_3/g TS 和 0.05g O_3/g TS 的投加剂量下，污泥有机物的溶出率分别为 19%和 37%；Fenton 反应可以减少污泥产生，提高污泥脱水性能	效果好，不带来二次污染	确定最佳投加量及投加方式较为复杂	[43, 44]
生物预处理技术	采用添加厌氧细胞水解物处理剩余污泥，然后经厌氧发酵可将甲烷产率提高 38.2%～61.8%	简便易行，效果明显，环境友好	酶制剂、菌剂价格昂贵，抗生素大量使用可能导致细菌抗药以及生物富集等生态环境问题	[45]

续表

预处理技术	效果	优点	缺点	参考文献
热＋碱（酸）	以 0.3g NaOH/g VSS 的比例向污泥中投加 NaOH，并在 130℃下保持 5min，污泥溶解率达到约 50%；继而进行厌氧消化，总溶解率累计超过了 60%	协同效应明显	费用较高，且操作中可能出现高温、高压，因此存在一定的安全问题	[46]
热＋过氧化氢	比较了三种低剂量过氧化氢 [0.1g H₂O₂/g VSS、0.25g/g VSS 和 0.5g H₂O₂/g VSS（进水）] 条件下在 90℃下的污泥处理效果。与对照实验相比，溶胞效率分别提高 13.9%、18.9% 和 25.6%	有一定的溶胞效果，易于操作	技术经济性较差，有一定的安全隐患	[47]
碱＋臭氧	工艺在停留时间仅 3.1d、平均溶解氧为 1mg/L 的条件下，仍可提高污泥的生物降解效率，加速降解进程。5 个月后，累计总固体削减率达到 70%，挥发性固体和非挥发性固体去除率分别为 76% 和 54%	效果明显，同时显著降低混合液动态黏滞度，减小膜污染	确定最佳投加量较为复杂，能耗较高	[48, 49]
超声＋碱	对碱处理（pH＝8～13）、超声处理（3750～45000kJ/kg TS）及其组合工艺对污泥破碎的效果进行比较，发现单独处理 COD 的溶出上限均在 50% 左右，而组合工艺可达 70%	污泥降解速度较快	能耗较高，投资较大	[50, 51]
超声＋光催化	通过超声-光催化的实验室装置获得了约 50% 的污泥体积减量效率，并证实超声波与光催化在 COD 与含磷化合物的溶出方面存在明显的协同效应	污泥减量效果明显	设备投资大，运行费用较高	[52]
微波及其组合工艺	单独微波处理的工艺对污泥的作用效果很有限；微波-酸（MW-H）工艺可使处理后的污泥粒径显著增大，沉降性、脱水性明显改善；微波-碱、微波-过氧化氢工艺（MW-H₂O₂）对于污泥中 C、N、P 的溶出具有明显作用	污泥减量效果明显，且有利于磷的溶出	微波设备投资大	[53]

注：TSS. 总悬浮固体；TCOD. 总化学需氧量；SCOD. 溶解性化学需氧量；TS. 总固体；VSS. 挥发性悬浮固体。

1.6　微波预处理污泥技术概述

目前已有热、化学、机械等多种污泥预处理手段。微波预处理是近几年兴起的一种新型污泥热处理方式。微波作为一种波长介于 100～0.1cm（相应的频率为 300MHz～300GHz）的电磁波，独特的热效应和非热效应使得其在污泥预处理工艺中有着独特的优势，主要表现为均匀加热、节能高效、易于控制、选择性加热、低温杀菌[54]。因此微波及其组合工艺用于污泥预处理的研究近年来逐步受到重视。已有研究表明，微波对微生物的作用包括热效应和非热效应。热效应是指水、蛋白质等极性分子在微波辐射下快速转动、碰撞而将微波能转化为热能。在研究微波杀灭大肠杆菌等微生物研究中，人们发现微波对微生物的杀灭作用不单单依靠热效应，还存在对微生物细胞膜、蛋白质结构发生特殊作用的非热效应[55,56]。微波所具有的三个特性（穿透、反射、吸收）、两种效应，使其广泛应用于食品、医疗、塑料、制陶等行业中的灭菌、干燥、消毒过程，并在微波诱变育种[57]、微波预处理[58]、微波辐射微生物诱变[59,60]等领域有了新的探索，有其独具的研究及应用价值。

Koutchma 和 Ramaswamy[61]于 2000 年发现了过氧化氢与微波在灭菌方面的协同效应，在 0.01g/100g H_2O_2 条件下，微波加热到 60℃是杀灭细菌的最佳条件。2005 年，Liao 等[62]研究人员发现在微波处理过程中加入 H_2O_2 能较大幅度地提高污泥预处理效果，并开展了将其用于污泥中 N、P 营养元素释放的研究[63-65]。从 2006 年开始，Eskicioglu 等[66-69]在微波预处理污泥方面进行了大量的研究，发现用微波/过氧化氢（MW/H_2O_2）处理污泥时，较高的微波作用温度有利于羟基自由基的产生，从而取得良好的氧化分解效果。2008 年 Lo 等[70]用微波辅助的高级氧化工艺（MW/H_2O_2-AOP）处理污泥，在实验条件下 60℃和 80℃时，正磷酸盐（以 PO_4^{3-}-P 或 ortho-P 表示）、氨、SCOD 可增溶至最大值。2009 年王亚炜等[71]依据污泥中过氧化氢酶的特性，开发了微波-过氧化氢污泥预处理的过氧化氢投加策略，包括微波加热过程中过氧化氢的投加时间（加热到 80℃时）和单位污泥干重的过氧化氢投加比例，并提出了微波-过氧化氢污泥预处理技术的机理。

微波预处理与常规水热预处理相比，具有升温速率快、加热均匀等优点，能更有效地加快反应速率、增加产率。目前，已有关于微波预处理污泥[65]、微波预处理畜禽粪便[72]等的研究，预处理可有效释放溶解性有机物、氮、磷，利于后续的磷回收、厌氧消化等资源化过程。

参 考 文 献

[1] 蒋文举，谷晋川，雍毅. 城市污水厂污泥处理与资源化. 北京：化学工业出版社，2008.

[2] Hua L，Wu W X，Liu Y X，et al. Heavy metals and PAHs in sewage sludge from twelve wastewater treatment plants in Zhejiang province. Biomedical and Environmental Science，2008，21（4）：345-352.

[3] Chen H，Yan S H，Ye Z L，et al. Utilization of urban sewage sludge: Chinese perspectives. Environmental Science and Pollution Research，2012，19（5）：1454-1463.

[4] 谭国栋，李文忠，何春利. 北京市污水处理厂污泥特性分析. 科技信息，2011，（7）：435-437.

[5] 丁武泉. 重庆污水处理厂污泥特性分析. 安徽农业科学，2008，（26）：11508-11509.

[6] 孟范平，赵顺顺，张聪，等. 青岛市城市污水处理厂污泥成分分析及利用方式初步研究. 中国海洋大学学报（自然科学版），2007，（6）：1007-1012.

[7] 丁竹红，胡忻. 南京市城市污泥和工业污泥中典型矿质元素含量和形态分布研究. 安全与环境学报，2006，

（1）：57-60.

[8] 李瑞，吴龙华，杨俊波，等. 贵州省典型城市污水处理厂污泥养分与重金属含量调查. 农业环境科学学报，2011，（4）：787-796.

[9] 杨璇，苏玉萍，王君琴，等. 福州市污水处理厂污泥性质和土地利用前景分析. 海峡科学，2012，（9）：3-5.

[10] 何祥亮，周晓铁，孙世群. 合肥市污水处理厂污泥的土地资源化可行性分析. 合肥工业大学学报（自然科学版），2008，31（4）：511-514.

[11] 刘忠良，梅忠，赵华. 金华市城市污水处理厂污泥成分及农用价值分析. 广东微量元素科学，2008，15（9）：61-64.

[12] 马学文，翁焕新，章金骏. 中国城市污泥重金属和养分的区域特性及变化. 中国环境科学，2011，（8）：1306-1313.

[13] 住房和城乡建设部建筑节能与科技司，住房和城乡建设部城市建设司. 关于开展城镇污水处理厂污泥处理处置技术与工艺应用情况调研的通知. http://www.mohurd.gov.cn/zqyj/201101/t20110119_202107.html [2013-09-20].

[14] 戴前进，李艺，方先金. 污泥厌氧消化工艺设计与运行中值得探讨的问题. 中国给水排水，2007，（10）：18-20.

[15] 国家质量监督检验检疫总局，国家标准化管理委员会. GB/T 24602—2009 城镇污水处理厂污泥处置 单独焚烧用泥质. 北京：中国标准出版社，2010.

[16] Liu J B，Yu D W，Zhang J，et al. Rheological properties of sewage sludge during enhanced anaerobic digestion with microwave-H_2O_2 pretreatment. Water Research，2016，98：98-108.

[17] Mininni G，Blanch A，Lucena F，et al. EU policy on sewage sludge utilization and perspectives on new approaches of sludge management. Environmental Science and Pollution Research，2015，22（10）：7361-7374.

[18] 住房和城乡建设部，国家发展和改革委员会. 城镇污水处理厂污泥处理处置技术指南（试行）. 2011.

[19] Wang W，Luo Y X，Qiao W. Possible solutions for sludge dewatering in China. Frontiers of Environmental Science and Engineering in China，2010，4（1）：102-107.

[20] 国务院. 国务院关于印发水污染防治行动计划的通知. 中华人民共和国国务院公报，2015，（12）：26-37.

[21] Brisolara K F，Sandberg M A. Biosolids and sludge management. Water Environmental Research，2014，86（10）：1274-1283.

[22] Cieślik B M，Namieśnik J，Konieczka P. Review of sewage sludge management：standards，regulations and analytical methods. Journal of Cleaner Production，2015，90：1-15.

[23] Joo S H，Monaco F D，Antmann E，et al. Sustainable approaches for minimizing biosolids production and maximizing reuse options in sludge management：a review. Journal of Environmental Management，2015，158：1133-1145.

[24] Peccia J，Westerhoff P. We should expect more out of our sewage sludge. Environmental Science and Technology，2015，49（14）：8271-8276.

[25] Hao X，Batstone D，Guest J S. Carbon neutrality：an ultimate goal towards sustainable wastewater treatment plants. Water Research，2015，87：413-415.

[26] Beecher N，Crawford K，Goldstein N，et al. A National Biosolids Regulation，Quality，End Use，and Disposal Survey. Tamworth，NH：Northeast Biosolids and Residuals Association，2007.

[27] US EPA. Land Application of Sewage Sludge：A Guide for Land Appliers on the Requirements of the Federal，Standard for the Use or Disposal of Sewage Sludge，40 CFR Part 503：EPA/831-B-93-002b. Washington，D.C.，1994.

[28] Eurostat. Sewage sludge production and disposal. http://ec.europa.eu/eurostat/web/products-datasets/-/env_ww_spd

[2016-04-25].

[29]   Mininni G, Dentel S K. State of sewage sludge management and legislation on agricultural use in EU member states and in the United States. Proceedings of the 1st International IWA Conference on Holistic Sludge Management, Vasteras, Sweden, 2013: 10.

[30]   Yang G, Zhang G M, Wang H C. Current state of sludge production, management, treatment and disposal in China. Water Research, 2015, 78: 60-73.

[31]   Tyagi V K, Lo S L. Sludge: a waste or renewable source for energy and resources recovery?. Renewable and Sustainable Energy Reviews, 2013, 25: 708-728.

[32]   Wilson C A, Novak J T. Hydrolysis of macromolecular components of primary and secondary wastewater sludge by thermal hydrolytic pretreatment. Water Research, 2009, 43 (18): 4489-4498.

[33]   Pilli S, Bhunia P, Yan S, et al. Ultrasonic pretreatment of sludge: a review. Ultrasonics Sonochemistry, 2011, 18 (1): 1-18.

[34]   Müller J A. Pretreatment processes for the recycling and reuse of sewage sludge. Water Science and Technology, 2000, 42 (9): 167-174.

[35]   Kim H J, Nguyen D X, Bae J H. The performance of the sludge pretreatment system with venturi tubes. Water Science and Technology, 2008, 57 (1): 131-137.

[36]   Graja S, Chauzy J, Fernandes P, et al. Reduction of sludge production from WWTP using thermal pretreatment and enhanced anaerobic methanisation. Water Science and Technology, 2005, 52 (1-2): 267-273.

[37]   Carrère H, Bougrier C, Castets D, et al. Impact of initial biodegradability on sludge anaerobic digestion enhancement by thermal pretreatment. Journal of Environmental Science and Health. Part A: Toxic/Hazardous Substances and Environmental Engineering, 2008, 43 (13): 1551-1555.

[38]   Show K Y, Mao T H, Tay J H, et al. Effects of ultrasound pretreatment of sludge on anaerobic digestion. Journal of Residuals Science & Technology, 2006, 3 (1): 51-59.

[39]   Yoshida H, Tokumoto H, Ishii K, et al. Efficient, high-speed methane fermentation for sewage sludge using subcritical water hydrolysis as pretreatment. Bioresource Technology, 2009, 100 (12): 2933-2939.

[40]   Shin K S, Kang H. Electron beam pretreatment of sewage sludge before anaerobic digestion. Applied Biochemistry and Biotechnology, 2003, 109 (1-3): 227-239.

[41]   Cai Q Y, Mo C H, Wu Q T, et al. Occurrence of organic contaminants in sewage sludges from eleven wastewater treatment plants, China. Chemosphere, 2007, 68 (9): 1751-1762.

[42]   肖本益. 热处理强化污泥发酵产氢及影响因素研究. 北京: 中国科学院生态环境研究中心, 2005.

[43]   Goel R, Tokutomi T, Yasui H. Anaerobic digestion of excess activated sludge with ozone pretreatment. Water Science and Technology, 2003, 47 (12): 207-214.

[44]   Neyens E, Baeyens J, Weemaes M, et al. Pilot-scale peroxidation (H$_2$O$_2$) of sewage sludge. Journal of Hazardous Materials, 2003, 98 (1-3): 91-106.

[45]   Parmar N, Singh A, Ward O P. Enzyme treatment to reduce solids and improve settling of sewage sludge. Journal of Industrial Microbiology and Biotechnology, 2001, 26 (6): 383-386.

[46]   Tanaka S, Kamiyama K. Thermochemical pretreatment in the anaerobic digestion of waste activated sludge. Water Science and Technology, 2002, 46 (10): 173-179.

[47]   Rivero J A C, Suidan M T. Effect of H$_2$O$_2$ dose on the thermo-oxidative co-treatment with anaerobic digestion of excess municipal sludge. Water Science and Technology, 2006, 54 (2): 253-259.

[48]   Yeom I T, Lee K R, Choi Y G, et al. A pilot study on accelerated sludge degradation by a high-concentration

membrane bioreactor coupled with sludge pretreatment. Water Science and Technology，2005，52（10-11）：201-210.

[49]　Lee K R，Yeom I T. Evaluation of a membrane bioreactor system coupled with sludge pretreatment for aerobic sludge digestion. Environmental Technology，2007，28（7）：723-730.

[50]　Kim D H，Jeong E，Oh S E，et al. Combined（alkaline + ultrasonic）pretreatment effect on sewage sludge disintegration. Water Research，2010，44（10）：3093-3100.

[51]　Jin Y Y，Huan L，Mahar R B，et al. Combined alkaline and ultrasonic pretreatment of sludge before aerobic digestion. Journal of Environmental Sciences，2009，21（3）：279-284.

[52]　Hayashi N，Koike S，Yasutomi R，et al. Effect of the sonophotocatalytic pretreatment on the volume reduction of sewage sludge and enhanced recovery of methane and phosphorus. Journal of Environmental Engineering，2009，135（12）：1399-1405.

[53]　Toreci I，Kennedy K J，Droste R L. Effect of high temperature microwave thickened waste-activated sludge pretreatment on distribution and digestion of soluble organic matter. Environmental Engineering Science，2009，26（5）：981-991.

[54]　朱开金. 污泥处理技术及资源化利用. 北京：化学工业出版社，2006.

[55]　Hong S M，Park J K，Lee Y O. Mechanisms of microwave irradiation involved in the destruction of fecal coliforms from biosolids. Water Research，2004，38（6）：1615-1625.

[56]　Stuerga D A C，Gaillard P. Microwave athermal effects in chemistry：a myth's autopsy. Part I：historical background and fundamentals of wave-matter interaction. Journal of Microwave Power and Electromagnetic Energy，1996，31（2）：87-100.

[57]　李豪，车振明. 微波诱变微生物育种的研究. 山西食品工业，2005，（2）：5-6.

[58]　Eskicioglu C. Enhancement of anaerobic waste activated sludge digestion by microwave pretreatment. Ottawa：University of Ottawa，2006.

[59]　Zielinski M，Ciesielski S，Cydzik-Kwiatkowska A，et al. Influence of microwave radiation on bacterial community structure in biofilm. Process Biochemistry，2007，42（8）：1250-1253.

[60]　兰时乐，李立恒，王晶，等. 微波诱变结合化学诱变选育纤维素酶高产菌的研究. 微生物学杂志，2007，（1）：22-25.

[61]　Koutchma T，Ramaswamy H S. Combined effects of microwave heating and hydrogen peroxide on the destruction of *Escherichia coli*. LWT-Food Science and Technology，2000，33（1）：30-36.

[62]　Liao P H，Wong W T，Lo K V. Advanced oxidation process using hydrogen peroxide/microwave system for solubilization of phosphate. Journal of Environmental Science and Health. Part A：Toxic/Hazardous Substances and Environmental Engineering，2005，40（9）：1753-1761.

[63]　Liao P H，Wong W T，Lo K V. Release of phosphorus from sewage sludge using microwave technology. Journal of Environmental Engineering and Science，2005，4（1）：77-81.

[64]　Wong W T，Chan W I，Liao P H，et al. Exploring the role of hydrogen peroxide in the microwave advanced oxidation process：solubilization of ammonia and phosphates. Journal of Environmental Engineering and Science，2006，5（6）：459-465.

[65]　Wong W T，Chan W I，Liao P H，et al. A hydrogen peroxide/microwave advanced oxidation process for sewage sludge treatment. Journal of Environmental Science and Health. Part A：Toxic/Hazardous Substances and Environmental Engineering，2006，41（11）：2623-2633.

[66]　Eskicioglu C，Kennedy K J，Droste R L. Characterization of soluble organic matter of waste activated sludge

before and after thermal pretreatment. Water Research，2006，40（20）：3725-3736.

[67] Eskicioglu C，Kennedy K J. Performance of anaerobic waste activated sludge digesters after microwave pretreatment. Water Environment Research：A Research Publication of the Water Environment Federation，2007，79（11）：2265-2273.

[68] Eskicioglu C，Prorot A，Marin J，et al. Synergetic pretreatment of sewage sludge by microwave irradiation in presence of H_2O_2 for enhanced anaerobic digestion. Water Research，2008，42（18）：4674-4682.

[69] Eskicioglu C，Kennedy K，Droste R. Enhanced disinfection and methane production from sewage sludge by microwave irradiation. Desalination，2009，248（1）：279-285.

[70] Lo K V，Ping H L，Gui Q Y. Sewage sludge treatment using microwave-enhanced advanced oxidation processes with and without ferrous sulfate addition. Journal of Chemical Technology and Biotechnology，2008，83（10）：1370-1374.

[71] Wang Y W，Wei Y S，Liu J X. Effect of H_2O_2 dosing strategy on sludge pretreatment by microwave-H_2O_2 advanced oxidation process. Journal of Hazardous Materials，2009，169（1-3）：680-684.

[72] Lo K V，Chan W W I，Yawson S K，et al. Microwave enhanced advanced oxidation process for treating dairy manure at low pH. Journal of Environmental Science and Health. Part B：Pesticides Food，Contaminants，and Agricultural Wastes，2012，47（4）：362-367.

第 2 章　微波及微波复合污泥预处理技术

2.1　微波技术

微波是一种高频率的电磁波，其频率为 300MHz～300GHz（相应的波长为 100～0.1cm，如图 2-1 所示），具有波动性、高频性、热特性和非热特性四大基本特性。微波作为一种电磁波，也具有波粒二象性。微波量子的能量为 1.99×10^{-25}～1.99×10^{-22}J。通常，介质材料由极性分子和非极性分子组成。在微波电磁场的作用下，介质中的极性分子从原来的热运动状态转为跟随微波电磁场的交变而重新排列取向。例如，采用的微波频率为 2450MHz，就会出现每秒二十四亿五千万次转变，分子间就会产生剧烈的摩擦。在这一微观过程中，微波能量转化为介质内的热量，使介质温度呈现宏观上升高的趋势。

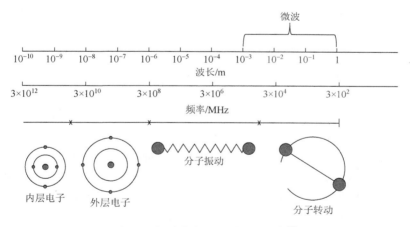

图 2-1　微波在电磁波谱中的位置[1]

独特的加热机理带来的加热迅速和加热深度大等特点使得微波在工业应用上成为一个有利的热处理手段，如加温、溶解、烹饪、脱水、灭菌等[2]。这种非离子化辐射不会引起物质分子结构变化，而仅仅促进分子运动。只有那些能够吸收微波能的有损介质在被微波加热时，其吸收微波的欧姆损耗表现为热能。

微波与生物组织的相互作用主要表现为热效应和非热效应。微波能够透射到生物组织内部使偶极分子和蛋白质的极性侧链以极高的频率振荡，引起分子的电磁振荡等作用，增加分子的运动，导致热量的产生。微波还能够对氢键、疏水键和范德瓦耳斯力产生作用，使其重新分配，从而改变蛋白质的构象与活性。生物体的非热特性——生物效应是微波的重要特性之一，它已成为医学、细胞学等领域研究的一个重要方面。

2.2 微波与材料的作用

介质对微波的作用主要取决于材料本身的几个固有特征，主要包括相对介电常数（ε_r）、介质耗损角正切（$\tan\delta$）、比热容、形状、含水量等[3]。微波的作用在于其高频率的电场作用，使得介质中的偶极子（dipole）高速运动，产生极为可观的热量。由于微波加热的独特性，其优势就是在全封闭的环境下以光速将能量传递至介质内部，使其迅速变为热量，并且同时加热介质整体，这避免了传统加热方式在加热过程中的热损失问题和由外及里加热带来的耗时长问题。

自然界中的物质是由大量一端带正电，另一端带负电的分子（或偶极子）组成，我们称之为介质。两个等量异号的点电荷 +Q 和–Q，当它们之间分开的距离比所考察的场点到它们之间的距离小得多时，这一对点电荷被称为电偶极子，或简称偶极子。在研究电介质的极化、电磁波的发射和吸收以及中性分子相互作用等理论时，都要用到电偶极子这一物理模型。

2.2.1 微波的热效应

微波的热效应是指微波能量被介质材料吸收而转化为热能的现象，表现为微波能量在材料中的总损耗。在微波场的作用下，电介质的极性分子从原来杂乱无章的热运动改变为按电场方向取向的规则运动，而热运动以及分子间相互作用力的干扰和阻碍则起着类似于内摩擦的作用，将吸收的电场能量转化为热能，使电介质的温度随之升高。电场能量的损耗以介质损耗角正切 $\tan\delta$ 或介电常数的虚部 ε'' 作定量表示。$\tan\delta$ 越大表示微波热效应越显著。带有松弛离子的电介质和有漏导损耗的介质也会消耗微波电磁场能量而发热。微波场在磁介质中的损耗有介电损耗和磁损耗。介电损耗仍用介质的损耗角正切值表示，它与材料的电阻率有关，电阻率越大，介电损耗越小。磁损耗又称阻尼损耗，它与磁导率的虚部成正比。微波电磁场的功率过大，将会使磁介质的温度过高；若热平衡系统受到破坏，则会导致材料的饱和磁化强度下降，甚至使其变为顺磁材料。在微波发生器中，有机溶剂由于局部过热，可以经历超过其沸点的温度，产生与传统加热截然不同的效果[4]。

微波加热速度快，接触时间短。常规加热如火焰、热风、电热、蒸汽等，都是利用热传导的原理将热量从被加热物外部传入内部，逐步使物质中心温度升高，这被称为外部加热。要使中心部位达到所需的温度，需要一定的时间，导热性较差的物质所需的时间就更长。微波加热是使加热物质本身成为发热体，被称为内部加热方式，不需要热传导的过程，内外同时加热，因此能在短时间内达到加热的效果。微波加热的优势如下[5]。

（1）均匀加热。对常规加热来说，要提高加热速度，就需要升高加热温度，容易产生外焦内生现象。微波加热时，物体各部分通常都能均匀渗透电磁波，产生热量，因此均匀性得到大大改善。

（2）节能高效。在微波加热中，微波能只能被加热物体自身吸收而生热，加热室壁和加热室内的空气及相应的容器都不会发热，所以热效率极高，生产环境也得到明显改善。

（3）易于控制。微波加热的热惯性极小，若配用微机控制，则特别适宜于加热过程和加热工艺的自动化控制。例如即时控制，微波加热可以通过逻辑电路进行灵活的控制，瞬时起效。

（4）低温杀菌、无污染。微波能自身不会污染食品，微波具有热效应和非热效应双重杀菌作用，能在较低温度下杀死细菌。这就提供了一种能够较多地保持食品营养成分的加热杀菌方法。

（5）选择性加热。微波对不同性质的物质有不同的作用，这一点对干燥作业有利。因为水分子对微波的吸收较好，所以含水量高的部位吸收微波功率就大于含水量较低的部位，这就是选择性加热的特点。在微波处理木材、纸板等产品时，利用这一特点可以做到均匀加热和均匀干燥，选择性加热介电常数最高的物质。

2.2.2　微波的非热效应

微波的非热效应是指除热效应以外的其他效应，如电效应、磁效应、化学效应及生物效应等。在微波电磁场的作用下，生物体内的一些分子将会产生变形和振动，使细胞膜功能受到影响，细胞膜内外液体的电状况发生变化，引起生物作用的改变。对微波的非热效应，人们了解得还不多。当生物体受强功率微波照射时，热效应是主要的（一般认为，功率密度在 $10mW/cm^2$ 时多产生热效应；频率越高，产生热效应的阈强度越低）；长期的低功率密度（小于 $1mW/cm^2$）微波辐射主要引起非热效应。在非热效应中，主要应用的是微波的生物效应。

微波的生物效应主要体现在灭菌方面的应用。机理在于细菌、寄生虫与任何生物细胞一样，是由水、蛋白质、核酸、碳水化合物、脂肪和无机物等复杂化合物构成的一种凝聚态介质。其中，细菌的各种生理活动都必须有水参与才能进行，细菌在生长繁殖过程中，对各种营养物的吸收通过细胞膜的扩散、渗透和吸附作用来完成，因此，水是生物细胞的主要成分，含量为 75%～85%。在一定强度的微波场的作用下，物料中的虫类和菌体也会因分子极化效应，同时吸收微波能升温。由于它们是凝聚态物质，分子间的作用力加剧了微波能向热能的能态转化，体内蛋白质同时受到无极性热运动和极性转动两方面的作用，使其空间结构变化或破坏，从而使蛋白质变性。蛋白质变性后，其溶解度、黏度、膨胀性、渗透性、稳定性都会发生明显的变化。Boldor 等[6]的研究表明，在相同的温度下，微波加热与传统加热法相比，对丰年虾（*Artemia*）的灭活有显著的优势。此外，微波能的非热效应在灭菌中起到了常规物理灭菌所没有的特殊作用，这也是造成细菌死亡的原因之一。

2.3　微波预处理污泥技术

自 20 世纪 70 年代以来，热水解技术已经成为改善污泥厌氧消化性能和脱水性能的重要技术[7]，有广泛的应用基础。微波加热正在成为一项受欢迎的工业技术，以取代传统电加热或者蒸汽加热，其主要优势为可显著减少反应时间。近年来，由于微波技术的清洁、快速、易于操控等优势，有研究者用微波加热代替传统加热方式来处理污泥[8]，微波工艺正在成为一种有前途的污泥溶胞技术。

迄今，已有较多关于微波处理污泥的研究，本书在此加以总结。图 2-2 总结了文献中微波工艺的处理温度对污泥溶胞程度的影响。在 100℃下，微波作用在污泥处理中能达到 16%的溶胞效率（以 COD 释放比例表示）。

Koutchma 和 Ramaswamy[9]在 2000 年发现了过氧化氢与微波在灭菌方面的协同效应，在 $0.01g/100g$ H_2O_2 条件下，微波加热到 60℃是杀灭细菌的最佳条件。2005 年，Liao 等[10]研究人员发现在微波处理过程中加入 H_2O_2 能较大幅度地改善污泥预处理效果，并开展了将其用于污泥中 N、P 营养元素释放的研究[10-13]。现在，应用微波加热结合 H_2O_2 预处理污泥已被证明是一种有效的污泥预处理技术[14, 15]。

为了进一步改善微波对污泥预处理的效果，Wong 等[12]在研究中采用的是微波密闭消解系统，使用微波将污泥加热至 120℃。因为微波密闭消解系统能得到更高的反应温度，所以能更有效地水解大分子有机物。但该处理方式的不利之处在于密闭加压的反应条件为该技术的广泛应用设置了障碍，不利于该技术的低成本推广。

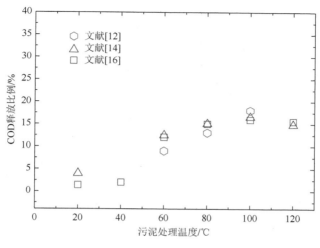

图 2-2　微波处理污泥效果

2.3.1　等功率微波预处理条件下污泥释放特征

1. 微波辐射作用下污泥混合液升温特性

在作者课题组前期的研究中，在功率为 400W 的微波辐射作用下，污泥混合液的温度在 300s 内由处理前的 14℃上升到 92℃。在整个升温过程中，随时间的延长，污泥混合液的温度以良好的线性趋势上升（图 2-3）。

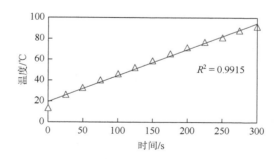

图 2-3　微波辐射作用下污泥混合液的升温特性

2. 微波辐射作用下污泥磷释放特性

在微波辐射作用下，污泥中的磷被迅速释放到上清液中。如图 2-4 所示，随处理时间的延长，在前 250s，污泥上清液中的总磷（TP）浓度不断升高。前 100s 内，总磷的释放速率较快，总磷浓度由微波处理前的 8.2mg/L 提高为

27.5mg/L，总磷释放率达到 14.4%；100s 之后，总磷释放速率变慢，250s 时，污泥上清液中总磷浓度达到最大值 39.3mg/L，相应释放率达到 23.1%。300s 时，污泥上清液中总磷浓度反而比 250s 时略有降低，对此现象试分析如下：污泥混合液中存在众多阴离子、阳离子，如氯离子、硫酸根离子、钙离子、镁离子等，其中的钙离子、镁离子可在偏碱性条件下与磷酸根离子形成沉淀。未投加酸碱的污泥混合液 pH 一般在 7 附近（如本实验污泥 pH 为 7.09），在这样的 pH 条件下，随着液相中磷酸根离子的增多，其也会与钙、镁等金属阳离子生成少量沉淀。在磷释放速率较高的情况下，大量的磷从污泥中释放到液相中，少量的磷酸根生成沉淀不会影响污泥上清液中总磷浓度的提高；而随着时间的延长，磷释放速率降低，不再有大量的磷从污泥中释放到液相，含磷沉淀的产生就使液相中总磷含量略有降低。

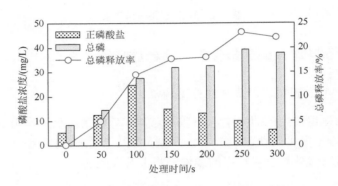

图 2-4　微波处理时间对污泥磷释放的影响

与总磷相比，污泥上清液中正磷酸盐浓度随微波处理时间的延长却呈现出截然不同的变化。在图 2-4 中可以看到，100s 之前，随微波处理时间的延长，污泥上清液中正磷酸盐浓度迅速提高，由微波处理前的 5.1mg/L 提高到 24.5mg/L；而 100s 之后，正磷酸盐浓度反而随微波处理时间的延长而降低。Wong 等[17]指出，单独的微波处理时间均为 5min 的条件下，污泥上清液中正磷酸盐浓度按反应温度为 60℃、80℃、100℃ 的顺序递减（图 2-5），其原因是在 80℃ 和 100℃ 的条件下，从污泥中释放出的磷酸盐更多的是以聚合磷酸盐的形态存在，而不是以正磷酸盐的形态存在。由图 2-3 可以看出，处理时间为 100s、150s、200s、250s、300s 的五个样品，其最终温度分别约为 50℃、60℃、70℃、80℃ 和 90℃，且由于样品处理后加盖于室内自然冷却，其温度下降较慢，可以认为各样品在其最终温度下保持了一段时间。

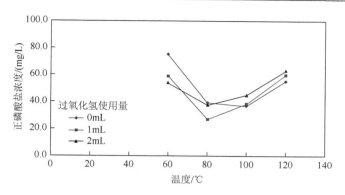

图 2-5　微波处理后污泥上清液中正磷酸盐含量[17]

3. 微波辐射作用下污泥氮释放特性

在微波处理污泥过程中，污泥中的磷被迅速释放的同时，氮也同样迅速地从固相转移到液相中。如图 2-6 所示，200s 之前，污泥上清液中的氨氮和总氮（TN）含量随微波处理时间的延长均提高。总氮含量的提高非常明显，由微波处理前的 21.9mg/L 提高为 91.0mg/L；而氨氮含量变化不大，其浓度由微波处理前的 16.5mg/L 提高为 22.8mg/L。200s 后，氨氮含量略有下降，这可能是由氨气的逸出导致的，因为污泥样品在微波处理及冷却过程中并不是处于完全密闭的容器中。氨氮含量的降低也相应地导致总氮含量略有下降。

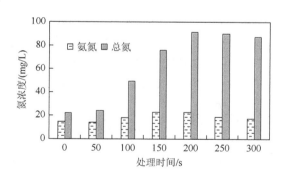

图 2-6　微波处理时间对污泥氮释放的影响

4. 微波辐射作用下污泥碳释放特性

经微波处理，污泥中的大量有机物也被释放出来，导致污泥上清液 COD 升高。如图 2-7 所示，前 100s，污泥上清液的 COD 浓度变化较小，仅从 60.5mg/L 上升到 85mg/L；100~150s，COD 浓度迅速升高，150s 时达到 639.5mg/L；200s 时 COD 浓度升高到 768mg/L，之后不再有明显变化。

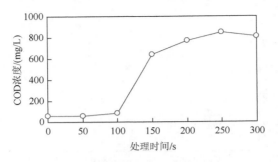

图 2-7　微波处理时间对污泥碳释放的影响

2.3.2　等能量输入条件下的污泥碳、氮、磷释放影响因素

1. 磷释放特征

经微波处理后，污泥中的磷被迅速释放到上清液中。如图 2-8 所示，三个微波功率条件下的磷释放情况较为相似，随污泥（MLSS，混合液悬浮固体）浓度的提高，处理后污泥上清液中的正磷酸盐及总磷浓度均有所提高。在污泥浓度为最高值 6757mg/L 的情况下，经 400W、600W、900W 微波处理过后，上清液中正磷酸盐的浓度分别从处理前的 2.0mg/L 提高为 10.4mg/L、11.6mg/L 和 15.6mg/L，总磷浓度分别由处理前的 2.1mg/L 提高为 28.1mg/L、31.2mg/L 及 31.5mg/L。相比污泥浓度为 2001mg/L 的样品，在污泥浓度提升约 2.4 倍的条件下，经不同功率的微波处理后，污泥浓度为 6757mg/L 的上清液中总磷浓度进一步提高至 4.1 倍、4.0 倍及 3.9 倍，这说明在微波处理前提高污泥浓度有利于污泥中总磷的释放。Pearson 相关分析结果（表 2-1）表明，微波处理后污泥上清液中的正磷酸盐及总磷浓度均与污泥浓度呈显著正相关，且正磷酸盐浓度与总磷浓度也呈显著正相关。

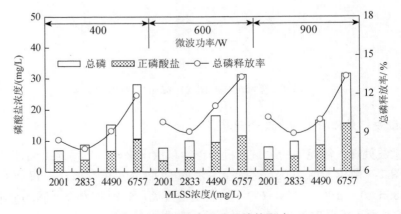

图 2-8　污泥浓度对磷释放的影响

从总磷释放率来看，虽然污泥浓度由 2001mg/L 提高为 2833mg/L 后总磷释放率有所下降，但总体来看，污泥浓度的提高有利于总磷释放率的提高。Liao 等[11]的研究结果表明，污泥浓度最高的样品经微波处理过后，其磷释放效果最差，此结果与本小节研究中的结论相悖。但需要注意的是，本小节中是将一个污泥样品预先调节为几个不同的浓度，即除浓度不同外，其他特性均一致；而 Liao 等[11]的研究中污泥样品来自两座不同的污水处理厂，污泥特性不同。由于污泥组成较为复杂，因此其对微波处理过程中磷释放的影响还有待进一步研究。

表 2-1　不同微波功率时 MLSS、正磷酸盐、总磷、氨氮、总氮及 COD 的 Pearson 相关分析

微波功率/W	指标	正磷酸盐	总磷	氨氮	总氮	COD
400	MLSS	0.997**	0.989*	0.937	0.997**	0.996**
	正磷酸盐		0.994**	0.942	0.992**	0.997**
	总磷			0.972*	0.991**	0.998**
	氨氮				0.956*	0.962*
	总氮					0.996**
600	MLSS	0.975*	0.994**	0.993**	0.999**	0.996**
	正磷酸盐		0.957*	0.945	0.966*	0.957*
	总磷			0.998**	0.993**	0.999**
	氨氮				0.994**	0.999**
	总氮					0.996**
900	MLSS	0.990**	0.985*	0.984*	0.998**	0.998**
	正磷酸盐		0.999**	0.993**	0.994**	0.997**
	总磷			0.994**	0.991**	0.994**
	氨氮				0.994**	0.992**
	总氮					0.999**

*显著相关（$p < 0.05$，双尾检验）；**显著相关（$p < 0.01$，双尾检验）；表中数据为 Pearson 相关系数。

实验过程中对所有样品均进行了温度监测，监测结果表明，处理结束时 12 个样品的最终温度为 76.4℃±2.9℃（平均值±标准偏差），可见在微波输入能量（微波功率×处理时间）相同的情况下，不同的微波功率-处理时间组合的热效应较为一致。如图 2-9 所示，在污泥浓度一定的条件下，微波功率为 600W 及 900W 时的污泥磷释放效果略优于微波功率为 400W 时的污泥磷释放效果，但它们的差别并不显著（表 2-2）。但从时间因素考虑，在不增加能量消耗的情况下，同低功率微波处理污泥相比，采用高功率微波辐射无疑能够提高污泥处理效率。

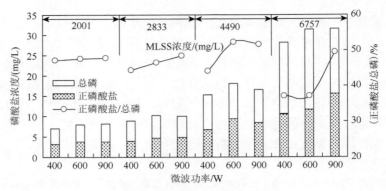

图 2-9　微波功率对磷释放的影响

表 2-2　不同 MLSS 时微波功率、正磷酸盐、总磷、氨氮、总氮及 COD 的 Pearson 相关分析

MLSS 浓度/(mg/L)	指标	正磷酸盐	总磷	氨氮	总氮	COD
2001	微波功率	0.886	0.893	0.217	0.434	−0.964
	正磷酸盐		1.000**	0.645	−0.034	−0.729
	总磷			0.633	−0.019	−0.740
	氨氮				−0.786	0.052
	总氮					−0.659
2833	微波功率	0.859	0.756	0.993	−0.945	−0.596
	正磷酸盐		0.984	0.912	−0.644	−0.101
	总磷			0.826	−0.500	0.075
	氨氮				−0.901	−0.500
	总氮					0.826
4490	微波功率	0.564	0.379	0.901	−0.311	0.705
	正磷酸盐		0.978	0.866	0.610	0.983
	总磷			0.743	0.762	0.923
	氨氮				0.132	0.943
	总氮					0.455
6757	微波功率	0.983	0.848	0.737	−0.445	0.543
	正磷酸盐		0.735	0.850	−0.603	0.378
	总磷			0.267	0.098	0.906
	氨氮				−0.933	−0.167
	总氮					0.511

** 显著相关（$p < 0.01$，双尾检验）。

2. 氮释放特征

如图 2-10 所示，在不同的微波功率下，随着污泥浓度的提高，微波处理后污泥上清液中的氨氮含量均呈上升趋势，这与正磷酸盐的释放情况类似，但不同的是，微波处理后氨氮的含量明显低于正磷酸盐含量，其最高浓度仅为 5.5mg/L。微波处理后，各个样品上清液中总氮的含量同样随污泥浓度的提高而显著提高，其最大值达 121.2mg/L，相应释放率为 28.3%。Pearson 相关分析结果（表 2-1）表明，微波处理后污泥上清液中的总氮浓度均与污泥浓度呈显著正相关。相比总磷的释放（其最大释放率仅为 13.4%），总氮的释放明显更为容易（其释放率均在 19%以上）。这一方面是由于原污泥样品中总氮含量显著高于总磷含量；另一方面，磷在细胞内部是以聚合磷酸盐形式存在的，而氮则存在于细胞内部许多物质中，如氨基酸、蛋白质及其他一些聚合物，因此微波辐射对细胞内氮、磷的作用不同，导致其释放效果不同。但微波辐射作用下污泥氮、磷的释放机理，还有待于细致的研究。图 2-11 为微波功率对总氮释放的影响，其结果与总磷的情况比较类似，即当污泥浓度和微波输入能量均相同时，微波功率对污泥中总氮的释放无明显影响。

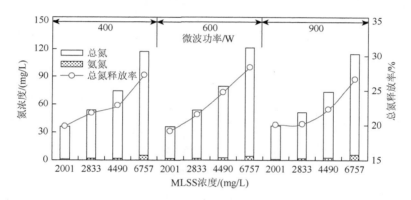

图 2-10　污泥浓度对总氮释放的影响

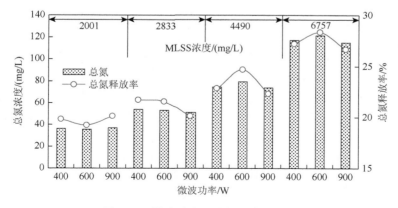

图 2-11　微波功率对总氮释放的影响

3. 碳释放特征

如图 2-12 所示，在不同的微波功率下，微波处理后污泥上清液中的 COD 均随污泥浓度的提高而显著提高，其最大值达 1091mg/L，相应比释放量（单位质量干污泥释放的 COD 的量）为 157.9mg COD/g 干污泥。在 400W 及 600W 的微波条件下，COD 比释放量随污泥浓度的提高呈先稍下降继而上升的趋势，而在 900W 条件下，COD 比释放量则随污泥浓度的提高明显提高。Pearson 相关分析结果（表 2-1）表明，微波处理后污泥上清液中的 COD 均与污泥浓度呈显著正相关。图 2-13 为微波功率对碳释放（以 COD 表示）的影响，其结果与总磷及总氮的情况类似，即当污泥浓度和微波输入能量均相同时，微波功率对污泥中的 COD 释放无明显影响（表 2-2）。

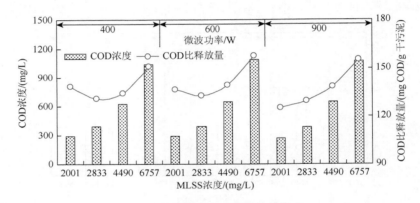

图 2-12　污泥浓度对碳释放的影响

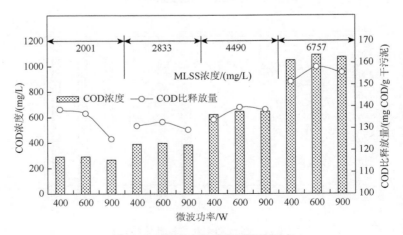

图 2-13　微波功率对碳释放的影响

因此，在一定的微波功率下，随时间的延长，污泥混合液温度以良好的线性趋势上升，污泥上清液中正磷酸盐及氨氮含量呈先上升后降低的趋势，其峰值分别处于处理结束温度为 50℃和 70℃附近；而总磷、总氮及 COD 总体均呈上升的趋势。当微波输入能量相同时，微波处理后污泥上清液中的正磷酸盐、总磷、总氮及 COD 的浓度均与污泥浓度呈显著正相关，即污泥浓度对微波辐射作用下污泥碳、氮、磷的释放影响显著，而微波功率对污泥碳、氮、磷的释放影响不明显。但从时间因素考虑，在不增加能量消耗的情况下，高功率微波下的污泥处理效率优于低功率微波下的污泥处理效率。

2.4　微波-酸/碱污泥预处理技术

单独微波处理可以实现活性污泥溶胞破壁，但是对于预处理后污泥的进一步处理，一方面，需要进一步改善预处理过程对碳、氮、磷的释放效果；另一方面，针对后续鸟粪石磷回收过程，需要实现碳、氮、磷的选择性释放。为此，有必要针对以微波为基础的组合技术的碳、氮、磷释放作用进行研究。

2.4.1　污泥酸碱滴定曲线

无论是投加酸还是投加碱，污泥的 pH 均表现出相同的特征：在一定的 pH 之前，酸、碱投加量的变化与污泥的 pH 呈显著线性相关，例如，在 pH = 2.70～7.25 和 pH = 7.25～10.90 时，污泥的 pH 分别与盐酸、硫酸和氢氧化钠的投加量呈良好的线性关系 [图 2-14（a）]；而当污泥的 pH 达到一定值后，因污泥具有一定的缓冲能力，酸、碱投加量对污泥的 pH 影响不大 [图 2-14（b）]。

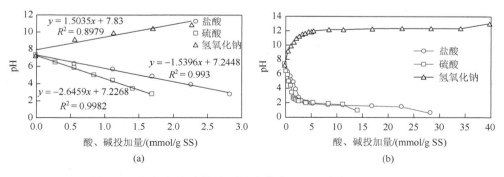

图 2-14　污泥混合液的酸/碱滴定曲线（污泥浓度 4391mg/L）

SS. 悬浮固体

2.4.2　微波辐射-酸/碱联合作用下污泥碳、氮、磷释放效果

经微波辐射-酸/碱联合作用处理，污泥中的磷被迅速释放到液相中。如图 2-15 所示，对照样品（未投加酸、碱的样品）上清液中的正磷酸盐及总磷含量分别从处理前的 59.8mg/L 和 62.1mg/L 升高到 71.5mg/L 和 183.4mg/L，总磷释放率为 28.8%。与对照样品相比，投加酸和碱的样品的磷释放效果均得到了改善，但从总体来看，投加酸的样品磷释放效果优于投加碱的样品。对于酸化样品，随着酸投加量的提高，经微波处理过后其上清液中的正磷酸盐及总磷浓度均提高，最大值分别达 210.0mg/L 和 418.4mg/L，相应的总磷释放率达到了 84.5%，约为对照样品总磷释放率的 3 倍，与采用密闭加压微波辐射处理污泥[11]相比（最大磷释放率为 76%，所用时间为 5min），不但获得了更高的磷释放率，而且所用时间更短；对于投加碱的样品，随着碱投加量的提高，经微波处理后样品上清液中的正磷酸盐浓度变化不大，总磷浓度略有提高，最大值分别为 89.0mg/L 和 311.2mg/L，总磷释放率最高为 59.1%，与单独采用氢氧化钠对污泥进行处理[18]相比，在大大缩短处理时间的同时也提高了磷释放率，优势明显。

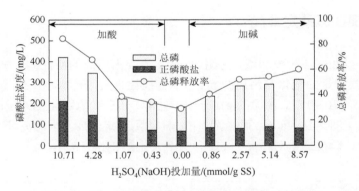

图 2-15　酸、碱对微波辐射作用下污泥磷释放的影响

污泥混合液是十分复杂的体系，含有众多的阴、阳离子，其中钙、镁等阳离子在偏碱性的 pH 条件下，会与磷酸根离子形成结晶而沉淀。因此对于酸化的样品，由于其 pH 的降低，含磷结晶很难形成，而投加碱的样品，其 pH 得以提升，形成了有利于磷酸钙等含磷结晶生成的条件，因此在污泥中的磷被释放到液相中的同时，也发生着磷酸根离子与某些金属离子相结合的结晶反应，从而相对降低了液相中的磷含量，造成了投加碱的样品的磷释放效果劣于酸化样品磷释放效果的表象。从这个层面来看，通过对样品进行酸化，降低其 pH，可达到抑制含磷沉

淀反应发生的目的，使被释放出来的磷全部存在于液相中，这对后续的磷回收来说是十分有利的，因为含磷沉淀很难从污泥中分离出来。

与磷释放相比，投加酸、碱的样品的氮及 COD 的释放特性大大不同。如图 2-16所示，酸化样品的氮释放率明显低于投加碱的样品，甚至低于对照样品。例如，加酸量为 1.07mmol/g SS 的样品经微波处理过后其上清液中的总氮含量由处理前的30.2mg/L 上升到 81.5mg/L，总氮释放率仅为 6.0%；对照样品上清液中总氮含量及总氮释放率分别为 177.6mg/L 和 17.3%；加碱量为 8.57mmol/g SS 的样品，其上清液中总氮含量及总氮释放率则分别达 646.3mg/L 和 72.1%。COD 的释放特性（图 2-17）与总氮十分相似，即酸化样品上清液中 COD 含量随加酸量的升高先下降后上升，加酸量为 1.07mmol/g SS 的样品 COD 含量最低，仅为 760mg/L；而投加碱的样品上清液中 COD 含量则随加碱量的升高而显著上升，其最大值达 8944mg/L。

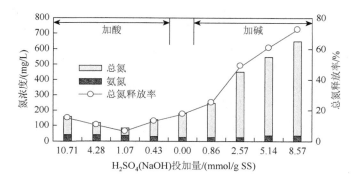

图 2-16　酸、碱对微波辐射作用下污泥氮释放的影响

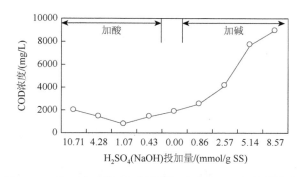

图 2-17　酸、碱对微波辐射作用下污泥 COD 释放的影响

2.4.3　不同类型酸的影响

如图 2-18 所示，在 pH 相同的条件下，投加硫酸和盐酸的样品经微波处理后，

上清液中正磷酸盐的含量差异很小。pH = 3.03 和 pH = 1.27 的样品的正磷酸盐含量均在 80mg/L 以上,明显高于 pH = 5.05 的样品(正磷酸盐含量约为 54mg/L)。随 pH 的降低,污泥上清液中总磷的含量呈上升的趋势,当 pH = 1.27 时,投加硫酸的样品上清液中总磷含量稍高于投加盐酸的样品,其他两个 pH 条件下几乎没有差别。

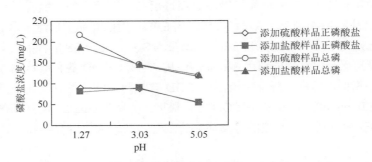

图 2-18　不同类型酸对磷酸盐释放的影响

　　如图 2-19 所示,随 pH 的降低,经微波处理后,污泥上清液中氨氮的含量稍有上升,而由所投加酸的种类不同引起的差别很小。pH = 5.05 和 pH = 3.03 的样品由所投加酸的种类不同引起的总氮含量差别较小;而 pH = 1.27 时,投加硫酸的样品上清液中总氮含量稍低于投加盐酸的样品。三个 pH 条件下,经微波处理后,由投加酸的种类不同而引起的污泥上清液中的 COD 含量的差异与总氮的情况基本相同(图 2-20)。

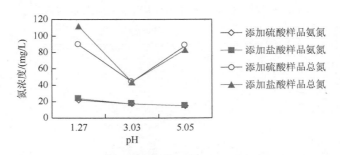

图 2-19　不同类型酸对氮释放的影响

　　总的来说,硫酸及盐酸对微波辐射作用下污泥磷、氮、COD 的释放效果的影响差别不显著,在较低 pH 条件下,投加硫酸样品的总磷浓度略高于投加盐酸的样品,而总氮及 COD 浓度略低于投加盐酸的样品。此外,考虑到盐酸在加热过程中易挥发且可能与有机物产生有毒气体,因此,采用硫酸对污泥进行预处理更为合适。

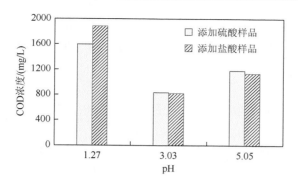

图 2-20　不同类型酸对 COD 释放的影响

2.4.4　微波辐射-酸联合作用对污泥沉降性能的影响

由于污泥在微波辐射-酸联合作用处理前被浓缩，因此其 SV_{30}（污泥沉降比，指曝气池混合液静置 30min 后沉淀污泥的体积分数）较高，均在 70% 以上，特别是当污泥浓度达到 11237mg/L 时，$SV_{30}=100\%$，几乎没有沉降现象出现。浓度为 5170mg/L 和 7653mg/L 的两个样品经微波辐射-酸联合作用处理后（图 2-21），SV_{30} 分别从 70% 和 90% 降低到 21% 和 30%，降幅分别为 49 个百分点和 23 个百分点，沉降性能得到了有效改善；而浓度为 11237mg/L 的样品 SV_{30} 仅降低到 94%。田禹等[19]报道，在一定微波功率下，随辐射时间的延长，污泥样品的 SV_{30} 呈现出先下降后上升的趋势，当微波辐射强度足够大时（如 900W、130s 的微波功率-时间组合），污泥沉降性会恶化，甚至高于未经处理的样品。而本小节研究中所有样品的 SV_{30} 均有不同程度的下降，说明实验中的微波辐射强度是合适的。值得注意的是，随污泥浓度的提高，微波辐射-酸联合作用对污泥沉降性能的改善程度呈下降趋势。因此，经微波辐射-酸联合作用后的污泥若采用自然沉降的方式进行固液分离，

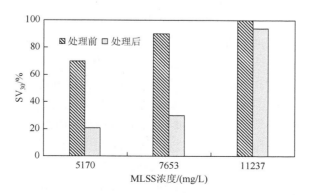

图 2-21　微波辐射-酸联合作用对污泥 SV_{30} 的影响

则需控制微波辐射-酸联合作用处理前的污泥浓度在 8000mg/L 以下；若将污泥浓度提升到 10000mg/L 以上，则经微波辐射-酸联合作用后只能通过离心等方式进行固液分离。

2.4.5　微波辐射-酸联合作用对污泥脱水性能的影响

　　毛细吸收时间（capillary suction time，CST）是指滤液在滤纸上渗透过特定距离所用的时间，常用来表征污泥的脱水性能，其值越小，说明污泥脱水性能越好。如图 2-22 所示，经微波辐射-酸联合作用处理，三个浓度的污泥样品的 CST 值均有一定程度的下降，说明污泥的脱水性能得到了不同程度的改善，并未出现 Wojciechowska[20]报道的在一定的微波功率及处理时间条件下污泥的 CST 值反而会比处理前上升的情况。值得注意的是，与 SV$_{30}$ 的情形不同，经微波辐射-酸联合作用处理后，浓度为 11237mg/L 的污泥样品的 CST 值降低幅度最大，达到 42%，这有利于在后续过程中采用离心等方式对其进行固液分离。

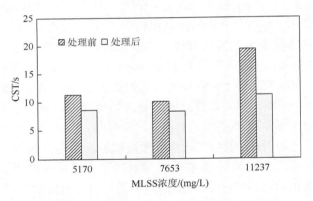

图 2-22　微波辐射-酸联合作用对污泥 CST 的影响

　　絮凝过程会使污泥中的细小颗粒聚集为较大的团粒，引起污泥粒径分布的变化，从而影响污泥的脱水性能[21]。Karr 和 Keinath[22]提出，粒径在 1～100μm 的超胶体颗粒（ultra colloidal particles）数量是影响污泥过滤性能的重要因素，超胶体颗粒所占比例越小，污泥脱水性能越好。如表 2-3 所示，经微波辐射-酸联合作用处理后，三个浓度的污泥样品的平均粒径均有所增加。由图 2-23 可以看出，经微波辐射-酸联合作用的处理，三个浓度的污泥样品中粒径小于 100μm 的颗粒所占比例均有较为明显的下降趋势，特别是污泥浓度较低的两个样品，其所含粒径小于 100μm 的颗粒所占比例分别下降了约 41%和 45%。造成此现象的原因如下：酸处理使污泥 pH 降低，并接近于主要带负电物质如蛋白质的等电点，颗粒之间的静电排斥作用减弱，而适宜强度的微波辐射，通过高频电磁场的作用，能够使带电的污泥颗粒高速运动，彼此相互碰撞，破坏污泥颗粒稳定的双电层结构，从而使细小的污泥颗粒聚集、絮凝。

表 2-3　微波辐射-酸联合作用处理前后污泥平均粒径的变化

MLSS 浓度/(mg/L)	处理前平均粒径/μm	处理后平均粒径/μm
5170	42.65	106.86
7653	44.65	117.32
11237	46.36	87.04

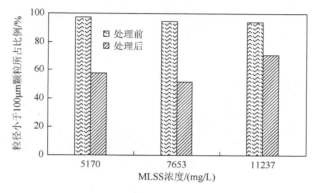

图 2-23　微波辐射-酸联合作用对污泥中粒径小于 100μm 颗粒丰度的影响

2.4.6　微波辐射-酸联合作用对污泥生物特性的影响

经微波辐射-酸联合作用处理后，污泥样品在 JCM 琼脂培养基、马铃薯浸汁琼脂培养基和营养琼脂培养基上分别培养出 35 个、58 个、64 个菌落，而对照样品在三个培养基上分别培养出 324 个、272 个、215 个菌落。可见，微波辐射-酸联合作用对污泥混合液中的微生物具有一定的杀灭作用。如表 2-4 所示，对照样品中共分离出 6 种菌，而经微波辐射-酸联合作用处理后，链霉菌消失，芽孢杆菌、毛霉菌的数量也有所减少，其他菌类数量有所升高。此结果说明，污泥中不同微生物对微波辐射-酸联合作用的耐受性不同。图 2-24 所示为污泥中一些检出的微生物。

表 2-4　微波辐射-酸联合作用对污泥中微生物种类及数量的影响　　（单位：%）

微生物种类	处理前所占比例	处理后所占比例
芽孢杆菌	49	45
革兰氏阳性菌（G+）	14	19
革兰氏阴性菌（G–）	12	21

微生物种类	处理前所占比例	处理后所占比例
链霉菌	12	0
青霉菌	7	11
毛霉菌	6	4

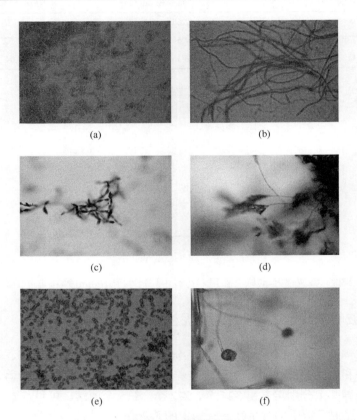

(a) 　　　　　　　　　　　　　(b)

(c) 　　　　　　　　　　　　　(d)

(e) 　　　　　　　　　　　　　(f)

图 2-24　污泥微生物

（a）革兰氏阴性菌；（b）链霉菌；（c）交链孢菌；（d）青霉菌；（e）芽孢杆菌；（f）毛霉菌

2.5　微波-过氧化氢预处理技术

除了酸、碱化学试剂的投加可以辅助污泥的破解外，一些强氧化剂如臭氧、Fenton 试剂等也具有对污泥破解的作用。其中，过氧化氢（H_2O_2）作为一种强氧化剂，其分解产生的羟基自由基（·OH）具有很强的氧化能力，特别是在加热过程中，更加速了预处理过程中污泥的破解。因此微波与 H_2O_2 组合的预处理方式也被认为是高级氧化的过程，相较于单独的微波预处理或 H_2O_2 氧化处理，组合方式具有更高的污泥破解效率。

2.5.1　过氧化氢处理污泥

图 2-25 显示了在 TSS 浓度为 3000mg/L 的污泥混合液中直接投加 H_2O_2 处理活性污泥的效果。由于好氧污泥中过氧化氢酶活性较强，即使在 H_2O_2 投加量高达 22000mg/L 时，也能在 5min 内迅速分解 75%以上；而在 H_2O_2 投加量分别为 11000mg/L 和 5500mg/L 时，过氧化氢酶能在 10min 内将 H_2O_2 完全分解，使污泥细胞免于损伤。因此，单独使用氧化剂 H_2O_2 处理污泥的效率低下，且经济上不具有可行性，这也说明在使用 H_2O_2 的污泥处理机理中，过氧化氢酶的作用必须予以考虑。

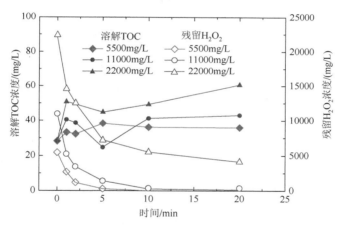

图 2-25　仅用过氧化氢处理污泥的效果

初始 TSS 浓度 = 3000mg/L，TOC 表示总有机碳

2.5.2　微波-过氧化氢组合工艺处理污泥

图 2-26 显示了将微波与 H_2O_2 协同使用对污泥的处理效果，可以看出这两者之间存在协同作用。随着 H_2O_2 使用量的增加和微波加热温度的提高，污泥破解程度加强，有更多的 TOC 因溶胞过程的发生而溶解到溶液中。

2.5.3　过氧化氢酶的影响

如图 2-27 所示，污泥混合液中残留 H_2O_2 浓度下降最大幅度的温度范围为 15～45℃。在高温（60℃和 80℃）条件下，H_2O_2 降解变缓。这些结果表明，在 15～

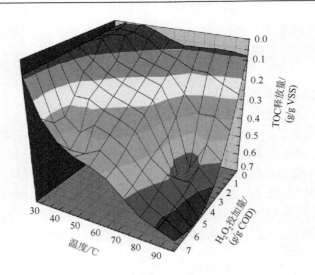

图 2-26　微波-过氧化氢协同处理效果

45℃，过氧化氢酶仍然具有活性，直至 45℃以后开始逐渐失去其活性，这与之前的相关研究一致[23]，污泥中过氧化氢酶的最佳催化活性发生在 35℃以下。

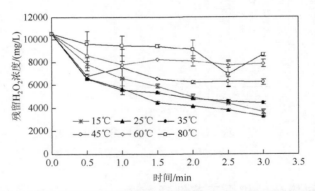

图 2-27　水浴控温条件下污泥中过氧化氢酶对 H_2O_2 的分解效果的影响

初始污泥 TCOD = 5000mg/L，H_2O_2 投加浓度 = 11000mg/L

　　根据酶活性的定义，在特定条件下，一个单位的过氧化氢酶活性对应为每分钟催化分解 1μmol 过氧化氢[24]。经计算，25℃时剩余污泥中过氧化氢酶的活性为 32.1U[①]/mg VSS，而 80℃时过氧化氢酶的活性迅速降低到 3.7U/mg VSS。因此，消除过氧化氢酶对 H_2O_2 的分解作用，有利于优化 H_2O_2 用量，节省药剂费用，提高该项技术的经济性。

① 1min 内能转化 1μmol 底物的酶量称为 1 酶单位（U）。

在已报道的研究中，污泥的升温速率设定为 20℃/min，这意味着过氧化氢酶在处理活性污泥过程中，到达变性温度点（40℃或 45℃）大约需要 1min[10]。在如此短的时间内，污泥中过氧化氢酶即可将 H_2O_2 分解 60%以上。考虑到在工程应用中，污泥处理规模大而微波负载更高，这使得其升温速率低于实验室研究，由此引起的 H_2O_2 消耗会更严重。因此，预热污泥可节省 H_2O_2 投加量，使微波-H_2O_2污泥预处理具有经济上的可行性。此外，降低 H_2O_2 投加量或投加浓度，有助于降低该技术的风险，从而达到污水处理设施的安全等级要求。

2.5.4　过氧化氢投加温度的选择

因为 H_2O_2 的投加量直接影响了该处理工艺的经济性，所以 H_2O_2 的用量是一项被重点考察的因素。考虑到过氧化氢酶在高温加热下会失去活性，即失去催化 H_2O_2 分解的能力，因此可在高温阶段投加 H_2O_2。其优势在于：①减少 H_2O_2 投加用量；②减少气泡产生，减弱气浮现象，使整个反应体系处于均相体系，提高反应效率；③在工业应用中可使用热交换进行预加热，从而大大节省能量输入。

热作用既可能导致污泥絮体结构的破坏，又可能会破坏污泥细胞的细胞壁，导致污泥细胞的破碎，将胞内物质释放到周围环境中。在不同的处理温度下，细胞被破坏的部位不同：在 45～65℃时，细胞膜破裂，rRNA 被损坏；50～70℃时，DNA 被损坏；65～95℃时，细胞壁被破坏；70～95℃时，蛋白质变性[25-27]。由此看来，微波处理污泥，合适的温度区间应该在 65～95℃。此外，投加低浓度的 H_2O_2 可降低其使用的安全风险。

2.5.5　污泥处理过程中过氧化氢投加策略优化

根据上述结果，活性污泥被首先加热到的温度为 80℃，然后投加过氧化氢，以避免其被过氧化氢酶分解，并继续微波加热至 100℃。投加策略如图 2-28 所示。

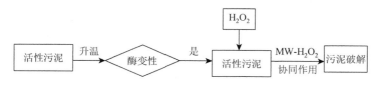

图 2-28　过氧化氢投加策略与污泥处理流程

在该投加策略的基础上，比较反应启动时、过氧化氢酶仍具有较弱活性的 60℃时，以及完全变性的 80℃三种条件下投加，考察该投加策略对污泥处理程度

及 H_2O_2 利用情况的效果，结果如图 2-29 所示。在过氧化氢酶变性失活后（即 60℃
投加组），H_2O_2 残留量得以大幅增加，80℃投加组的 H_2O_2 残留量略高于 60℃组，
这是因为酶活性被更大程度地抑制。而由于过氧化氢酶的活跃，反应体系温度从
15℃升至 40℃时，已有超过初始投加量 60%的 H_2O_2 被分解，而 SCOD 释放量却
大大低于 60℃与 80℃投加组。这些结果表明，在微波-H_2O_2 处理污泥时，选择在
高温条件下过氧化氢酶变性后再投入 H_2O_2，可以极大程度地保留 H_2O_2，从而达
到了更高的污泥溶胞效率。

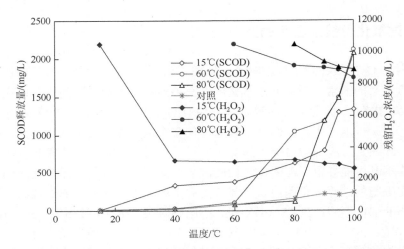

图 2-29　在不同温度投加条件下污泥 SCOD 释放量和 H_2O_2 残留浓度（对照为不添加 H_2O_2）

　　同机械和氧化分解技术的成本比较，H_2O_2 在成本经济上略显不足[28]。污泥热
处理[29, 30]已经采用了生产规模装置，并显示出其实用性。在文献报道中，热处理
过程推荐温度为 170℃[28]的高温和高压（6～7bar，1bar＝10^5Pa）密闭系统，而微
波-H_2O_2 体系是在 100℃和常压下运行的，能进一步节省设备投资和加热费用。此
外，在微波-H_2O_2 污泥预处理过程中，污泥解体温度主要发生在 80℃以上，这意
味着可利用废热资源，采用换热器将活性污泥预热到所需温度，从而降低微波加
热污泥所需的能源消耗。

2.5.6　过氧化氢剂量对有机物释放的影响

　　根据上述结果，活性污泥被首先加热到 80℃，再投加所选择剂量的过氧化氢，
以避免其被过氧化氢酶分解，然后继续加热至 100℃。但是，有必要对投加剂量
进行优化，确定经济的投加剂量，完善过氧化氢在微波处理条件下的投加策略。
　　污泥处理结果如图 2-30 所示。污泥溶胞的程度受 H_2O_2 剂量的显著影响，较

高 H_2O_2 投加剂量的样品中有更多的 SCOD 和 TOC 溶出，被释放到上清液中。与单独微波预处理污泥后的 SCOD 和 TOC 释放量相比，在 0.1、0.5、1.0、2.0、4.0 的过氧化氢投加比例（H_2O_2/TCOD，质量比）下，SCOD 释放量分别提高了 63.67%、91.87%、140.59%、181.61% 和 246.36%，TOC 释放量分别提高了 42.20%、115.50%、167.15%、211.98% 和 282.52%。虽然在微波-H_2O_2 污泥预处理中消耗了 H_2O_2，但仍有高浓度的 H_2O_2 残留，其残留浓度为 436～18773mg/L，并且随 H_2O_2/TCOD（质量比）升高，消耗 H_2O_2 的比例减少。在 H_2O_2/TCOD 为 0.1、0.5、1.0、2.0、4.0 的各组中，消耗的 H_2O_2 分别占投加量的 25.38%、22.53%、14.82%、13.61% 和 19.63%。

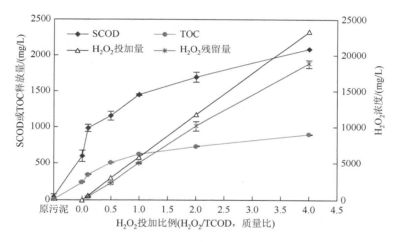

图 2-30　不同 H_2O_2 剂量对有机物溶出及 H_2O_2 残留浓度的影响

初始 TSS 浓度 = 5784mg/L，TCOD 浓度 = 5850mg/L

2.5.7　污泥中有机物的归趋

经过微波-过氧化氢处理，活性污泥体系中的有机物分别进入四部分：残渣、悬浮固体颗粒（30min 沉淀后）、可溶态物质和矿化物质。以 TCOD 为例，本部分讨论有机物在这四个部分中的分布及变化。

图 2-31 显示了在微波-H_2O_2 污泥预处理中，污泥中以 TCOD 为代表的有机物在四种组分中的分配变化。由图可知，原始污泥中几乎所有的 TCOD 均存在于固体中，而在微波-H_2O_2 污泥预处理过程中，随着 H_2O_2 投加量的增加，组分中的可溶性有机物和颗粒的含量显著增加，TCOD 在颗粒态、可溶态物质和矿化物质中的比例上升，而在残渣中的分布比例下降。在低 H_2O_2/TCOD 比例（质量比，g H_2O_2/g TCOD）下（0.1、0.5 和 1.0），矿化部分相对较少，不到 5%。所以

这个过程与臭氧污泥预处理[31]类似。在化学氧化污泥预处理技术中，有机物的主要归趋有两类：溶出或者矿化。有机物的溶出有利于将其应用到污水生化处理过程，即作为碳源补充，例如，基于溶胞-隐性生长原理的污泥减量工艺。矿化可降低减量化等应用的负荷，但将导致更多的二氧化碳排放量和过氧化氢消耗量。

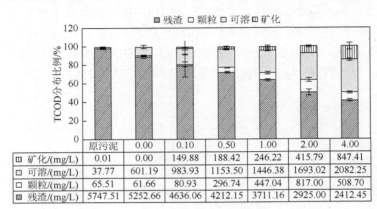

	原污泥	0.00	0.10	0.50	1.00	2.00	4.00
矿化/(mg/L)	0.01	0.00	149.88	188.42	246.22	415.79	847.41
可溶/(mg/L)	37.77	601.19	983.93	1153.50	1446.38	1693.02	2082.25
颗粒/(mg/L)	65.51	61.66	80.93	296.74	447.04	817.00	508.70
残渣/(mg/L)	5747.51	5252.66	4636.06	4212.15	3711.16	2925.00	2412.45

H_2O_2投加比例(H_2O_2/TCOD)

图 2-31　微波-H_2O_2污泥预处理过程中有机物的分布情况

　　图 2-32 反映了碳元素在各相中的分布。碳元素的氧化部分即指 CO_2 的生成。与图 2-31 相比，其在氧化平衡中缺失的部分是指被氧化的部分，包括生成的 CO_2 脱离体系，以及从大分子复杂有机物形成小分子简单有机物的还原部分。对比二者可以发现，在反应体系中，还原部分大于生成的 CO_2，表明系统中的有机物除了生成 CO_2 脱离系统外，仍有大部分被氧化为小分子物质。

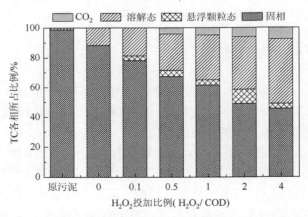

H_2O_2投加比例(H_2O_2/ COD)

图 2-32　碳元素在各相中的分布[TC(总碳) = 2063mg/L]

　　图 2-33 清楚地表明，随着更多过氧化氢的加入，有机物的溶解和矿化比例增

加，但由于污泥中无机成分没有在该处理过程中溶解，仍保留在残渣中，这导致其灰分基本保持不变。综上所述，污泥的溶出成分主要为有机物，这不会在处理液中大幅增加无机物，可避免污泥脱水性能的恶化和其回流到污水处理反应器后给生物再利用设置障碍。

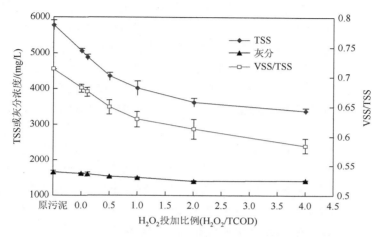

图 2-33　不同 H_2O_2 剂量条件下 TSS 和 VSS/TSS 的变化

初始 TSS 浓度 = 5784mg/L，TCOD 浓度 = 5850mg/L

2.5.8　过氧化氢分布

从图 2-34 中可以看出，H_2O_2 的主要去向仍是残留在体系中，而被酶催化或者蒸发出体系的比例与作为氧化剂参与反应的比例均较小（小于 10%）。

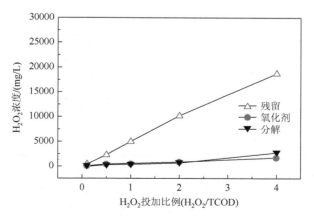

图 2-34　不同 H_2O_2 剂量条件下 H_2O_2 的分布变化

TCOD 浓度 = 5850mg/L

2.6　微波-过氧化氢-碱预处理技术

　　微波-过氧化氢组合工艺已被证明是一种可有效灭菌、溶胞的污泥预处理手段。作者课题组已就过氧化氢的投加策略进行了研究与优化，并进行了微波-过氧化氢协同处理剩余污泥的实验室小试，取得了一定的污泥溶胞减量效果。然而，在反应体系中存在过氧化氢严重残留的现象，其有限的利用效率成为降低技术成本的障碍。在碱性条件下，微波-过氧化氢组合工艺可取得较好的处理效果和较高的过氧化氢利用效率。故在微波-过氧化氢组合工艺中投加碱、改变体系的 pH、调节过氧化氢投加量，确定微波-过氧化氢-碱（MW-H$_2$O$_2$-OH）组合工艺的优化条件。

　　采用均匀设计法（uniform design），以 pH、H$_2$O$_2$/MLSS（质量比）为自变量，考察实验范围内均匀分布的 8 个条件组合对污泥预处理的效果及对 H$_2$O$_2$ 利用效率的影响，每个实验做两个平行。选用 U8*(8^5)均匀设计表，考察因素数为 2，其均匀度偏差 $D = 0.1445$，实验设计见表 2-5。通过对实验结果的回归拟合，明确自变量对污泥中碳、氮、磷释放的影响规律，结合成本分析，对微波-过氧化氢-碱污泥预处理方法进行优化。

表 2-5　优化实验条件设计表

实验号	实验条件	
	pH	H$_2$O$_2$/MLSS
1	1（7.5）	4（0.5）
2	2（8.0）	8（0.9）
3	3（8.5）	3（0.4）
4	4（9.0）	7（0.8）
5	5（9.5）	2（0.3）
6	6（10.0）	6（0.7）
7	7（10.5）	1（0.2）
8	8（11）	5（0.6）

　　采用均匀设计法（V3.0）软件中的单纯形法和逐步后退法，以 pH、H$_2$O$_2$/MLSS 为自变量 x、y，分别对过氧化氢残留量（H$_2$O$_2$-res）、处理液 TOC、TP 等指标进行回归拟合。在自变量取值范围内对不同指标分别进行了回归拟合，实验结果及各指标回归变量分析结果分别列于表 2-6 和表 2-7。因其分析方法一致，所以以

H_2O_2-res 为例进行说明。在实验所选自变量范围内，H_2O_2-res 作为因变量 z，则通过 Uniform Design 3.0 的回归拟合，可得 z 与 x、y 的函数如下。

$$z = p_1 + p_2 x + p_3 x^2 + p_4 x^3 + p_5 x^4 + p_6 x^5 + p_7 \ln y + p_8 (\ln y)^2 + p_9 (\ln y)^3 \quad (2\text{-}1)$$

式中，$p_1 = -946336.73$；$p_2 = 376329.04$；$p_3 = -57711.64$；$p_4 = 3289.39$；$p_5 = 0.02$；$p_6 = -4.20$；$p_7 = 10763.14$；$p_8 = 1107.53$；$p_9 = -704.08$。

表 2-6　实验分析指标结果

项目	1	2	3	4	5	6	7	8
H_2O_2/MLSS	0.5	0.9	0.4	0.8	0.3	0.7	0.2	0.6
调节后pH	7.5	8.0	8.5	9.0	9.5	10.0	10.5	11.0
处理后pH	6.9±0.08	6.8±0.13	7.1±0.14	6.9±0.03	7.4±0.06	7.4±0.11	8.1±0.14	7.9±0.11
H_2O_2-res/(mg/L)	11170.9±678.7	16124.7±620.2	8073.3±218.6	13500.6±803.0	5299.2±448.4	11318.0±480.4	2471.1±206.0	6477.9±544.5
TOC/(mg/L)	784.32±93.97	849.97±142.58	928.39±197.75	958.10±145.48	805.07±103.76	895.73±154.35	895.53±119.80	1178.23±151.97
IC（无机碳）/(mg/L)	611.06±23.02	607.11±21.35	604.87±17.13	604.60±18.80	624.97±25.82	610.73±21.93	633.52±41.01	628.05±44.31
TC/(mg/L)	1395.39±112.53	1457.08±134.67	1533.26±214.79	1562.70±231.52	1430.04±119.09	1473.13±137.13	1529.05±155.17	1806.29±115.75
NH_4^+-N/(mg/L)	13.25±0.74	13.84±0.12	13.50±0.61	16.32±0.83	12.91±0.36	15.69±1.08	14.14±1.03	16.52±1.12
TN/(mg/L)	213.58±8.26	248.99±21.04	196.58±11.18	254.34±16.40	192.98±19.75	241.04±16.99	204.83±17.60	260.09±13.40
ortho-P/(mg/L)	6.97±0.41	9.04±1.16	7.57±1.57	11.12±1.12	6.51±0.71	11.02±1.50	10.46±1.66	11.61±1.49
TP/(mg/L)	29.94±3.00	38.17±3.37	35.28±4.76	43.93±4.37	32.34±3.65	47.48±6.41	41.73±4.37	53.46±3.06

表 2-7　各指标拟合模型的相关系数

指标	残差均方根	残差平方和	相关系数	R^2 判定系数	
H_2O_2-res	0.00143387947223114	1.64480827270867 ×10^{-5}	0.999999999999974	0.999999999999948	0.999999999999886
TOC	0.000385745306310271	1.19039553072324 ×10^{-6}	0.999999999996142	0.999999999992284	0.999999999988705

续表

指标	残差均方根	残差平方和	相关系数	R^2判定系数	
IC	$6.2948679394509 \times 10^{-5}$	$3.17002899001014 \times 10^{-8}$	0.999999999992116	0.999999999984233	0.999999999965415
TC	0.000111582150222415	$9.96046099860607 \times 10^{-8}$	0.999999999999669	0.999999999999337	0.999999999999124
NH_4^+-N	$1.57085565078837 \times 10^{-5}$	$1.974069980491 \times 10^{-9}$	0.999999999985478	0.999999999970955	0.9999999998632
TN	0.000367107916548204	$1.0781457791389 \times 10^{-6}$	0.999999999992136	0.999999999984273	0.999999999798048
ortho-P	$1.3221122633659 \times 10^{-7}$	$1.398384669554 \times 10^{-13}$	0.999999999999998	0.999999999999995	0.999999999999995
TP	$3.57543692057896 \times 10^{-5}$	$1.02269993384314 \times 10^{-8}$	0.999999999997437	0.999999999994873	0.999999999976781

根据上述预测模型,可以对自变量定义范围内非实验点的条件组合进行预测,预测值列于表 2-8。为了考察拟合方程的准确性,在预测范围内抽取若干条件组合进行验证实验,将实测结果与预测值进行比较,结果如图 2-35 所示。预测值与实测值之比平均为 0.99,说明模型预测结果较好。

为了直观地说明 H_2O_2-res(Z轴)随 pH(X轴)、H_2O_2/MLSS(Y轴)的变化趋势,将上述模型在自变量定义范围内制图,如图 2-36 所示。由图易知,H_2O_2-res 随 pH 的升高、H_2O_2/MLSS 的降低而减少。其中,H_2O_2/MLSS 的变化对 H_2O_2-res 的影响更显著。

同理,对 TOC、TP 等常规指标进行分析预测,各指标与 pH、H_2O_2/MLSS 的关系变化趋势如图 2-37 所示。多数指标均随 pH、H_2O_2/MLSS 的提高而增加。这说明 H_2O_2 在不同的实验条件下促使污泥发生了不同程度的氧化分解,致使含碳、氮、磷等营养元素的物质逐渐溶出。在相同的 H_2O_2 投加量下,pH 较高的样品中指标的释放效果较好。H_2O_2 能在碱性条件下发挥较好的氧化效果的主要原因有以下三个方面。一是碱可以抑制过氧化氢酶的活性。在生物体内广泛存在着过氧化物酶体,过氧化氢酶是其标志酶,约占过氧化物酶体总量的 40%。过氧化氢酶的活性随 pH 和温度的改变而变化,其在 30~40℃、pH 约为 7 的条件下活性最强。随着 pH 和温度的升高,过氧化氢酶的活性受到抑制,从而减少了 H_2O_2 的无效分解。二是在反应体系中多种条件均可促进 H_2O_2 加速分解(图 2-38)。H_2O_2 呈弱酸性,加入微量的酸可以使其稳定,而其遇碱则极易分解。同时,系统温度的升高、污泥中复杂基质的存在也能够促进 H_2O_2 的加速分解。因此,调节污泥 pH、升温至 80℃均可促使 H_2O_2 在反应体系中充分分解,释放更多的羟基自由

表 2-8　实验范围内过氧化氢残留量预测值

（单位：mg/L）

| pH | \multicolumn{21}{c}{H₂O₂/MLSS} |
	0.20	0.24	0.27	0.31	0.34	0.38	0.41	0.45	0.48	0.52	0.55	0.59	0.62	0.66	0.69	0.73	0.76	0.80	0.83	0.87	0.90
7.50	6346	6739	7251	7825	8426	9038	9648	10250	10840	11416	11976	12521	13050	13562	14059	14541	15009	15462	15902	16329	16744
7.68	6179	6571	7084	7657	8259	8870	9480	10082	10672	11248	11809	12353	12882	13395	13892	14374	14841	15295	15735	16162	16576
7.85	5951	6344	6856	7430	8031	8643	9253	9855	10445	11021	11581	12126	12655	13167	13664	14146	14614	15067	15507	15934	16349
8.03	5688	6081	6593	7167	7768	8380	8990	9592	10182	10758	11318	11863	12391	12904	13401	13883	14351	14804	15244	15671	16086
8.20	5410	5803	6315	6889	7490	8102	8712	9314	9904	10480	11040	11585	12114	12626	13123	13605	14073	14526	14966	15393	15808
8.38	5134	5527	6039	6613	7214	7826	8436	9038	9628	10204	10764	11309	11837	12350	12847	13329	13797	14250	14690	15117	15532
8.55	4873	5266	5778	6351	6953	7564	8174	8777	9367	9943	10503	11048	11576	12089	12586	13068	13536	13989	14429	14856	15271
8.73	4635	5028	5541	6114	6716	7327	7937	8539	9129	9705	10266	10810	11339	11851	12349	12831	13298	13752	14191	14618	15033
8.90	4427	4819	5332	5905	6507	7118	7728	8330	8920	9496	10057	10602	11130	11643	12140	12622	13089	13543	13983	14410	14824
9.08	4248	4640	5153	5726	6328	6939	7549	8151	8741	9317	9878	10422	10951	11464	11961	12443	12910	13364	13804	14231	14645
9.25	4095	4487	5000	5573	6175	6786	7396	7998	8588	9164	9725	10269	10798	11311	11808	12290	12757	13211	13651	14078	14492
9.43	3960	4353	4865	5438	6040	6651	7261	7864	8454	9030	9590	10135	10663	11176	11673	12155	12623	13076	13516	13943	14358
9.60	3832	4224	4737	5310	5912	6523	7133	7735	8325	8901	9462	10006	10535	11048	11545	12027	12494	12948	13388	13815	14229
9.78	3693	4086	4598	5172	5773	6385	6995	7597	8187	8763	9323	9868	10396	10909	11406	11888	12356	12809	13249	13676	14091
9.95	3523	3916	4428	5002	5603	6215	6825	7427	8017	8593	9154	9698	10227	10739	11237	11719	12186	12639	13079	13506	13921
10.13	3297	3689	4202	4775	5377	5988	6598	7200	7790	8366	8927	9471	10000	10513	11010	11492	11959	12413	12853	13280	13694
10.30	2983	3375	3888	4461	5063	5674	6284	6886	7476	8052	8613	9157	9686	10199	10696	11178	11645	12099	12539	12966	13380
10.48	2546	2939	3451	4024	4626	5237	5847	6449	7040	7615	8176	8721	9249	9762	10259	10741	11208	11662	12102	12529	12943
10.65	1946	2339	2852	3425	4027	4638	5248	5850	6440	7016	7577	8121	8650	9162	9660	10142	10609	11063	11502	11929	12344
10.83	1139	1532	2045	2618	3220	3831	4441	5043	5633	6209	6770	7314	7843	8355	8853	9335	9802	10256	10695	11122	11537
11.00	75	467	980	1553	2155	2766	3376	3978	4568	5144	5705	6249	6778	7291	7788	8270	8737	9191	9631	10058	10472

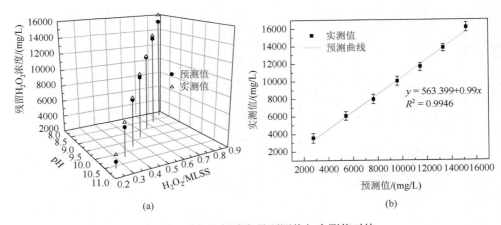

图 2-35　过氧化氢残留量预测值与实测值对比

（a）预测值与实测值直观比较图；（b）预测值与实测值比值图

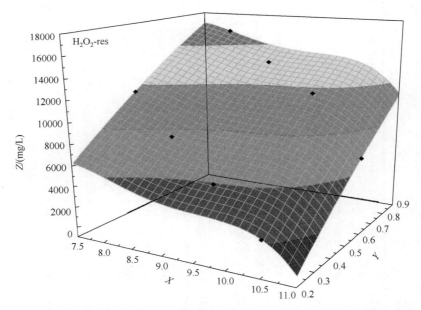

图 2-36　过氧化氢残留量随 pH（X 轴）、H_2O_2/MLSS（Y 轴）的变化图

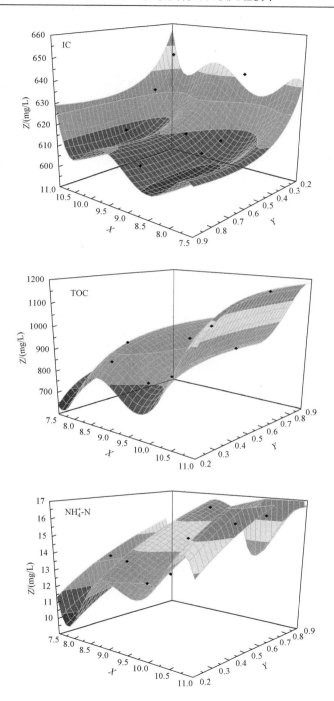

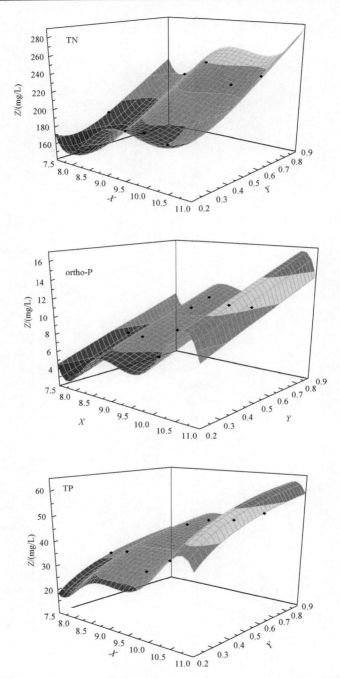

图 2-37　常规指标随 pH（X 轴）、H_2O_2/MLSS（Y 轴）变化图

基，从而提高其利用效率，强化氧化效果。三是在微波处理前对污泥 pH 进行了调节，推测碱已对细胞造成了一定的损害，从而使 H_2O_2、羟基自由基对细胞的氧化作用和破裂效果更加显著。但 IC 随 pH 的提高并无明显变化，且随 $H_2O_2/MLSS$ 的增大而减小，体现了 H_2O_2 氧化分解的作用效果。

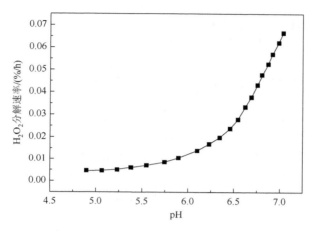

图 2-38　过氧化氢分解速率与 pH 关系图

　　诸如厌氧消化等污泥后续处理手段，一般希望预处理后的污泥中营养元素的水平较高，以促进微生物对污泥的消化进程。因此，以污泥预处理后溶出的 TOC、TP、TN 和 H_2O_2-res 为优化指标，前三者的优化方向为正，H_2O_2-res 的优化方向为负。建立函数 $Z = z_1 + z_2 + z_3 - z_4$，其中 z_1、z_2、z_3、z_4 依次代表上述 4 个指标。将式（2-1）中所得的对应拟合函数分别代入，在自变量定义范围内，采用 Levenberg-Marquardt 算法 + 全局优化法进行计算，得到最优值时的解为 $x = 11$，$y = 0.2$，即微波-H_2O_2-碱的预处理最优条件为：pH 为 11，$H_2O_2/MLSS$ 为 2，也就是 H_2O_2 的投加量为 0.2g/g MLSS。

2.7　基于微波-过氧化氢-碱预处理的污泥水解酸化的影响因素研究

　　污泥水解产物富含易生物降解的有机物，可作为外加碳源，用于生物脱氮除磷。水解是污泥厌氧消化过程的限速阶段，微生物的细胞壁阻碍了污泥中有机物的释放与利用。常温常压下微波及其组合污泥预处理工艺能有效实现污泥溶胞破壁，例如，微波-过氧化氢-碱预处理工艺比微波其他组合工艺具有更好的污泥破壁溶胞效果。尽管污泥破解后释放了大量的有机物，但是其中也包含了一些大分子、难降解有机物,这些物质较难被生物脱氮除磷过程中的微生物利用。微生物的水解酸化过程可以将难生物降解的大分子物质转化为易生物降解的小分子物质,小分子物质进一步转化为挥发性脂肪酸,从而增加溶解性有机物与易生物降解有机物的比例[32,33]。因此,为了有效提高微波预处理污泥的利用效果,将微波-过氧化氢-碱预处理与污泥水解技术结合,考察水解时间、接种比例和温度对微波-过氧化氢-碱预处理后的污泥水解的影响,同时分析碳源组成情况,优化微波预处理污泥的水解条件,为预处理产物的高值化利用提供技术支撑。

2.7.1 不同接种比例和水解时间对水解效果的影响

如图 2-39 所示,基于批量实验结果,经微波-过氧化氢-碱预处理后的剩余污泥,在不同的接种比例(inoculum/substrate,接种污泥与剩余污泥 VS 之比 I/S 为 0.07、0.26、0.62)下高温(55℃)厌氧发酵,释放 SCOD 的浓度均随着水解时间的延长而增大。在 48h 时 SCOD 的浓度达到最大,分别为 9240mg/L、8250mg/L、6630mg/L,分别比初始 SCOD 增长了 31.6%、49.5%、65.8%,SCOD/TCOD 分别为 44.1%、41.7%、34.7%,比初始值分别增加了 10.6%、13.8%、13.8%。在水解时间为 12~42h 时,释放的 SCOD 量基本保持不变,波动不大。这与 Xiong 等[34]在 50℃的高温厌氧消化、污泥浓度为 VSS = 23.78g/L 条件下的研究结果一致。水解 12h 时不同的接种比例(I/S 为 0.07、0.26、0.62)下,SCOD 的浓度分别为 8510mg/L、7450mg/L、5640mg/L,分别占 48h 时 SCOD 浓度最大值的 92%、90%、85%,都在 85%以上。由于水解时间的延长将增加工程实践中反应器的体积、占地面积和成本,所以推荐的水解时间确定为 12h。

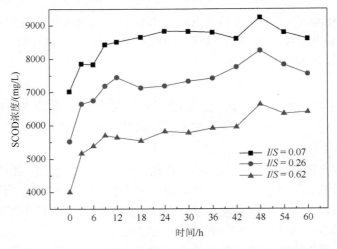

图 2-39　不同的 I/S 接种比例和水解时间对 SCOD 释放的影响

水解过程的初始产物为可溶性单体，可以用 SCOD 表示。水解程度的变化可以用 SCOD 浓度的变化表示[35]。Eastman 和 Ferguson[36]研究发现，颗粒性有机物的水解过程符合一级反应动力学方程。Yuan 等[37]的研究中，完全混合间歇实验水解过程的方程表示为

$$X_a = X_{a0} + X_s\{1 - \exp[-k_{hT_0}\theta(T_0 - T)t]\} \tag{2-2}$$

式中，X_a 为水解产物浓度（mg/L，以 COD 计）；X_{a0} 为溶解性有机物浓度（mg/L，以 COD 计）；X_s 为可降解颗粒性组分浓度（mg/L，以 COD 计）；T 为温度（℃）；t 为时间（d）；k_{hT_0} 为在 T_0（℃）下的水解速率常数（d^{-1}）；θ 为 k_{hT_0} 的温度系数。合并多项式后式（2-2）变为

$$X_a = X_{A0} - X_s \exp(-k_{hT}t') \tag{2-3}$$

式中，$X_{A0} = X_{a0} + X_s$（mg/L，以 COD 计）；t' 为时间（d），本研究中 t' 的单位为 h；$k_{hT} = k_{hT_0}\theta(T_0 - T)$ 为 T（℃）下的水解速率常数（h^{-1}）。

依据式（2-3），对不同接种比例（I/S 为 0.07、0.26、0.62）下，水解过程 SCOD 的释放进行指数拟合，如图 2-40 所示，得到的表达式如下。

$X_a = 8833.42 - 1765.74\exp(-0.14t')$，$R^2 = 0.95$，$I/S = 0.07$

$X_a = 7302.89 - 1763.79\exp(-0.28t')$，$R^2 = 0.93$，$I/S = 0.26$

$X_a = 5751.03 - 1733.11\exp(-0.32t')$，$R^2 = 0.95$，$I/S = 0.62$

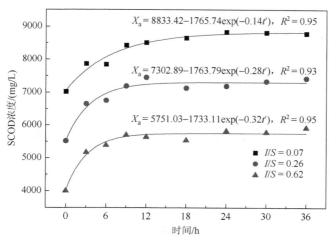

图 2-40　不同的 I/S 接种比例下水解时间为 0～36h 的 SCOD 释放的指数拟合曲线

可见，不同的接种比例（I/S 为 0.07、0.26、0.62）下，k_{hT} 的值分别为 $0.14h^{-1}$、$0.28h^{-1}$、$0.32h^{-1}$。可以看出，污泥的水解速率常数随着 I/S 的增加而增加，说明增加接种污泥比例可以提高水解速率。Ahn 和 Speece[38]研究表明，在 20℃、35℃、55℃时，水解速率常数分别为 $0.119d^{-1}$、$0.236d^{-1}$、$0.282d^{-1}$，单位换算后为 $0.005h^{-1}$、

$0.010h^{-1}$、$0.012h^{-1}$。Xiong 等[34]研究表明在 40℃、50℃、60℃下，浓缩污泥（VSS = 23.78g/L）的水解速率常数分别为 $0.1142h^{-1}$、$0.1270h^{-1}$、$0.2009h^{-1}$。这些结果表明，经过微波-H_2O_2-碱预处理后的剩余污泥在高温 55℃条件下水解速率显著提升了。虽然增加接种比例可以提高水解速率，但是从 SCOD 的总量上来说，接种比例越少，SCOD 的总量越高，可以用于生物脱氮除磷的碳源就越多。

2.7.2　不同温度对水解效果和碳源组成的影响

温度是水解过程的重要影响因素之一。它通过影响微生物代谢活动与生长速率，进而影响生化反应速率。高温可以提高生化反应速率，提高微生物生长速率，进而提高水解效率。同时，将微波-过氧化氢-碱预处理与污泥水解技术结合，还可以有效地利用污泥经微波辐照后的余热，节约能源。

1. 温度对 SCOD 的影响

由图 2-41（a）可知，污泥初始 SCOD 为 426mg/L，经过微波-过氧化氢-碱预处理后，SCOD 大幅度提高，为 7820mg/L，增加率为 1735.7%。接种污泥与原污泥按照 I/S 为 0.07 混合后，混合污泥初始 SCOD 为 6303mg/L，经过不同温度下 12h 的水解，SCOD 增加至 7080mg/L、7390mg/L、7460mg/L、7640mg/L，增加率分别为 12.3%、17.2%、18.4%、21.2%，SCOD/TCOD 变为 37.8%、39.4%、39.8%、40.8%。相对于 35℃时，45℃、55℃、65℃下水解 12h 后 SCOD 分别提高了 4.4%、5.4%、7.9%。综上可以看出，SCOD 及 SCOD/TCOD 都随着温度的升高而升高，说明污泥水解程度随温度的升高而提高。

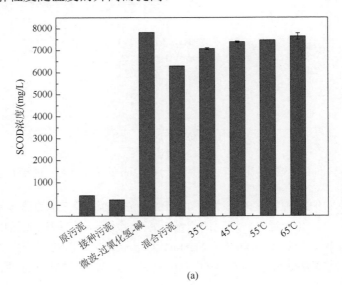

(a)

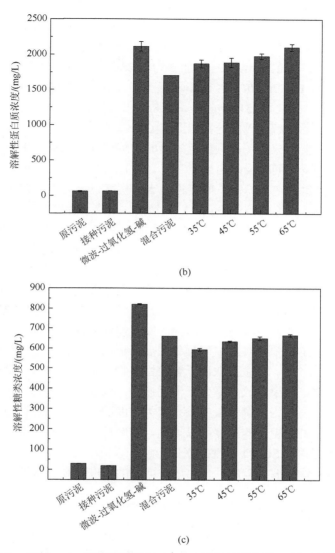

图 2-41　水解 12h、I/S 为 0.07 时不同污泥中 SCOD、溶解性蛋白质、溶解性糖类的溶出特征

(a) SCOD；(b) 溶解性蛋白质；(c) 溶解性糖类

2. 温度对溶解性蛋白质与溶解性糖类浓度的影响

由图 2-41 (b) 可知，污泥初始的溶解性蛋白质为 59.1mg/L，经过微波-H_2O_2-碱预处理后，溶解性蛋白质大幅度提高，为 2112.8mg/L，增加率为 3475.0%。按照 I/S 为 0.07 接种后，初始溶解性蛋白质为 1702.7mg/L，经过不同温度下 12h 的水解，溶解性蛋白质增加至 1869.5mg/L、1885.5mg/L、1976.4mg/L、2104.9mg/L，增加率分别为 9.8%、10.7%、16.1%、23.6%。相对于 35℃时，45℃、55℃、65℃

下水解 12h 后溶解性蛋白质分别提高了 0.8%、5.7%、12.6%。由图 2-41（c）可知，污泥初始的溶解性糖类为 30.1mg/L，经过微波-过氧化氢-碱预处理后，溶解性糖类也大幅度提高，为 821.2mg/L，增加率为 2628.2%。按照 I/S 为 0.07 接种后，初始溶解性糖类为 660.7mg/L，经过不同温度下 12h 的水解，溶解性糖类增加至 594.3mg/L、634.4mg/L、651.0mg/L、665.8mg/L。相对于 35℃时，45℃、55℃、65℃下水解 12h 后溶解性糖类分别提高了 6.8%、9.5%、12.0%。蛋白质和糖类为污泥中的两种主要组分[39-42]，颗粒有机物的水解程度可以通过溶解性蛋白质和溶解性糖类的浓度变化间接反映出来[39, 42, 43]。可以看出，随着温度的升高，溶解性蛋白质和溶解性糖类浓度升高，间接说明水解程度也提高[39]。Zhang 等[44]研究发现，在 pH 为 4.0～11.0 的条件下，高温厌氧消化的水解程度要高于中温厌氧消化，这可能是由于高温微生物相对于中温微生物具有更高的底物利用率和生长速率[45]。很多研究者发现，在水解初期，溶解性蛋白质浓度有下降的趋势[39, 42]，但是也有研究者的研究结果表明，在水解前期，pH = 7 或 8 时溶解性蛋白质的浓度在提高[35]。不同温度下水解 12h 之后的溶解性蛋白质的浓度都要高于初始接种后混合污泥的溶解性蛋白质浓度。从图 2-41（c）可以看出，水解 12h 之后不同温度下的溶解性糖类的浓度都要比初始接种后混合污泥的溶解性糖类低或者持平，这可能是由于在 12h 水解时间内，微波-H$_2$O$_2$-碱预处理后释放的有机物被水解酸化细菌等作为底物大量利用[35, 39, 42]。这主要取决于颗粒性底物水解释放速率与消耗溶解性蛋白质和糖类的速率。如果释放速率大于消耗速率，则表现为溶解性蛋白质和糖类浓度的积累，反之，则为溶解性蛋白质和糖类浓度的降低。通过比较不同温度下溶解性蛋白质与溶解性糖类的浓度可以得到，溶解性蛋白质和糖类的浓度均随着温度的升高而升高，与 SCOD 浓度的变化一致，这说明温度越高，水解程度越高，其中，65℃下水解 12h 时溶解性蛋白质与糖类的浓度最高，水解程度也最高。

3. 温度对挥发性脂肪酸及其组分浓度的影响

从图 2-42（a）可知，污泥初始的总挥发性脂肪酸（VFA）为 245.5mg/L，经过微波-过氧化氢-碱预处理后，总 VFA 的浓度小幅下降，为 163.0mg/L，这可能是由于微波-过氧化氢-碱预处理过程中温度较高，造成部分 VFA 的损失。按照 I/S 为 0.07 接种后，总 VFA 为 130.4mg/L，经过不同温度下 12h 的水解，总 VFA 增加至 256.4mg/L、242.7mg/L、285.0mg/L、419.9mg/L，增加率分别为 96.6%、86.1%、118.6%、222.01%。可以看出，35℃、45℃、55℃下，总 VFA 的浓度相差不大，65℃时总 VFA 显著提高，这可能是由于 65℃时，水解释放的溶解性蛋白质和溶解性糖类更多，酸化菌可以利用充足的底物，产生更多的 VFA。但是总体来说，产生的 VFA 的量还是很少，说明酸化过程还没有完全进行，这可能是由水解时间太短导致的。也有研究者认为，产甲烷菌的最适 pH 为 6.6～7.6 的中性条件，在不调节 pH

的情况下，VFA 可能被产甲烷菌大量消耗，但是本研究中，不同温度下 12h 积累甲烷产量为 10~20mL，非常小，所以不存在 VFA 被产甲烷菌大量消耗的可能。

　　不同种类的 VFA 对于氮、磷的去除效率会有不同的影响[46]，如果将污泥的水解酸化产物用作外加碳源，那么每种 VFA 含量的分布就变得十分重要。I/S 为 0.07、水解时间为 12h 时，VFA 各组分的含量及 VFA 各组分占总 VFA 的比例分别如图 2-42（b）和（c）所示，含量比例大小排序如下：乙酸＞丙酸＞异戊酸＞异丁酸＞正丁酸＞正戊酸。VFA 的主要组分为乙酸、丙酸、异戊酸，这与相关研究[34, 39, 41, 42]的结果一致，但是主要组分的排序稍有差异。其中，乙酸所占比例为 42.7%~59.7%。

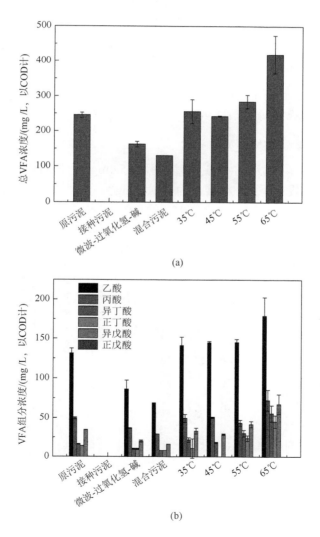

(a)

(b)

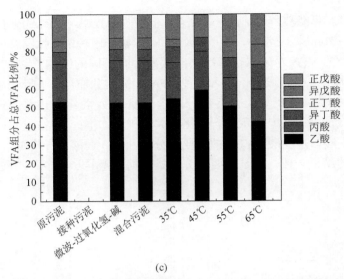

(c)

图 2-42　水解 12h、*I/S* 为 0.07 时不同污泥的总 VFA 及 VFA 组分的溶出特征（后附彩图）

（a）总 VFA 的溶出特征；（b）VFA 组分的溶出特征；（c）VFA 组分占总 VFA 的比例

4. 温度对总氮、总磷浓度的影响

由图 2-43 可知，污泥初始的 TN 浓度为 35.4mg/L，经过微波-过氧化氢-碱预处理后，TN 浓度提高了 10.01 倍，为 389.75mg/L。按照 *I/S* 为 0.07 接种后，TN 浓度为 409.1mg/L，经过不同温度下 12h 的水解，TN 浓度稍有增加，并且随着水解温度的升高而增加。碳源缺乏（一般 COD/TN 在 4～7）是我国目前城市污水处

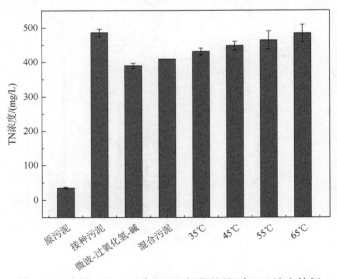

图 2-43　水解 12h、*I/S* 为 0.07 时不同污泥中 TN 溶出特征

理厂所面临的重要问题[47]。经过不同温度下 12h 的水解后，污泥上清液中的 COD/TN 为 15.79～16.50，远远高于市政污水的 COD/TN，因此，经过处理后上清液中溶解性有机物可以作为外加碳源进行利用。经过不同温度下 12h 的水解后，污泥上清液中的 TP 浓度为 65.6～71.6mg/L，其随着水解温度的升高变化不大。

5. 碳源组成变化

在碳源组成方面，SCOD 占污泥混合液总 COD 的 37.8%～40.8%，其中，溶解性蛋白质占 SCOD 的 38.3%～41.3%，溶解性糖类占 SCOD 的 9.0%～9.3%，VFA 仅占总 SCOD 的 3.3%～5.5%。溶解性蛋白质所占比例远远大于溶解性糖类所占的比例，这主要是由于蛋白质是污泥的最主要的有机组分，其含量远远大于糖类。对原污泥、经过 MW-H_2O_2-OH 预处理后及经过不同温度下 12h 水解后的上清液进行三维荧光测定和有机物表观分子量分布测定。如图 2-44 所示，原污泥、预处理

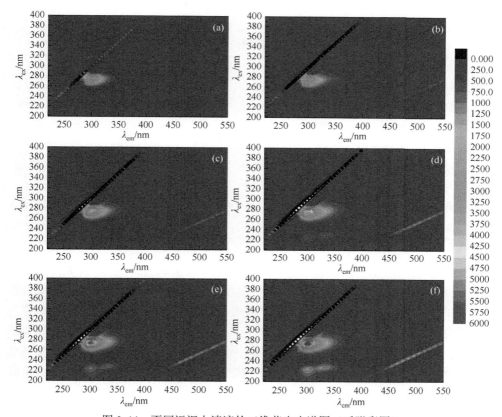

图 2-44　不同污泥上清液的三维荧光光谱图（后附彩图）

（a）原污泥上清液；（b）MW-H_2O_2-OH 预处理后污泥上清液；（c）～（f）35℃、45℃、55℃、65℃下，I/S 为 0.07，水解 12h 后的污泥上清液

后污泥，以及不同温度下水解 12h 后污泥的上清液三维荧光光谱中均具有 3 个相同的荧光峰。其中，峰 A，λ_{ex}、λ_{em} 分别为 270nm、295nm；峰 B，λ_{ex}、λ_{em} 分别为 220nm、295～300nm；峰 C，λ_{ex}、λ_{em} 分别为 225nm、325nm。只有预处理后在 65℃下水解 12h 后出现了峰 D，λ_{ex}、λ_{em} 分别为 225nm、335nm。这说明原污泥经过 MW-H$_2$O$_2$-OH 预处理后及经过不同温度下 12h 的水解后，有机物的组分和物质结构基本相同。根据报道[48-53]，这些荧光峰都代表了类蛋白荧光，峰 A 归属为溶解性微生物产物类酪氨酸荧光，峰 B、峰 C、峰 D 都归属为芳香族蛋白质类荧光。如表 2-9 所示，原污泥、经过 MW-H$_2$O$_2$-OH 预处理后及经过不同温度下 12h 的水解后，类酪氨酸的荧光强度都是最高的，这与 Li 等[54]的研究结果一致，水解温度越高，类酪氨酸的荧光强度越高，类酪氨酸组分越多。另一类有机物组分是芳香族蛋白质类物质，水解温度越高，芳香族蛋白质类物质的荧光强度也越高，芳香族蛋白质类物质越多。这与温度越高，溶解性蛋白质浓度越高相一致。

表 2-9　实验所用污泥的三维荧光分析结果

项目	原污泥	接种污泥	MW-H$_2$O$_2$-OH	35℃	45℃	55℃	65℃
($\lambda_{ex}/\lambda_{em}$, 峰 A)/nm	270.0/295.0	270.0/295.0	270.0/295.0	270.0/295.0	270.0/295.0	270.0/295.0	270.0/295.0
荧光强度	3271	3223	3366	4158	4908	5577	5947
($\lambda_{ex}/\lambda_{em}$, 峰 B)/nm	220.0/295.0	220.0/300.0	220.0/300.0	220.0/295.0	220.0/300.0	220.0/300.0	220.0/300.0
荧光强度	316.6	304.1	385.4	548.4	785.5	1093	1357
($\lambda_{ex}/\lambda_{em}$, 峰 C)/nm	225.0/325.0	225.0/325.0	225.0/325.0	225.0/325.0	225.0/325.0	225.0/325.0	225.0/325.0
荧光强度	242.5	224.9	381	559.1	803.7	980.3	1315
($\lambda_{ex}/\lambda_{em}$, 峰 D)/nm							225.0/335.0
荧光强度							1275

据报道[55-57]，$M_r > 10000$，尤其是在 10000～30000 范围内，有机物主要是糖类、蛋白质、氨基酸等微生物代谢产物及处理过程中产生的一些胞外聚合物等；$500 < M_r < 3000$，有机物主要是腐殖质类难降解有机物；$M_r < 500$，主要是小分子的有机酸或者氨基酸，其中，$350 < M_r < 500$，有机物主要是腐殖质类水解产物，$M_r < 200$，有机物主要是乙酸等小分子挥发性脂肪酸、小分子氨基酸或者简单的糖类等。如图 2-45 所示，经过微波-H$_2$O$_2$-碱预处理后，有机物大量释放。M_r 为 100～200 的有机物紫外吸收强度明显增加，在 $M = 200～350$ 出现一个强的有机物紫外吸收峰，说明预处理过程产生了小分子有机物。$M_r = 500～3000$ 的有机物紫外吸收强度稍有增加，说明预处理过程使得腐殖质类难降解有机物进一步积累，但是有机物种类没有发生变化。在 $M_r = 3000～60000$ 出现了

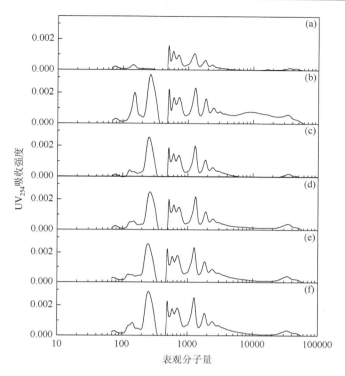

图 2-45　不同污泥上清液的有机物表观分子量分布

（a）原污泥上清液；（b）微波-H_2O_2-碱预处理后污泥上清液；（c）～（f）35℃、45℃、55℃、65℃下，I/S 为 0.07，水解 12h 后的污泥上清液

一个大的扁平的吸收峰，表明预处理过程出现了不同的 M_r（3000～60000）的有机物。但是经过不同温度下 12h 的水解后，$M_r = 100～200$ 的有机物紫外吸收强度有不同程度的降低，这可能是由于经过 12h 水解，乙酸等小分子挥发性脂肪酸、小分子氨基酸或者简单的糖类等被大量利用。经过不同温度下 12h 的水解后，$M_r = 200～350$ 的紫外吸收强度变化不大，但比预处理后都稍有降低，表明该类有机物被微生物利用得很慢，或者被大量利用的同时也在大量产生，可能是腐殖质类水解产物等。经过不同温度下 12h 的水解后，$M_r = 500～3000$ 的有机物紫外吸收强度基本保持不变，说明腐殖质类难降解有机物的性质比较稳定，水解过程中不易被利用。经过不同温度下 12h 的水解后，$M_r = 3000～60000$ 出现的比较大而扁平的吸收峰消失，仅在 $M_r = 20000～60000$ 留下了一个小的紫外吸收峰，表明 $M_r = 3000～60000$ 的有机物都已被水解为分子量更低的有机物。Shon 等[56]研究表明，M_r 在 30000 左右的有机物为多聚糖、蛋白质、氨基酸等物质。

2.8　微波-过氧化氢污泥预处理的溶胞机制

微波-过氧化氢预处理的溶胞机制分三个层面，首先是该反应过程中羟基自由基的产生，需确定羟基自由基在污泥处理过程中的作用机理。其次是污泥絮体在处理过程中的变化，特别是污泥灰分差异及胞外聚合物（EPS）差异对污泥处理效果的影响。最后是活性污泥中的微生物在该处理条件下，因其细胞壁结构差异引起的破壁。

2.8.1　自由基对微波-过氧化氢污泥预处理过程的影响

随着对高级氧化技术（AOP）反应机理的深入研究，人们逐渐认识到反应过程中羟基自由基产生的重要性，尤其是羟基自由基的产生被认为是高级氧化反应的主要步骤[58]。但微波-过氧化氢工艺过程中有无羟基自由基的产生，尚未得到实验证实，而这对于判定微波-过氧化氢预处理污泥是否为高级氧化过程至关重要。

1. 羟基自由基的产生

自由基是化学反应的中间体，通常其寿命极短（约 10^{-9}s），同时浓度较低，使得对其直接检测较为困难。直接对其进行检测受到的仪器操作方面的限制很大，而且其存在依赖于特定的反应环境，因而关于自由基的行为方面，推测和间接证明的较多，直接测量的较少。目前的各种检测方法主要是采用自由基捕获剂与·OH结合形成较为稳定的物质，再检测该物质的浓度，从而间接得知·OH 的浓度。采用捕获剂将自由基固化之后的检测方法是主要研究手段和常用的技术路线[59]。

目前对于羟基自由基的检测方法主要分为：①自旋捕捉-电子自旋共振（electron spin resonance，ESR）波谱[60]；②羟基捕捉剂-高效液相色谱[61]；③氧化反应捕获-分光光度法；④化学捕获-荧光发光法[62]。在利用氧化反应捕获-分光光度法测量中，由于羟基自由基有强氧化性，可以使一些物质发生结构、性质和颜色的改变，从而可以改变待测液的光谱吸收，利用这一原理可以进行羟基自由基的间接测定。目前，应用于羟基自由基测定的反应底物主要有亚甲基蓝（methylene blue，MB，$C_{16}H_{18}Cl N_3S$）[63]、溴邻苯三酚红（BPR）、茜素紫、邻二氮菲-Fe 等[59]。依据实验室条件及热稳定性的需要，本节采用亚甲基蓝-分光光度法进行自由基的测量[63, 64]。

MB 对自由基有极高的亲和力和猝灭作用，是自由基聚合链反应的高效阻聚剂。MB 分子中有一个中间价态的硫原子，其对羟基自由基有高度的亲和性。MB与羟基自由基反应，生成羟化亚甲基蓝（MB-OH），颜色从蓝色变成无色。其中的硫原子处于高价态，不易被氧化，而且高价态的硫同样也不易被还原，所以 MB 作为羟基自由基捕捉剂具有良好的稳定性。羟基自由基捕获率可以达到 33%，精度也是在各种测量方法中比较高的[59]。当 MB 的浓度与吸光度关系符合比尔定律时，则以 MB 的消耗量表示自由基的生成量。MB 溶液在 660nm 处有最大光吸收，因此选择在 660nm 处测量吸光度。实验表明，MB 的浓度为 0～45μmol/L 时与吸光度呈良好的线性关系，标准曲线方程为 $c_{MB} = 23.447A - 0.8029$。

2. 不同水质中自由基的产生

通过 MB 对自由基的捕捉行为，考察与研究微波处理条件下，羟基自由基在不同基质中的生成情况。液相主体分别为污水处理装置出水、自来水和超纯水（美国 Millipore Co.，Milli-Q Academic A10），向三者中分别投加 H_2O_2，另外以超纯水作为对照。在 100mL 所比较的水质中投加 1mL 30% H_2O_2 及 10mmol/L MB 捕捉剂。在微波条件下（600W），将水加热升温至 100℃，随后检测 MB 的残留值，从而获得相对的 ·OH 的产生量。

结果如图 2-46 所示，在没有投加 H_2O_2 的超纯水中，MB 全部存留于体系内。这表明 MB 对微波辐射及热作用具有稳定性，适宜做微波-H_2O_2 反应的自由基捕捉剂。投加 H_2O_2 的超纯水组，在 60℃时开始检测到 ·OH 的生成，随着反应的继续，其产生量随反应时间延长而增加。

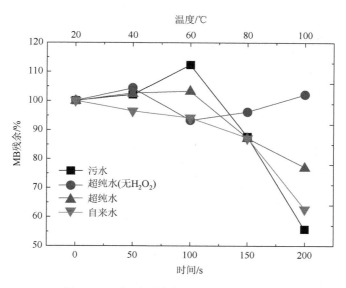

图 2-46　不同水质条件下自由基的产生量

在超纯水、污水处理装置出水和自来水的比较实验中，含有干扰杂质的自来水和污水组，其·OH 的产生量均高于超纯水组。这些结果证明自来水和污水均能增加自由基的产生量。但其中是何种物质产生的这种激发作用，目前尚不清楚，有待深入研究。

3. H_2O_2 剂量的影响

从图 2-47 中得出，在反应体系中，羟基自由基的产生量与 H_2O_2 的投加量直接相关，随着反应体系中 H_2O_2 投加量的增加，生成的羟基自由基也逐渐增加。在 MW-H_2O_2 处理的 AOP 体系中，类似 UV-H_2O_2 反应体系[5]，可能存在如下反应，但需要进一步的研究。

$$H_2O_2 \longrightarrow 2 \cdot OH \tag{2-4}$$

$$H_2O_2 \longrightarrow HOO^- + H^+ \tag{2-5}$$

$$\cdot OH + H_2O_2 \longrightarrow HOO \cdot + H_2O \tag{2-6}$$

$$\cdot OH + HOO^- \longrightarrow HOO \cdot + OH^- \tag{2-7}$$

$$2OH \cdot \longrightarrow H_2O_2 \tag{2-8}$$

$$HOO \cdot + OH \cdot \longrightarrow H_2O + O_2 \tag{2-9}$$

$$RH + \cdot OH \longrightarrow H_2O + R \cdot \longrightarrow 进一步反应 \tag{2-10}$$

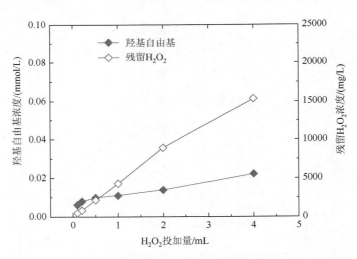

图 2-47　H_2O_2 剂量对自由基产生量的影响

4. 主要影响离子

为了进一步考察水中不同离子对微波-过氧化氢处理过程中羟基自由基产生

量的影响，本研究考察了常见离子（阳离子：Mg^{2+}、Ca^{2+}、Na^+、NH_4^+、Mn^{2+}、Fe^{2+}、Fe^{3+}。阴离子：Cl^-、SO_4^{2-}、Ac^-、HCO_3^-、CO_3^{2-}、NO_3^-、HPO_4^{2-}、OH^-）对该过程的影响。Fenton 体系中 Fe^{2+} 的浓度一般选择为 $0\sim1mmol/L$，H_2O_2 为 $0\sim10mmol/L^{[65,66]}$。本研究中离子、MB 和 H_2O_2 的使用量见表 2-10。

表 2-10　所考察的离子种类及投加量

试剂	投加浓度	换算浓度
H_2O_2	50mmol/L	1700mg/L
Mg^{2+}、Ca^{2+}、Na^+、NH_4^+、Mn^{2+}、Fe^{2+}、Fe^{3+}	1mmol/L	
Cl^-、SO_4^{2-}、Ac^-、HCO_3^-、CO_3^{2-}、NO_3^-、HPO_4^{2-}、OH^-	1mmol/L	
MB	10μmol/L	3.19mg/L

分别以 $NaCl$、$NaSO_4$、$NaAc$、$NaHCO_3$、Na_2CO_3 等溶液为基质，考察其对应的主要阴离子的差异，从图 2-48 中可知，阴离子对处理过程没有明显影响，但是 $NaOH$ 和 Na_2CO_3 促进了自由基的形成。碱性条件有利于 H_2O_2 的分解，这证实了之前的研究，部分解释了碱性条件下 H_2O_2 残留比例较低和污泥溶胞程度更高的现象，也表明污泥处理的结果受其处理废水水质硬度及碱度的影响。

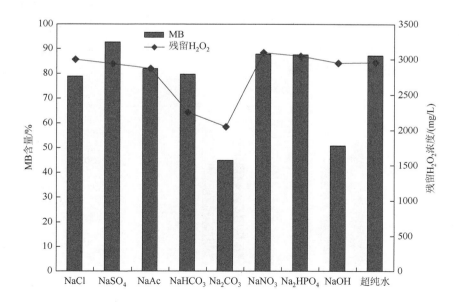

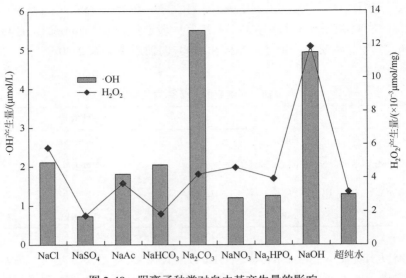

图 2-48　阴离子种类对自由基产生量的影响

分别比较 1mmol/L 的 Mg^{2+}、Ca^{2+}、Na^+、NH_4^+、Mn^{2+}、Fe^{2+}、Fe^{3+}对微波-过氧化氢预处理污泥的影响，结果如图 2-49 所示。除 Fe^{2+} 和 Fe^{3+} 外，包括 H^+ 在内的其他离子对反应过程没有显著影响，这是由于 Fe^{2+}、Fe^{3+} 在反应过程中发生了 Fenton 反应与类 Fenton 反应，造成了微波条件下大量羟基自由基的形成，其浓度显著高于其他条件组，因此，其对污泥的氧化作用更强，微波-Fenton 试剂的污泥处理技术值得进一步探讨。

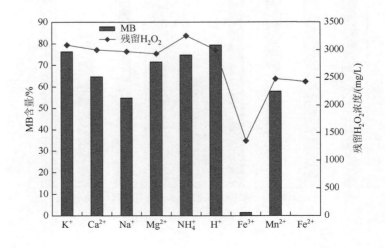

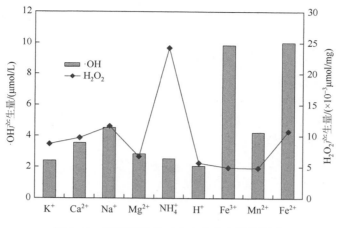

图 2-49　阳离子种类对自由基产生量的影响

5. 自由基的作用

作者的前期工作初步证明了羟基自由基（·OH）存在于微波-过氧化氢污泥处理过程中，但·OH 在污泥处理过程中所起的作用尚不清楚。所以希望通过调控反应体系中的·OH 量来考察·OH 的作用。一方面，加入 Fe^{2+} 发生 Fenton 反应，可生成大量的·OH；另一方面，O_3/H_2O_2 氧化作为一种高级氧化技术得到了深入的研究，Yin 等[67, 68]将 O_3/H_2O_2 引入污泥的微波辐射处理过程中，研究证明，该组合处理工艺对污泥中的磷、VFA、COD 溶出都有显著的促进作用。

实验系列包括：①原污泥；②仅用 MW 处理；③MW-H_2O_2 处理过程；④MW-H_2O_2-O_3 处理过程；⑤MW-Fenton 处理过程；⑥通过投加作为·OH 的屏蔽剂的 MB 来掩蔽·OH 的高级氧化作用，保护污泥絮体不受·OH 的影响，以及对比投加 H_2O_2 的氧化作用对污泥处理效果的影响。实验条件见表 2-11。

表 2-11　处理条件比较

组别	工艺及其操作条件	残余 H_2O_2 浓度/(mg/L)
1	原污泥	—
2	MW	—
3	6mL H_2O_2 + MW	4684
4	50mL O_3 (8mg/L) + 6mL H_2O_2 + MW	4878
5	6mL H_2O_2 + 2.4mmol/L Fe(Ⅱ)+ MW	5392
6	6mL H_2O_2 + 2.4mmol/L MB + MW	5472

从图 2-50 可以得出，投加 O_3 在污泥的氧化及溶胞方面贡献较小，这可能是因为在 80℃投加时，高温环境下 O_3 的溶解度降低。将 3、4、5 三个条件下存在·OH 的组与通过 MB 屏蔽·OH 作用的第 6 组及对照组的结果对比，发现 TCOD 含量显著低于对照组及屏蔽·OH 组，证明·OH 对于有机物的矿化、CO_2 的生成起到主导作用。此外，第 5 组，即通过 Fenton 反应生成大量自由基的实验组其溶解性 COD 低于其他组，在 Tokumura 等[69]的研究中也发现，在污泥的光-Fenton 处理过程中，其 COD 的变化同样是先升高（即溶出的过程）后降低（即氧化矿化的过程）。

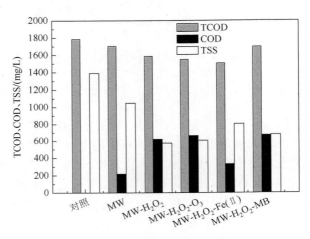

图 2-50　不同处理手段组合技术的处理效果

2.8.2　处理过程对细菌的作用

1. 污泥细胞结构

活性污泥中活性主体细菌的主要成分见表 2-12。在一个细胞内，水占细胞湿重的 90%，大分子物质占了细胞干重的大部分（96%）[70]。细胞是由大量的小分子和大分子物质组成。所以污泥预处理的直接目标就是破解污泥中细胞的细胞壁，将细胞内含物释放到液相中。细胞壁在生理功能上是参与菌体内外物质的交换。菌体表面带有多种抗原表位，可以诱发机体的免疫应答，其中主要成分磷壁酸是重要的表面抗原[70]。但细胞壁在物理结构上可保护细菌抵抗低渗环境 [阳性菌 20～25atm（1atm = 101325Pa），阴性菌 5～6atm]，除了抵抗这种压力外，细胞壁还可维持菌体固有的形态，赋予细胞形状和硬度。细菌细胞内的溶质可形成相当大的膨胀压，革兰氏阴性菌（*Escherichia coli*）的膨胀压约为 2atm[70]。

表 2-12　原核生物细胞的化学组成

分子	干重质量分数/%	分子数（每个细胞）	分子种类
全部大分子	96	24610000	～2500
蛋白质	55	2350000	～1850
多糖	5	4300	2
脂类	9.1	22000000	4
DNA	3.1	2.1	1
RNA	20.5	225501	～660
全部单体	3.5		～350
氨基酸及其前体物	0.5		～100
糖及其前体物	2		～50
核苷酸及其前体物	0.5		～200
无机离子	1		18

结构致密的细胞壁采用普通工艺极难处理[71, 72]。因此该研究通过批量实验，考察了微波-过氧化氢对没有形成絮体的纯菌——大肠杆菌（革兰氏阴性菌）和枯草芽孢杆菌（革兰氏阳性菌）的处理效果，研究了微波-过氧化氢对污泥细胞壁的破解作用，明确细菌及其细胞壁结构在该处理过程中的降解行为。

2. 反应温度的影响

图 2-51 表明，由于缺乏污泥絮体中细菌所受到的保护，细菌溶胞现象在 40℃时就开始发生。Woo 等[73]的研究表明，当微波单独作用，处理温度升至 80℃时枯草芽孢杆菌和大肠杆菌数量的下降均已超过 7 个数量级，即细菌被灭活的比例超过 99%。因此，微波-过氧化氢在 100℃的处理过程中能保证细菌的灭活效果。但在考察细菌溶胞过程中，以污泥颗粒光密度（OD）为指标来指示的细胞密度却变化不大，所以如果仅基于光密度没有变化就认为细菌密度在该处理过程中没有减小是不正确的。经微波-过氧化氢处理的细菌，在微波辐射下灭活，但细胞壁结构并没有被破坏，这是细胞密度没有下降的根本原因。从 TOC 的释放来看，类似于污泥处理的规律，大量来自细胞内的有机物已经释放到溶液中。然而，细菌的细胞壁却保持得较为完整。但在 80℃的高温阶段，OD 值随着升温过程出现了降低的趋势，这表明细胞壁的降解现象开始出现。因此，后续研究有必要从微观视角认识细菌，从而进一步明确区分细胞破解与溶胞两个递进过程。

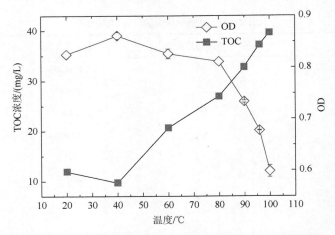

图 2-51　温度对 *Escherichia coli* 菌液 TOC 释放量的影响

3. H_2O_2 剂量的影响

图 2-52 的结果表明，经过 100℃ 的处理，OD 值均由 0.85 降至 0.8 以下，细菌除发生溶胞之外，细胞壁有少量被破坏。投入相同量的菌液，革兰氏阴性菌大肠杆菌的有机物释放量显著大于革兰氏阳性菌枯草芽孢杆菌。两种菌液细胞壁结构的不同（表 2-13），导致了其溶胞效率的不同。胞外分泌产物主要包括蛋白质、多糖、脂类及核酸等，其中蛋白质和多糖占 70%～80%。革兰氏阳性菌的细胞壁一般厚度和强度均优于革兰氏阴性菌，故革兰氏阴性菌有机物溶出量高于革兰氏阳性菌的原因可能有两个方面：细胞壁的保护较弱，革兰氏阴性菌溶胞比例高于阳性菌。

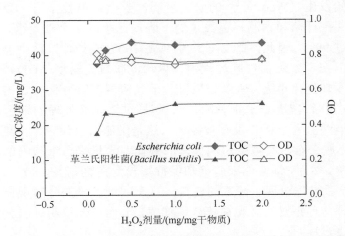

图 2-52　H_2O_2 剂量对大肠杆菌和枯草芽孢杆菌的 TOC 释放量的影响

表 2-13　革兰氏阴性菌和革兰氏阳性菌细胞壁结构对照[70]

细胞壁	革兰氏阳性菌	革兰氏阴性菌
强度	较坚韧	较疏松
厚度	20~80nm	10~15nm
肽聚糖层数	可多达 50 层	1~2 层
肽聚糖质量分数	占细胞壁干重的 50%~80%	占细胞壁干重的 5%~20%
磷壁酸	+	–
脂质双层	–	+
脂蛋白	–	+
脂多糖	–	+

注：+ 代表含有该组分；–代表不含该组分。

　　如表 2-13 所示，革兰氏阳性菌中细胞壁层数远大于革兰氏阴性菌，其细胞壁占细菌干重比例也比革兰氏阴性菌大，在两者都进行完全的溶胞后，革兰氏阴性菌的溶出物含量要高于革兰氏阳性菌。从图 2-52 中可以看出，革兰氏阴性菌在 H_2O_2 使用量为 0.5 倍干重的条件下，已经达到其溶解率的极大值，革兰氏阳性菌（*Bacillus subtilis*）在 H_2O_2 使用量为 1 倍干重条件下其溶解率才达到极大值。这也证明了两个菌种结构的差异导致在该处理工艺中溶胞趋势的差异。

2.8.3　污泥絮体的破坏

1. 不同来源污泥的差异

　　污水处理厂的剩余污泥包括初沉污泥和二沉污泥，因初沉污泥中有机物的含量较低，所以目前污泥溶胞预处理以处理二沉污泥为主。但出于节省占地面积及简化工序方面的考虑，部分污水处理厂不设初沉池，无机颗粒进入反应池，使得 VSS/TSS 比例降低，该类污泥带有初沉污泥的性质。表 2-14 为典型的初沉污泥与二沉污泥的性质比较[74]。

表 2-14　初沉污泥与二沉污泥的性质比较

项目	初沉污泥	二沉污泥
总溶解固体（TDS）量/%	2.0~8.0	0.83~1.16
挥发性固体/（%，占 TDS 的比例）	60~80	59~88
油脂/（%，占 TDS 的比例）	11~65	5~12
蛋白质/（%，占 TDS 的比例）	20~30	32~41
氮元素/（%，占 TDS 的比例）	1.5~4	2.4~5
磷元素/（%，占 TDS 的比例）	0.17~0.6	0.6~2.3
碳酸钾/（%，占 TDS 的比例）	0~0.41	0.2~0.29
纤维素/（%，占 TDS 的比例）	8.0~15.0	—

续表

项目	初沉污泥	二沉污泥
pH	5.0～8.0	6.5～8.0
碱度/(mg/dm^3，以 CaCO$_3$ 计)	500～1500	580～1100
有机酸含量/(mg/dm^3，以乙酸计)	200～2000	1100～1700
折合能量/(MJ/kg)	23.2～29	18.6～23.2

在常见的不同污水处理工艺中，污泥的灰分比（VSS/TSS）差异极大。作者课题组所开展的研究工作中，膜生物反应器（membrane bioreactor，MBR）中污泥的 VSS/TSS 为 0.5，而在进行可生物降解塑料（PHA）的回收时，纯培养污泥的 VSS/TSS 可达 0.9[75]。所以，研究和比较微波-过氧化氢对不同有机物含量的污泥处理效果的差异及其对污泥中有机、无机成分的影响，有助于确定微波-过氧化氢污泥处理技术的适用范围，更重要的是通过对不同性质污泥的研究，可推动微波-过氧化氢污泥处理机理的研究。

本研究中使用的活性污泥来自北京市清河污水处理厂（QH）（其污泥 VSS/TSS 为 0.61）与方庄污水处理厂（FZ）（其污泥的 VSS/TSS 为 0.82）。处理条件为 250mL 污泥混合液，H$_2$O$_2$/VSS = 2，微波功率为 600W，pH = 7。

从图 2-53 中可以看出，尽管由于污泥来源不同（含有不同含量的有机组分和惰性物质），被处理后它们的 COD 释放量不同，但是它们的溶解性 COD 占 COD 总量的比例（SCOD/TCOD）却大致相同（30%）。有趣的是，这两种污泥的 COD 微量差异可能源于总糖的释放。由图 2-54 可以看出，两种污泥在蛋白质释放比例上完全一致，而在总糖释放量上，带有初沉污泥性质的低 VSS/TSS 组的释放比例略高。

从图 2-55 可以看出，在不同灰分比的污泥絮体中，溶解的主要成分都是污泥的有机成分，无机灰分主要保存在处理的残渣中。

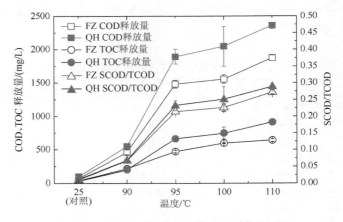

图 2-53　不同污泥的有机物释放比例

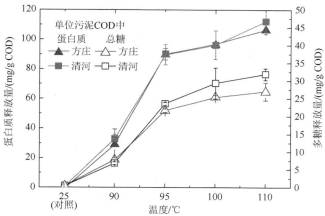

图 2-54　单位污泥 COD 处理后蛋白质与多糖释放量

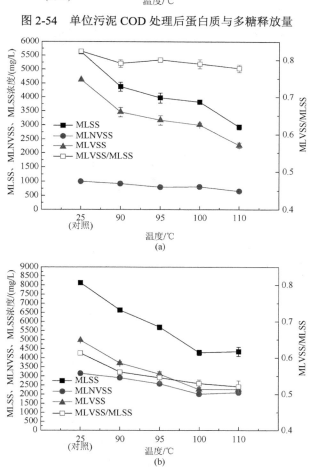

图 2-55　不同来源污泥经微波处理后污泥固相组分分析

（a）FZ；（b）QH；MLVSS 为混合液挥发性悬浮固体，MLNVSS 为混合液非挥发性悬浮固体如图 2-56 所示，污泥中 K^+、Ca^{2+}、Mg^{2+} 三种含量较高的金属离子均在 90℃以上得到较大比例的释放。通常认为 K^+ 与细胞破壁关系较为密切[76]。上述结果表明，微波-过氧化氢处理污泥时，污泥溶胞发生在 80℃ 及其以上的条件下。由于所选用的污泥均为城市污水处理厂污泥，两者的重金属含量均较低，即使是污泥中含量较高的 Zn^{2+}，其溶出量也处于较低水平。显而易见，采用微波-过氧化氢对市政污水处理厂剩余污泥进行预处理，不会造成重金属方面的二次污染。

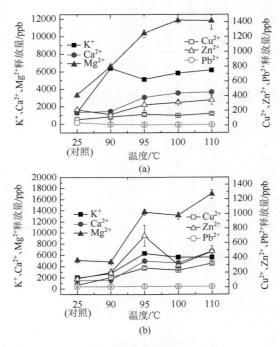

图 2-56 污泥释放金属离子分析

(a) FZ；(b) QH；1ppb=10^9

此外，二价金属离子与 EPS 及污泥絮体的形成密切相关[77]，少量的 Ca^{2+}、Mg^{2+} 能平衡污泥絮体表面的负电荷，促进絮体的生成。在将微波-过氧化氢处理后的污泥混合液回流至好氧单元时，能改善通过隐性生长而形成的絮体的沉降性能。

2. 处理过程对 EPS 的影响

近年来的研究表明，活性污泥的絮体结构远比最初人们认识的要复杂得多，它是由多种微生物、有机物、无机物，通过细菌分泌的胞外聚合物和阳离子的作用[78,79]聚合在一起的复杂体系。

　　图 2-57 比较了清河（QH）和方庄（FZ）污水处理厂污泥在微波-过氧化氢处理过程中 EPS 的变化。可以看出，经过预处理，污泥 EPS 依然保持稳定，其中蛋白质含量变化幅度不大，仅糖类物质随着固形物的降解而减少。但有趣的是，对于单位固体中的 EPS 含量（图 2-58），蛋白质在污泥残余固体中的相对含量有所增加，而糖类物质基本保持不变，不受污泥中无机灰分含量差异的影响。

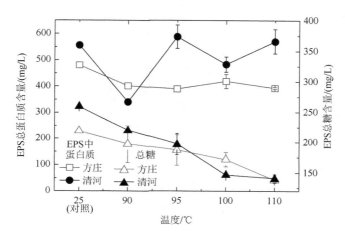

图 2-57　EPS 中总蛋白质与总糖含量

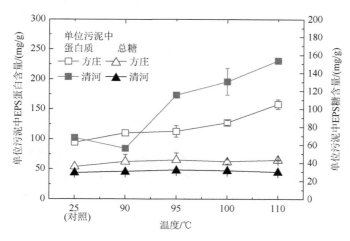

图 2-58　不同来源污泥经微波处理前后污泥中 EPS 含量

3. 处理液的分析

从图 2-59 可以得出，污泥在微波-过氧化氢处理作用下，释放的主要物质为蛋白质，这也是细胞内含物的主要成分。而在生成产物中，并未检测到丙酸、丁酸、戊酸，仅检测到了乙酸。

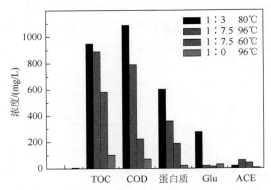

图 2-59　污泥处理液中主要成分分析（后附彩图）

Glu. 糖类；ACE. 乙酸

图 2-60 是对处理液进行高压液相色谱分析的结果，其 x 轴是组分的保留时间，y 轴是扫描的波长，从 200nm 到 400nm，一般有机物以波长 254nm 表征；z 轴是有机物组分对不同波长入射光的吸光度，图中以渐变色的深浅表示在某一点的吸光度。从图中可以看出，对于典型的微波-过氧化氢处理后污泥的溶出物而言，有机物出峰时间集中于 10～15min 时段。保留时间越小，即出峰越早的组分对应的分子量越大。

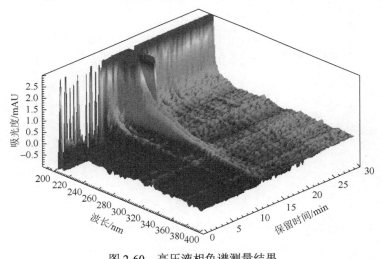

图 2-60　高压液相色谱测量结果

图 2-61 反映了 MW、MW-H$_2$O$_2$、MW-Fenton 实际几种因素作用下污泥分子量的变化，分子量集中于 1000～5000（对应保留时间 15～12min），说明大分子蛋

白（分子量＞10000）经过处理过程后变为较小的分子量的物质；但形成多肽，甚至氨基酸的过程在该研究中没有观测到，其中在 MW 和 MW-H_2O_2 的处理条件下，出现了显著的小分子有机酸的峰（对应保留时间＞20min）。

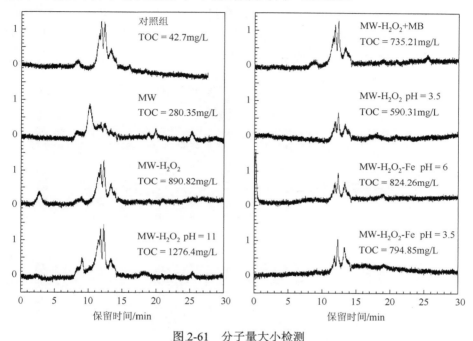

图.2-61　分子量大小检测

初始 TSS = 6000mg/L，TCOD = 8224mg/L，Fe = 120mg/L，H_2O_2 = 6000mg/L，pH = 7

4. 处理后污泥形态变化

如图 2-62 所示，考察经微波-过氧化氢处理后污泥絮体粒径的变化，结果表明该处理过程对污泥絮体具有破坏作用。经过微波-过氧化氢处理后，粒径＜40μm 的颗粒所占比例增加，粒径＞200μm 的污泥颗粒基本完全被破碎。

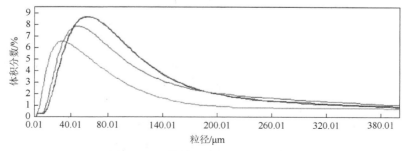

图 2-62　污泥粒径变化（后附彩图）

图中三条曲线为平行实验结果

　　原始污泥（未经微波-过氧化氢处理的污泥）的颜色为黑褐色，经微波-过氧化氢处理后的污泥变为苍白色［图2-63（a）］，其上清液显绿色。扫描电子显微镜（SEM）照片显示，污泥经微波处理后，絮体表面的细菌依然保持完整［图 2-63（c）］，但微波-过氧化氢协同处理后，难以看到完整的菌体，仅留有残缺的细胞壁，这证明污泥细胞在微波-过氧化氢处理过程中完全溶胞，但是污泥细胞壁的成分难以在100℃的处理条件下被降解，仍存留在固相中。

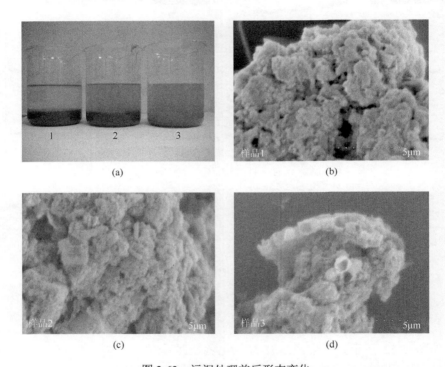

图 2-63　污泥处理前后形态变化

（a）处理前后污泥外观（1. 原污泥；2. 仅微波处理；3. 微波-过氧化氢处理，$4g\ H_2O_2/g\ TCOD$）；
（b）、（c）、（d）为三个样品的 SEM 照片（×10000）

5. 污泥预处理前后细胞形态变化特性

　　利用大肠杆菌进行微波实验时，从图2-64中可以看出，微波对大肠杆菌具有强烈的破坏作用，细胞破裂后细胞内的物质溶出，细胞变小，细胞的数量明显减少。未经预处理的剩余污泥（WAS）在透射电镜下可以看出细胞比较完整，细胞内充满物质。当污泥细胞经微波、微波-过氧化氢、微波-过氧化氢-碱预处理后，污泥细胞变小，细胞膜明显变薄，有些细胞的细胞膜破裂导致细胞内的物质溶出。尤其是细胞随着过氧化氢、碱的加入，被破坏得更严重，细胞内溶出更多的物质。

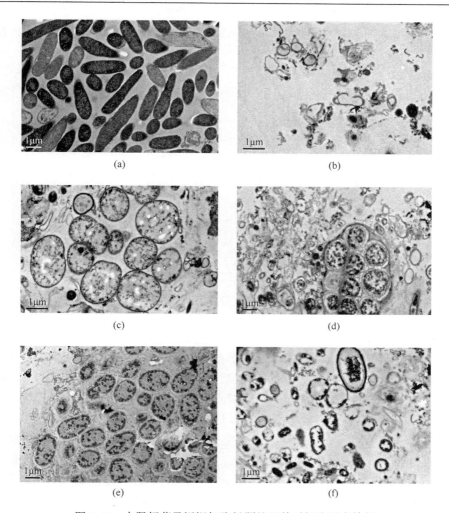

图 2-64 大肠杆菌及污泥细胞经预处理前后细胞形态特征

（a）*Escherichia coli*；（b）*Escherichia coli*-MW；（c）WAS；（d）MW；（e）MW-H$_2$O$_2$；（f）MW-H$_2$O$_2$-OH

2.8.4 污泥分解过程

在以往的污泥热处理或者碱处理的研究中均发现，污泥的处理可分为两个阶段：快速阶段和慢速阶段[80, 81]。首先是对细胞壁的破坏，使得原本就溶解的物质快速溶出。氧化反应在高温条件下迅速发生，作者之前的研究证明，在 5min 的微波加热后，细胞壁被破坏，溶解的胞内物质大量释放出来[82]，本书称其为破解阶段。随后在持续的化学试剂或者生物作用下，大分子物质缓慢水解为小分子物质，呈现溶解状态[83]，称为水解阶段。图 2-65 表示一个活性污泥的单元污泥絮体在微波-过氧化氢作用下的分解路径。

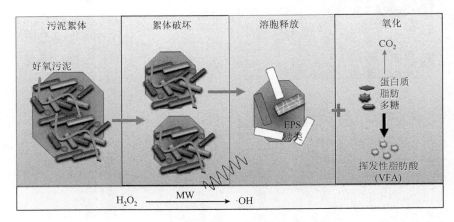

图 2-65　污泥分解的主要过程

　　在絮体破坏阶段，污泥絮体和污泥细胞受到 H_2O_2 的氧化作用、生成·OH 的作用和微波辐射的作用。其中，由于微波具有均匀辐射加热的特点，细胞内部与外部具有同样的温度。在传统加热过程中，沸腾总是发生在与热源的接触面，细胞内部在 100℃ 条件下不能再得到汽化热。但微波的辐射加热特性使细胞内部在 100℃ 条件下仍能得到能量以达到沸腾，在内部压力的作用下，受到氧化作用破坏的细胞壁无法保持其强度及形状，当细胞内部压力超过细胞壁承受膨胀的能力时，细胞破裂，细胞内部有效物质自由流出[3]，从而发生细胞破壁现象，使细胞内含物释放出来[3, 84]。此外，污泥中的细菌在微波单独作用下，即使温度达到了 100℃，扫描电镜结果显示，在 EPS 等胞外物质的存在下，细菌仍能保持完整的细胞结构，这与纯菌实验中 40℃ 下细胞即开始发生明显的溶胞现象形成了明显的对比，这表明 EPS 对裹挟于污泥絮体中的活性细菌具有保护作用。

　　微波-过氧化氢破解污泥时，EPS 中的蛋白质相对于糖类较为稳定，糖类的降解使得 EPS 的结构发生破坏，形成了散碎的污泥颗粒，在这个过程中污泥粒径变小，并且与处理程度有显著的线性关系。细胞壁被破坏，导致 EPS 和细菌胞内物质（如碳水化合物、蛋白质、DNA 等）溶出进入水相。因此，水相中的多糖、蛋白质、Ca^{2+}、Mg^{2+} 增加。值得注意的是，水中溶解的糖类的来源包括细胞内物质和 EPS 溶解的成分，而溶解的蛋白质的来源主要是细菌细胞破裂而释放出的胞内物质。在水中溶出的有机物被氧化分解过程中，一般认为蛋白质首先水解成为氨基酸，随后烃基部分被氧化成为小分子有机酸，同时游离氨释放到水相中。在聚糖（纤维素）的分解途径中，纤维素首先通过水解的作用分解为单糖，单糖分解为醛酮等小分子物质，随后被过氧化氢氧化为小分子有机酸[66, 85]。

尽管微波-H_2O_2预处理过程形成了·OH自由基，显示了其强大的氧化能力。但是，仍有一些物质对氧化过程具有阻力，主要是一些短链羧酸[86]。这些小分子物质在生化反应过程中占据着极其重要的位置[87]，可以充当生化反应过程的碳源。通过理解微波-H_2O_2处理过程，可以解释污泥处理的瓶颈在于污泥絮体结构中的EPS和污泥中致密细胞壁结构的破解。

通过对·OH的检测，初步证实了微波-过氧化氢污泥处理工艺属于高级氧化过程。在污水处理过程中，常见离子中 OH^-、HCO_3^- 对·OH的产生有促进作用。而由于 Fe^{2+} 的存在，发生了 Fenton 反应，可促进·OH的产生。

在微波-过氧化氢污泥处理过程中，EPS得到了降解，蛋白质存留于反应体系中，糖类溶出较为显著。不同污水处理厂的污泥，即使 VSS/TSS 不同，处理效果却无显著差异。通过比较微波-过氧化氢对革兰氏阴性菌和革兰氏阳性菌的处理效果得出，二者的溶胞比例都显著高于活性污泥中受到 EPS 保护的菌体，作者初步提出了一个微波-过氧化氢处理污泥过程的溶胞途径。

参 考 文 献

[1]　Eskicioglu C. Enhancement of anaerobic waste activated sludge digestion by microwave pretreatment. Ottawa: University of Ottawa，2006.

[2]　Yaghmaee P，Durance T D. Destruction and injury of *Escherichia coli* during microwave heating under vacuum. Journal of Applied Microbiolog，2005，98（2）：498-506.

[3]　王鹏. 环境微波化学技术. 北京：化学工业出版社，2003.

[4]　Saillard R，Poux M，Berlan J，et al. Microwave-heating of organic-Solvents-thermal effects and field modeling. Tetrahedron，1995，51（14）：4033-4042.

[5]　朱开金. 污泥处理技术及资源化利用. 北京：化学工业出版社，2006.

[6]　Boldor D，Balasubramanian S，Purohit S，et al. Design and implementation of a continuous microwave heating system for ballast water treatment. Environmental Science and Technology，2008，42（11）：4121-4127.

[7]　乔玮、王伟、荀锐、等. 高固体污泥微波热水解特性变化. 环境科学，2008，29（6）：1611-1615.

[8]　Eskicioglu C，Kennedy K J，Droste R L. Enhancement of batch waste activated sludge digestion by microwave pretreatment. Water Environmental Research，2007，79（11）：2304-2317.

[9]　Koutchma T，Ramaswamy H S. Combined effects of microwave heating and hydrogen peroxide on the destruction of *Escherichia coli*. Lebensmittel-Wissenschaft Und-Technologie-Food Science and Technology，2000，33（1）：30-36.

[10]　Liao P H，Wong W T，Lo K V. Advanced oxidation process using hydrogen peroxide/microwave system for solubilization of phosphate. Journal of Environmental Science and Health. Part A：Toxic/Hazardous Substances

and Environmental Engineering, 2005, 40 (9): 1753-1761.

[11] Liao P H, Wong W T, Lo K V. Release of phosphorus from sewage sludge using microwave technology. Journal of Environmental Engineering and Science, 2005, 4 (1): 77-81.

[12] Wong W T, Chan W I, Liao P H, et al. A hydrogen peroxide/microwave advanced oxidation process for sewage sludge treatment. Journal of Environmental Science and Health. Part A: Toxic/Hazardous Substances and Environmental Engineering, 2006, 41 (11): 2623-2633.

[13] Wong W T, Lo K V, Liao P H, et al. Factors affecting nutrient solubilization from sewage sludge using microwave-enhanced advanced oxidation process. Journal of Environmental Science and Health. Part A: Toxic/Hazardous Substances and Environmental Engineering, 2007, 42: 825-829.

[14] Eskicioglu C, Prorot A, Marin J, et al. Synergetic pretreatment of sewage sludge by microwave irradiation in presence of H_2O_2 for enhanced anaerobic digestion. Water Research, 2008, 42 (18): 467-482.

[15] Chan W I, Wong W T, Liao P H, et al. Sewage sludge nutrient solubilization using a single-stage microwave treatment. Journal of Environmental Science and Health. Part A: Toxic/Hazardous Substances and Environmental Engineering, 2007, 42 (1): 59-63.

[16] 程振敏. 微波辐射技术应用于城市污水处理厂污泥磷回收的研究. 北京: 中国科学院生态环境研究中心, 2008.

[17] Wong W T, Chan W I, Liao P H, et al. Exploring the role of hydrogen peroxide in the microwave advanced oxidation process: solubilization of ammonia and phosphates. Journal of Environmental Engineering and Science, 2006, 5 (6): 459-465.

[18] Liao P H, MaviniC D S, Koch F A. Release of phosphorus from biological nutrient removal sludges: a study of sludge pretreatment methods to optimize phosphorus release for subsequent recovery purposes. Journal of Environmental Engineering and Science, 2015, 2 (5): 369-381.

[19] 田禹, 方琳, 黄君礼. 微波辐射预处理对污泥结构及脱水性能的影响. 中国环境科学, 2006, 26 (4): 459-463.

[20] Wojciechowska E. Application of microwaves for sewage sludge conditioning. Water Research, 2005, 39 (19): 4749-4754.

[21] Houghton J I, Quarmby J, Stephenson T. Municipal wastewater sludge dewaterability and the presence of microbial extracellular polymer. Water Science and Technology, 2001, 44 (2-3): 373.

[22] Karr P R, Keinath T M. Influence of particle size on sludge dewaterability. Journal Water Pollution Control Federation, 1978, 50 (8): 1911-1930.

[23] Gabbita K V, Hzuang J Y C. Catalase activity of activated sludge. Toxicological and Environmental Chemistry, 1984, 8 (2): 133-150.

[24] Guwy A J, Buckland H, Hawkes F R, et al. Active biomass in activated sludge: comparison of respirometry with catalase activity measured using an on-line monitor. Water Research, 1998, 32 (12): 3705-3709.

[25] Haner A, Mason C A, Hamer G. Aerobic thermophilic waste sludge biotreatment-carboxylic-acid production and utilization during biodegradation of bacterial-cells under oxygen limitation. Applied Microbiology and Biotechnology, 1994, 40 (6): 904-909.

[26] Haner A, Mason C A, Hamer G. Death and lysis during aerobic thermophilic sludge treatment-characterization of recalcitrant products. Water Science and Technology, 1994, 28 (4): 863-869.

[27] 肖本益. 热处理强化污泥发酵产氢及影响因素研究. 北京: 中国科学院生态环境研究中心, 2005.

[28] Camacho P, Deleris S, Geaugey V, et al. A comparative study between mechanical, thermal and oxidative disintegration techniques of waste activated sludge. Water Science and Technology, 2002, 46 (10): 79-87.

[29]　Weemaes M P J，Verstraete W H. Evaluation of current wet sludge disintegration techniques. Journal of Chemistry Technology and Biotechnology，1998，73（2）：83-92.

[30]　Sievers M，Ried A，Koll R. Sludge treatment by ozonation-evaluation of full-scale results. Water Science and Technology，2004，49（4）：247-253.

[31]　Yeom I T，Lee K R，Ahn K H，et al. Effects of ozone treatment on the biodegradability of sludge from municipal wastewater treatment plants. Water Science and Technology，2002，46（4-5）：421-425.

[32]　康晓荣. 超声联合碱促进剩余污泥水解酸化及产物研究. 哈尔滨：哈尔滨工业大学，2013.

[33]　曹艳晓. 剩余污泥作为低碳氮比生活污水补充碳源的脱氮试验研究. 重庆：重庆大学，2010.

[34]　Xiong H，Chen J，Wang H，et al. Influences of volatile solid concentration，temperature and solid retention time for the hydrolysis of waste activated sludge to recover volatile fatty acids. Bioresource Technology，2012，119：285-292.

[35]　Kang X R，Zhang G M，Chen L，et al. Effect of initial pH adjustment on hydrolysis and acidification of sludge by ultrasonic pretreatment. Industrial and Engineering Chemistry Research，2011，50（22）：12372-12378.

[36]　Eastman J A，Ferguson J F. Solubilization of particulate organic carbon during the acid phase of anaerobic digestion. Journal（Water Pollution Control Federation），1981，3：52-66.

[37]　Yuan Q，Sparling R，Oleszkiewicz J. VFA generation from waste activated sludge：effect of temperature and mixing. Chemosphere，2011，82（4）：603-607.

[38]　Ahn Y H，Speece R E. Elutriated acid fermentation of municipal primary sludge. Water Research，2006，40（11）：2210-2220.

[39]　Zhuo G，Yan Y，Tan X，et al. Ultrasonic-pretreated waste activated sludge hydrolysis and volatile fatty acid accumulation under alkaline conditions：effect of temperature. Journal of Biotechnology，2012，159（1-2）：27-31.

[40]　Tanaka S，Kobayashi T，Kamiyama K，et al. Effects of thermochemical pretreatment on the anaerobic digestion of waste activated sludge. Water Science and Technology，1997，35（8）：2009-2015.

[41]　Yang Q，Yi J，Luo K，et al. Improving disintegration and acidification of waste activated sludge by combined alkaline and microwave pretreatment. Process Safety and Environmental Protection，2013，91（6）：521-526.

[42]　Yan Y，Feng L，Zhang C，et al. Ultrasonic enhancement of waste activated sludge hydrolysis and volatile fatty acids accumulation at pH 10.0. Water Research，2010，44（11）：3329-3336.

[43]　Ahn J H，Shin S G，Hwang S. Effect of microwave irradiation on the disintegration and acidogenesis of municipal secondary sludge. Chemical Engineering Journal，2009，153（1）：145-150.

[44]　Zhang P，Chen Y，Zhou Q. Waste activated sludge hydrolysis and short-chain fatty acids accumulation under mesophilic and thermophilic conditions：effect of pH. Water Research，2009，43（15）：3735-3742.

[45]　Kim M，Ahn Y H，Speece R E. Comparative process stability and efficiency of anaerobic digestion；mesophilic vs. thermophilic. Water Research，2002，36（17）：4369-4385.

[46]　Moser-Engeler R，Udert K，Wild D，et al. Products from primary sludge fermentation and their suitability for nutrient removal. Water Science and Technology，1998，38（1）：265-273.

[47]　高景峰，彭永臻，王淑莹. 有机碳源对低碳氮比生活污水好氧脱氮的影响. 安全与环境学报，2005，5（6）：11-15.

[48]　Pang L，Ni J，Tang X. Fast characterization of soluble organic intermediates and integrity of microbial cells in the process of alkaline anaerobic fermentation of waste activated sludge. Biochemical Engineering Journal，2014，86（10）：49-56.

[49]　闫丽红. 基于三维荧光光谱-平行因子分析技术的黄东海有色溶解有机物（CDOM）的分布特征研究. 青岛：

中国海洋大学，2012.

[50] Chen W，Westerhoff P，Leenheer J A，et al. Fluorescence excitation-emission matrix regional integration to quantify spectra for dissolved organic matter. Environmental and Science Technology，2003，37（24）：5701-5710.

[51] Liming S，Guanzhao W，Huacheng X，et al. Effects of ultrasonic pretreatment on sludge dewaterability and extracellular polymeric substances distribution in mesophilic anaerobic digestion. Journal of Environmental Sciences，2010，22（3）：474-480.

[52] 傅平青，刘丛强，吴丰昌. 溶解有机质的三维荧光光谱特征研究. 光谱学与光谱分析，2005，25（12）：2024-2028.

[53] 何品晶，赵有亮，郝丽萍，等. 模拟废水高温厌氧消化出水中 SMP 的特性研究. 中国环境科学，2010，30（3）：315-321.

[54] Li X，Dai X，Takahashi J，et al. New insight into chemical changes of dissolved organic matter during anaerobic digestion of dewatered sewage sludge using EEM-PARAFAC and two-dimensional FTIR correlation spectroscopy. Bioresource Technology，2014，159（6）：412-420.

[55] Jarusutthirak C，Amy G. Understanding soluble microbial products（SMP）as a component of effluent organic matter（EfOM）. Water Research，2007，41（12）：2787-2793.

[56] Shon H K，Vigneswaran S，Aim B R，et al. Influence of flocculation and adsorption as pretreatment on the fouling of ultrafiltration and nanofiltration membranes：application with biologically treated sewage effluent. Environmental Science and Technology，2005，39（10）：3864-3871.

[57] Guo J，Peng Y，Guo J，et al. Dissolved organic matter in biologically treated sewage effluent（BTSE）：characteristics and comparison. Desalination，2011，278（1-3）：365-372.

[58] Lo K V，Liao P H，Yin G Q. Sewage sludge treatment using microwave-enhanced advanced oxidation processes with and without ferrous sulfate addition. Journal of Chemistry Technology and Biotechnology，2008，83（10）：1370-1374.

[59] 杨春维，王栋，郭建博，等. 水中有机物高级氧化过程中的羟基自由基检测方法比较. 环境污染治理技术与设备，2006，7（1）：136-141.

[60] Bosnjakovic A，Schlick S. Naflon perfluorinated membranes treated in Fenton media：radical species detected by ESR spectroscopy. The Journal of Physical Chemistry B，2004，108（14）：4332-4337.

[61] Rosenfeldt E J，Linden K G，Canonica S，et al. Comparison of the efficiency of ·OH radical formation during ozonation and the advanced oxidation processes O_3/H_2O_2 and UV/H_2O_2. Water Research，2006，40（20）：3695-3704.

[62] Yan S T，Chu L B，Xing X H，et al. Analysis of the mechanism of sludge ozonation by a combination of biological and chemical approaches. Water Research，2009，43（1）：195-203.

[63] Satoh A Y，Trosko J E，Masten S J. Methylene blue dye test for rapid qualitative detection of hydroxyl radicals formed in a Fenton's reaction aqueous solution. Environmental Science and Technology，2007，41（8）：2881-2887.

[64] Nishizawa C，Takeshita K，Ueda J I，et al. Hydroxyl radical generation caused by the reaction of singlet oxygen with a spin trap，DMPO，increases significantly in the presence of biological reductants. Free Radical Research，2004，38（4）：385-392.

[65] Goi A，Trapido M. Hydrogen peroxide photolysis，Fenton reagent and photo-Fenton for the degradation of nitrophenols：a comparative study. Chemosphere，2002，46（6）：913-922.

[66] Zazo J A，Casas J A，Mohedano A F，et al. Chemical pathway and kinetics of phenol oxidation by Fenton's reagent. Environmental Science and Technology，2005，39（23）：9295-9302.

[67]　Yin G Q，Liao P H，Lo K V. An ozone/hydrogen peroxide/microwave-enhanced advanced oxidation process for sewage sludge treatment. Journal of Environmental Science and Health. Part A：Toxic/Hazardous Substances and Environmental Engineering，2007，42（8）：1177-1181.

[68]　Yin G Q，Lo K V，Liao P H. Microwave enhanced advanced oxidation process for sewage sludge treatment：the effects of ozone addition. Journal Environmental Engineering and Science，2008，7（2）：115-122.

[69]　Tokumura M，Sekine M，Yoshinari M，et al. Photo-Fenton process for excess sludge disintegration. Process Biochemistry，2007，42（4）：627-633.

[70]　马迪根，马丁克，帕克. 微生物生物学. 北京：科学出版社，2001.

[71]　Kim J，Park C，Kim T H，et al. Effects of various pretreatments for enhanced anaerobic digestion with waste activated sludge. Journal of Bioscience and Bioengineering，2003，95（3）：271-275.

[72]　Rezwan M，Laneelle M A，Sander P，et al. Breaking down the wall：fractionation of mycobacteria. Journal of Microbiological Methods，2007，68（1）：32-39.

[73]　Woo I S，Rhee I K，Park H D. Differential damage in bacterial cells by microwave radiation on the basis of cell wall structure. Applied and Environmental Microbiology，2000，66（5）：2243-2247.

[74]　Tchobanoglous G，Burton F L，Stensel H D. Wastewater Engineering Treatment and Reuse. 4th ed. New York：Metcalf and Eddy，Inc.，2003.

[75]　曲波. 利用剩余污泥合成可生物降解塑料——PHA 的研究. 北京：中国科学院生态环境研究中心，2008.

[76]　Hu C，Hu X X，Guo J，et al. Efficient destruction of pathogenic bacteria with $NiO/SrBi_2O_4$ under visible light irradiation. Environmental Science and Technology，2006，40（17）：5508-5513.

[77]　Jin B，Wilen B M，Lant P. Impacts of morphological，physical and chemical properties of sludge flocs on dewaterability of activated sludge. Chemical Engineering Journal，2004，98（1-2）：115-126.

[78]　Frolund B，Palmgren R，Keiding K，et al. Extraction of extracellular polymers from activated sludge using a cation exchange resin. Water Research，1996，30（8）：1749-1758.

[79]　Harrison S T L，Dennis J S，Chase H A. Combined chemical and mechanical processes for the disruption of bacteria. Bioseparation，1991，2（2）：95-105.

[80]　Vlyssides A G，Karlis P K. Thermal-alkaline solubilization of waste activated sludge as a pre-treatment stage for anaerobic digestion. Bioresource Technology，2004，91（2）：201-206.

[81]　肖本益，刘俊新. 污水处理系统剩余污泥碱处理融胞效果研究. 环境科学，2006，27（2）：319-323.

[82]　Wang Y，Wei Y，Liu J. Effect of H_2O_2 dosing strategy on sludge pretreatment by microwave-H_2O_2 advanced oxidation process. Journal of Hazardous Materials，2009，169（1-3）：680-684.

[83]　Shanableh A，Jomaa S. Production and transformation of volatile fatty acids from sludge subjected to hydrothermal treatment. Water Science and Technology，2001，44（10）：129-135.

[84]　De Filippis P，Giavarini C，Silla R. Thermal hazard in a batch process involving hydrogen peroxide. Journal of Loss Prevention in the Process Industries，2002，15（6）：449-453.

[85]　Quitain A T，Faisal M，Kang K，et al. Low-molecular-weight carboxylic acids produced from hydrothermal treatment of organic wastes. Journal of Hazardous Materials，2002，93（2）：209-220.

[86]　Buxton G V，Greenstock C L H，Helman W P，et al. Critical-review of rate constants for reactions of hydrated electrons，hydrogen-atoms and hydroxyl radicals（·OH/·O$^-$）in aqueous-solution. Journal of Physical and Chemical Reference Data，1988，17（2）：513-886.

[87]　Chamarro E，Marco A，Esplugas S. Use of Fenton reagent to improve organic chemical biodegradability. Water Research，2001，35（4）：1047-1051.

第3章 基于微波预处理的污泥减量化

3.1 污泥减量化的概念与类型

污泥处理处置长期以来一直以减量化、无害化、资源化、稳定化的"四化"原则为目标。其中，减量化尤为重要。减量化的目的不仅在于降低污泥的量，使污泥更容易处置，其也是污泥处理处置过程中的重要中间环节，关系到污泥的运输、储存及适应其他处理处置技术对污泥含水率的要求。污泥减量工艺分为两类：一类是污泥减容，减少污泥容积，如污泥浓缩和污泥脱水；另一类是污泥减质，从源头上减少污泥产生量。

3.1.1 污泥减容

污泥减容是污泥减量化的一个重要方面，目前污泥减量化主要是通过污泥减容来实现的。污泥减容即通过处理使污泥的体积得到大幅度的减少，由于重力浓缩后的剩余活性污泥仍含有约98%以上的水，因此，污泥减容实质上是对污泥的脱水。通过估算，污泥的含水率由99.5%降低到98.5%时，污泥的体积可以减缩成原污泥的30%左右，再进一步降低污泥含水率至95%，污泥的体积可缩减成原污泥的10%。可见，污泥脱水对于污泥减容以实现减量化至关重要。在实际污泥处理处置过程中，往往需要将污泥的含水率降低到80%，以使污泥成为半固态，便于后续运输。实际上，含水率为80%的污泥仍然不能满足后续污泥处置对含水率的要求。实现污泥含水率降低到60%以下为目标的深度脱水技术，一方面，有广泛的技术需求，另一方面，污泥难以脱水，污泥含水率降低到60%以下仍面临着能耗高、效率低等技术瓶颈。

3.1.2 污泥减质

污泥减质是从源头上降低污泥的产生量，不仅仅是在污泥的体积上，还包括污泥总有机物或微生物量的减少。例如，基于溶胞-隐性生长机理的污泥减量工艺，污泥经过预处理后，部分回流至污水生物处理系统，降低污泥产率，即原位在线减量工艺；污水生物处理系统可以通过耦合多种污泥处理单元，包括热处理[1]、臭氧预处理[2]、机械预处理[3]等方式，实现溶胞-隐性生长进行污泥减量。

3.2　基于微波预处理的污泥减容技术

3.2.1　污泥脱水概述

污泥脱水是污泥减容的重要措施之一，通过压力推动污泥中水分透过过滤介质，或者通过离心力来实现污泥泥水分离。该过程也可以被称为污泥的预处理，因为后续污泥运输、进一步处理处置都对含水率有一定的要求，所以污泥脱水为其他处理处置前的重要过程。污水处理厂基本都对污泥进行脱水，使污泥含水率达到 80%，便于后续运输、处理处置。

污泥脱水主要通过机械脱水机产生推动压力或者离心力实现泥水分离，机械脱水机主要有带式压滤脱水机、离心脱水机和板框压滤脱水机等。如表 3-1 所示，不同脱水设备在脱水效率、运行方式、调理剂用量等方面存在差异。与传统机械脱水设备相比，新型隔膜压滤机、电渗透脱水机作为深度脱水设备，在保证自动化前提下，脱水效率大幅提高。而叠螺式脱水机在保证脱水效率的同时，降低了能耗、药耗，并且使工作环境有所改善。

表 3-1　不同污泥机械脱水设备性能对比

评价指标	常规机械脱水设备[4]			新型机械脱水设备		
	板框压滤脱水机	带式压滤脱水机	离心脱水机	隔膜压滤机[5]	电渗透脱水机[6]	叠螺式脱水机[7]
脱水污泥含水率	60%～70%	75%～80%	70%～80%	<60%	<60%	70%～80%
调理剂消耗	较高	较高	可较低	较高	无	中
运行能耗	高	较低	高	高	较高	低
投资费用	高	低	较高	高	—	高
进泥要求	低	高	中	中	—	低
运行管理	自动化程度低	简单，环境差	自动化程度高	可实现自动化	自动化	自动化
占地面积	大	较小	较小	大	—	小

虽然剩余污泥含有大量的水分，含水率达到 98%以上，但是其水分却极难被脱除，常规污泥脱水机只能将含水率降低到 80%左右。污泥脱水前，需先对污泥进行絮凝调理，使污泥颗粒絮凝为较大絮体，以便于后续机械脱水。絮凝调理常用的药剂为无机混凝剂和有机絮凝剂。无机混凝剂如氯化铁、三氯化铝、聚合氯化铝一般用于真空过滤和板框压滤。有机絮凝剂如阳离子聚丙烯酰胺、阴离子聚

丙烯酰胺则适用于离心脱水机和带式压滤脱水机。无机混凝剂一般用量大，可达到污泥干固体质量的 5%～20%。有机絮凝剂用量通常较小，一般为污泥干重的 0.3%～0.8%。但无机混凝剂的价格明显低于有机絮凝剂。

与污泥中有机物存在形态类似，污泥中水分分布也较为复杂。污泥中水的存在形式有 4 种：表面自由水（free water）、间隙水（interstitial water）、吸附水（vicinal water）及结合水（water of hydration）。机械脱水后，含水率仍接近 80%，因为机械脱水主要脱除的是污泥中的自由水和部分间隙水（毛细水），而吸附水和结合水很难被脱除。此外，污泥在压滤脱水过程中能表现出一定的可压缩性，即受到压力后，污泥絮体会变形，堵塞过滤介质，降低污泥的可过滤性。由于污泥的可压缩性，即使是施加较高的压力，污泥中的水分也很难再被脱除。因此，通常污泥机械脱水对污泥施加的压力并不高，约为 0.02bar，脱水时间也较短，如带式压滤脱水机、离心脱水机。

若要进一步提高机械脱水机的污泥脱水能力，在现有以压力、离心力为推动力的脱水方式的基础上，实现污泥深度脱水，即污泥含水率达到 55%～65%，需要从对污泥中水的形态分布、理化特性等方面的改性处理入手，提高污泥脱水性能。因此，在污泥深度脱水之前，需对污泥进行有效调理。不同于常规絮凝剂对污泥的絮凝调理，深度脱水的污泥调理作用机制是对污泥颗粒表面的有机物进行改性，或者对污泥的絮体结构、微生物细胞进行破坏，降低结合水的含量；同时，降低改善污泥的可压缩性，从而能够实现污泥深度脱水。

污泥调理的方法主要有化学调理、物理调理和热工调理。化学调理与常规污泥脱水类似，所使用化学药剂主要为无机混凝剂或有机絮凝剂，包括无机金属盐药剂、有机高分子药剂、各种污泥改性剂等。物理调理主要是在已经得到调理的污泥中再加入物理惰性助滤剂，之所以称为物理调理是因为助滤剂不会发生化学反应，其目的在于降低污泥的可压缩性。常见的物理助滤剂有烟道灰、硅藻土、焚烧后的污泥灰、粉煤灰等。此外，污泥预处理也是对污泥改性的重要手段，主要通过预处理对污泥絮体、微生物细胞进行破碎，改变污泥中水的分布形态，从而达到提高污泥脱水性能的目的。已有的污泥预处理方法包括化学预处理、热工预处理、酶解预处理及研磨机械处理等。

1. 基于物理法预处理的污泥减容效能

惰性助滤剂预处理是向被预处理的污泥中投加不会产生化学反应的惰性物质，该类物质主要有烟道灰、硅藻土、焚烧后的污泥灰、粉煤灰、石灰及稻壳、煤渣等[8]。改善污泥脱水效能的机制是该类惰性物质与污泥混合后，形成具有透过性、坚硬的刚性结构，降低污泥的可压缩性，使污泥在机械脱水过程中能承受一定的压力，其具有孔隙结构，便于自由水的渗出[9]。孙承智等[10]以 m（泥）：m

（煤）＝1：2 的比例用粒径为 0.15～0.18mm 的颗粒煤对污泥进行预处理，经"真空抽滤＋压滤"两段式脱水后，污泥含水率由 96.41% 降到 43.67%，同时，可显著增加污泥热值。因此，从实际应用角度出发，惰性助滤剂预处理与热工、化学预处理相比，条件容易实现，特别是选用褐煤、稻壳等矿基、碳基助滤剂还可增加污泥的热值，利于后续的焚烧利用。

机械预处理包括超声（ultrasound）、研磨（milling）、压力均质化（homogenizing）作用等[11]。其中超声作用，由于其具有处理均匀、过程可控、效率高等优点，目前研究较多。在超声预处理污泥过程中，产生的"空穴效应""热效应"不但有利于破碎剩余活性污泥絮体结构及微生物细胞，而且部分不溶的颗粒有机物也能在超声作用下溶解。因此，超声对污泥结构，特别是 EPS 结构、组分含量产生较大的影响，进而影响污泥的脱水性能。诸多研究[12, 13]结果显示，一定的超声输入能量可对污泥脱水性能有所改善，但在较高辐射能量下，脱水速率会明显下降。例如，Feng 等[12]的研究结果表明，当超声输入能量为 800kJ/kg TS 时，毛细吸收时间（CST）、污泥过滤比阻（specific resistance of filtration，SRF）可由原污泥的 94.2s、$2.4×10^6 s^2/g$分别降低到 83.1s、$1.33×10^7 s^2/g$，但当输入能量增加到 35000kJ/kg TS 时，CST、SRF 却明显升高，分别为 673.4s、$3.88×10^7 s^2/g$，污泥的脱水性能反而恶化，这可能与污泥粒径变化及 EPS 中蛋白质、Ca^{2+}、Mg^{2+} 等组分的释放情况密切相关，具体原因有待深入研究。Shao 等[14]的研究指出，经超声预处理后污泥中 CST 与松散型胞外聚合物（loosely bound-EPS，LB-EPS）中蛋白质的含量呈明显的相关性。因此，对超声预处理的最佳输入能量的确定及控制非常关键。

热工预处理包括冻融（freezing and thawing）、热水解（thermal hydrolysis）及微波预处理等。冻融处理将不可逆地使污泥絮体紧密压缩，减少污泥中束缚水的含量，强化污泥脱水性能[15]。热水解过程是利用 40～180℃ 温度及一定的压力，使污泥絮体及微生物细胞破裂，释放多糖、脂类及蛋白质，进而改变污泥的组分及结构。当处理温度高于 130℃ 时，热水解处理能显著提高污泥的脱水性能。Liu 等[16]在 175℃ 温度下，保持 60min 的热水解时间，经 1MPa、40min 压滤后，污泥含水率由 80% 进一步降低到 60.4%。热水解技术早在 20 世纪 30 年代就在欧洲有了规模化应用，代表工程有 Porteous、Zimpro、Cambi 等[15]，但高温高压导致的臭味、腐蚀、能耗及安全问题，限制了热水解工程的大规模推广应用。

微波辐射近几年得到很多人的关注。微波预处理是利用微波的热效应，实现污泥的热处理改性，具有加热均匀、过程可控、升温速率快等优点。微波是频率为 300MHz～300GHz 的电磁波，具有穿透、反射、吸收三个特性，已广泛应用于食品、医疗、塑料、制陶等行业中的灭菌、干燥、消毒过程，并应用于微波诱变育种[17]、微波预处理[18]、微波辐射改变微生物群落结构[19]等领域。对于改善污泥脱水性能而言，微波预处理与超声预处理类似，脱水速率的加快和过滤性能的提升是在一定的辐射能量下实现的，超过一定的辐射能量后，污泥絮体破碎，微生物细胞破裂，脱水速率变慢，过滤性能严重恶化。田禹等[20]利用微波在 900W 功率下辐射污泥 50s 后，再经真空抽滤，污泥含水率由原污泥的 85%降为 71%，辐射 80s，真空抽滤后污泥含水率又达到 80%以上。以 DNA 为指示，50s 后继续辐射，污泥中的细胞开始严重破裂，污泥中多糖、蛋白质、核酸含量明显增加，黏度增加，从而导致污泥脱水速率变慢、过滤性能恶化。与超声预处理类似，单一微波预处理针对污泥脱水性能存在最佳的辐射能量条件，单纯利用微波对污泥进行预处理，存在辐射条件的精确控制、能耗等问题，将微波预处理与酸、碱处理进行组合可能会有更好的效果。

2. 基于化学法预处理的污泥减容效能

除目前污水处理厂普遍应用的絮凝剂调理外，化学预处理还包括采用酸、臭氧、过氧化氢等调理，其既可改善污泥的脱水性能，又能使污泥释放出溶解性 COD、N、P，用于 C、N、P 的回收利用。与絮凝预处理通过絮凝剂电中和、吸附架桥作用改善污泥沉降性及减少结合水含量不同，酸、臭氧、过氧化氢可以破碎污泥絮体及使微生物细胞破裂，更为彻底地释放束缚水，改善污泥的脱水性能。对于酸预处理而言，Chen 等[21]的研究结果表明，经硫酸预处理（pH 为 2.5）时，离心脱水后污泥体积相对于原污泥（pH = 6.8）减少了 50%，脱水污泥含水率由 83.40%进一步降低到 76.08%。同样，何文远等[22]在研究酸化预处理污泥脱水机理时指出，当 pH = 2 时，测得的污泥结合水含量最低。因此，pH = 2～2.5 可作为酸化预处理的最佳条件。除此之外，表 3-2 中列举的臭氧氧化、Fenton 高级氧化同样对污泥脱水性能有着明显的改善效果。

表 3-2　预处理改善污泥脱水性能研究比较

预处理方式		条件	脱水效果	优缺点	参考文献
热工预处理	普通热处理	反应温度为 180℃，压力为 1MPa，反应时间为 60min，搅拌转速为 30r/min	压滤后泥饼含水率可降到 50%	高温高压条件苛刻	[23]
	微波	900W 微波辐射 50s	真空抽滤含水率由 85%下降到 71%	增加微波辐射时间，脱水性能恶化	[24]
		水解温度为 170℃，反应时间为 10min	污泥经离心后含水率降低至 65.5%		[25]
化学预处理	臭氧	0.01g O₃/g TSS，20min	污泥沉降指数（SVI）由 135mL/g TSS 下降到 70mL/g TSS	进一步提高臭氧剂量，脱水性能恶化，且与还原性物质反应，效率降低	[26]

预处理方式		条件	脱水效果	优缺点	参考文献
化学预处理	酸、碱	H_2SO_4 调节 pH 为 5	污泥滤饼含固率提高 3%～5%	预处理后，需对污泥的 pH 进行调节，对装置有腐蚀性	[27]
	高级氧化（Fenton 反应）	pH＝3，H_2O_2/Fe^{2+}（质量比）为 8～12，反应温度为 35℃，反应时间为 60min	CST 明显下降，由 50s 下降到 12s	加热、药剂成本高，生成有毒副产物	[28]
惰性助滤剂预处理	颗粒煤	m（泥）：m（煤）＝1：2，颗粒煤粒径为 0.15～0.18mm	经 0.02MPa 真空抽滤 30min，0.3MPa 加压过滤 30min，污泥含水率由 96.41%降到 43.67%	显著降低污泥含水率，同时增加了污泥热值，但增加了污泥的体积	[10]
	褐煤	污泥絮凝预处理过程中 60g/L 的褐煤悬浊液	经 1MPa 的压榨测试，"褐煤＋絮凝"预处理与单独絮凝处理相比，达到最大压榨点所用时间缩短了近 37h	显著提高脱水速率，但是最终压榨污泥含固率下降	[29]
机械预处理	超声	20kHz，70W，污泥比能量为 24000kJ/kg TS	离心脱水后 TS 增加 21.2%	进一步超声处理，污泥脱水性能恶化	[30]
组合预处理	热-酸	155℃，H_2SO_4 调节 pH＝3，反应 60min	聚合物絮凝后，真空抽滤脱水，污泥含固率达到 70%，CST 无变化	污泥处理成本明显增加，并且加入大量 H_2SO_4 使滤液中的硫酸盐增加，仍需后续处理	[15]
	热-碱	140℃，NaOH/TS（质量比）＝0.1	0.1MPa 下真空抽滤 30min，污泥含水率由 85%降低到 61.43%	达到相同的含水率，热-NaOH 较单独热处理，加热温度可降低 40℃	[31]

3. 基于物化组合法预处理的污泥减容效能

上述不同预处理方式可通过组合来进行污泥预处理，如酸-热水解、碱-热水解、超声-絮凝剂及微波-絮凝剂等。组合预处理的优势在于，相比单独预处理的苛刻条件，组合预处理可降低处理条件，通过协同作用强化预处理的效果。如表 3-2 所示，李洋洋等利用热-NaOH 组合预处理方式，在达到脱水污泥约 67%的相同含水率时，较单独热水解过程的处理温度可降低 40℃。

碱-热水解的处理效果与使用的碱种类密切相关，当采用 NaOH、KOH 将污泥 pH 预处理到 10 时，在低于 130℃下，污泥脱水程度及脱水速率会下降；而用 $Ca(OH)_2$ 和 $Mg(OH)_2$ 将 pH 预处理到 10 时，污泥减容效果及脱水速率相比于原污泥都有所提高[32]。原因在于经碱-热水解处理后，污泥结构破碎，束缚水释放，颗粒粒径也相应变小，Ca^{2+}、Mg^{2+}的存在，又起到了再絮凝的作用，重新增大了颗粒粒径。酸-热水解相比于单独热水解过程，在保证提高脱水污泥含固率的同时，能降低单独热水解后毛细吸收时间，避免热水解后污泥脱水性能受到不利影响[15]。微波与超声作用类似，在较低的输入能量下，微波、超声分别与絮凝剂联合后，可进一步降低脱水污泥的含水率，并且降低絮凝剂的用量，但增加输入能量，其脱水性能会恶化[33, 34]。在工程应用中，只有酸、碱-热水解在 20 世纪 80 年代在欧洲有工程应用案例，如 Synox、Protox、Krepro 等工艺[15]，但由于成本问题，运行状况并不理想。

3.2.2 基于微波预处理的污泥减容效能

微波及其组合工艺对污泥预处理具有显著的溶胞作用，作者在微波及其不同组合工艺对污泥 C、N、P 物质的释放效果方面多年来做了大量的研究工作，但是不同的预处理工艺对污泥脱水性能的影响情况仍鲜有报道。对于利用微波预处理调节污泥的脱水性能而言，有必要进一步明确不同预处理工艺对污泥脱水性能的影响，以及明确预处理导致污泥脱水性能发生变化的关键影响因素。

1. 不同微波组合工艺对污泥脱水性能的影响

不同微波组合工艺对污泥脱水性能的影响情况如图 3-1 所示。毛细吸收时间（CST）和污泥过滤比阻（SRF）能够一致性地表征污泥的脱水性能。虽然肖庆聪[35]研究表明，不同组合工艺都对污泥溶胞破壁具有不同程度上的效果。理论上，不同的预处理方式能够破解污泥絮体、EPS 甚至微生物细胞，释放一定量的间隙水及内部结合水，从而增加自由水的含量，提高污泥的脱水性能。但是实验结果表明，不同的预处理方式对污泥脱水性能表现出了截然不同的影响。在不同预处理条件下，微波-酸（MW-H）预处理能够显著地提高污泥的脱水性能，CST 由原污泥的 17.1s 降低到 8.7s，SRF 由原污泥的 $1.46 \times 10^9 s^2/g$ 降低到 $5.14 \times 10^8 s^2/g$。而其他预处理方式都导致污泥脱水性能的恶化，特别是经过微波-碱（MW-OH）处理后，污泥的 CST 升高到了 974.4s。

微波预处理对污泥脱水性能的影响研究鲜有报道。MW-H 对污泥脱水性能的改善与 Neyens 等[15]报道的热-酸处理对污泥脱水性能的改善相一致，经过 120℃、pH = 3 条件下的热-酸处理 60min，脱水污泥含固率可由 22.5%提高到约 70%。相比热-酸处理，MW-H 处理耗时几分钟，远远小于常规热-酸处理。

2. 不同微波组合工艺对污泥理化特性的影响

污泥脱水性能的变化与其理化特性密切相关，与污泥脱水性能相关的污泥特性包括污泥颗粒表面的电性、亲疏水性、颗粒粒径、水的分布形态等[36]。不同组合工艺对污泥表面电性、粒径分布、污泥 EPS 等特性具有不同的影响，进而影响污泥的脱水性能。

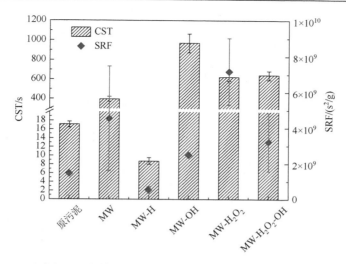

图 3-1　微波及其组合工艺对污泥脱水性能的影响

1）污泥表面电性

污泥的表面电性受到不同组合工艺的显著影响，并且不同预处理方式对污泥表面电性的影响差异明显（图 3-2）。MW-H 处理能够降低污泥表面负电性，Zeta电位由原污泥的–13.9mV 升高到–8.6mV。而其他预处理方式导致污泥表面负电性显著增强。例如，MW-OH 处理后 Zeta 电位降低到–32.9mV。污泥表面负电性的增强，意味着污泥中颗粒间的静电斥力增大，胶体颗粒物质不容易聚集及沉降，脱水性能变差。经不同组合工艺预处理后，污泥胶体颗粒的表面电性与污泥脱水性能的变化趋势基本一致。因此，微波及其组合工艺对污泥脱水性能的影响可能与污泥胶体颗粒的表面电性的变化有一定关系。

2）污泥粒径分布

由于预处理能够导致污泥絮体、EPS 及微生物细胞的破解，因此，通常预处理后能够使污泥颗粒粒径变小。如图 3-3 所示，与原污泥颗粒粒径相比，MW、MW-OH、MW-H_2O_2、MW-H_2O_2-OH 处理并未对污泥颗粒粒径产生较大的影响。而 MW-H 处理导致污泥颗粒粒径明显增大，$d_{0.5}$ 由原污泥的 68.1μm 增加到了141.0μm，并且粒径分布相对于原污泥更加集中、均匀。这一现象与以往预处理对污泥颗粒粒径的影响研究所报道实验结果不尽相同，梁仁礼等[37]利用微波加热处理污泥，在 750W 功率下，短时间（<100s）的微波加热能够增加污泥的粒径尺寸，但是进一步加热（>120s），污泥粒径开始明显降低。在该研究中，MW-H 预处理非但没有导致污泥颗粒粒径的降低，反而导致其明显增大。分析其原因，可能与污泥表面负电性的降低有关。随着污泥表面负电性的降低，胶体颗粒间的静电排斥力降低，更容易聚集。但是，仅靠污泥表面负电性的降低，仍很难使污泥自身发生絮凝，粒径增大一倍多，并且分布相对集中。该过程的发生更有可能是由于污泥中 EPS 的破解释放了大量的溶解性高分子有机物，如蛋白质、糖类，这些物质可能对污泥颗粒的絮凝聚集起到关键的作用。

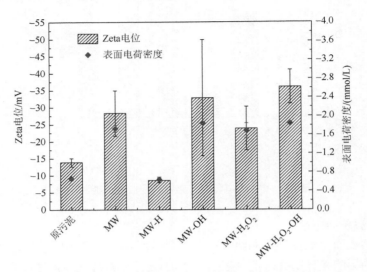

图 3-2　微波及其组合工艺对污泥表面电性的影响

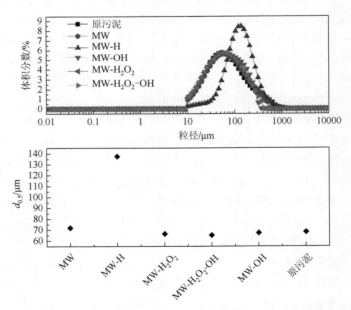

图 3-3　微波及其组合工艺对污泥粒径分布的影响（后附彩图）

3）有机物释放特性

污泥颗粒表面带负电性与污泥中的羧基、羟基、氨基等官能团密切相关，而这些官能团存在于蛋白质、糖类等有机物中。因此，污泥中有机物的分布、特性将对污泥胶体颗粒表面电性有显著的影响。通过对释放的溶解性有机物分子量分布、三维荧光特性进行分析，一定程度上能揭示不同微波组合工艺对污泥 EPS 分布情况的影响。

第一，胞外聚合物。如图 3-4 所示，微波及其不同组合工艺对污泥 EPS 的分布产生明显的影响。预处理都可导致溶解性有机物的释放 [图 3-4（a）]，但不同处理方式对溶解性有机物的释放情况存在明显差异。MW、MW-H、MW-OH、MW-H_2O_2、MW-H_2O_2-OH 相对于原污泥，溶解性蛋白质分别增加了9074.8%、2042.2%、11857.2%、10031.1%、13592.8%；溶解性糖类含量分别增加了 1757.24%、1324.41%、2472.17%、2832.31%、3115.74%。由此可见，MW-H处理释放的溶解性蛋白质、糖类等大分子有机物含量明显低于其他预处理方式。相应地，经 MW-H 处理后污泥仍有大量的蛋白质、糖类存在于束缚态 EPS（bound EPS）中 [图 3-4（b）]。据肖庆聪[35]的研究结果，MW-H 预处理对于溶解性氨氮、磷酸盐的释放效果要明显优于其他微波组合预处理方式，即能够表现出很好的污泥破解、溶胞效果。但对溶解性有机物的释放效果却明显低于其他预处理方式。由此说明，MW-H 处理同样达到了污泥溶胞的效果，但是释放的蛋白质等溶解性有机物重新发生了类絮凝现象，导致颗粒粒径的显著增大。这部分蛋白质在提取的束缚态 EPS 中得以大量检出。

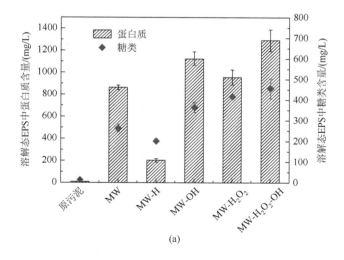

(a)

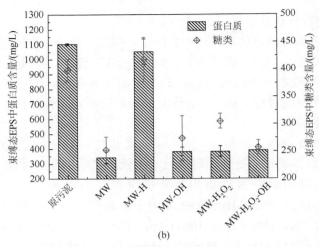

(b)

图 3-4　微波及其组合工艺对污泥 EPS 影响

第二，分子量分布。污泥经 MW、MW-H、MW-H$_2$O$_2$-OH 处理后释放溶解性有机物的分子量分布情况如图 3-5 所示。在不同预处理方式下，释放的溶解性有机物的分子量分布存在差异。污泥经 MW-H$_2$O$_2$-OH 处理后释放的溶解性有机物明显要多于其他预处理方式，这与释放的溶解性蛋白质的结果相一致。MW 与 MW-H 相比，分子量分布在 600～3500 有机物的 UV$_{254}$ 吸收强度并无明显差异，而分子量分布在 15000～60000 有机物的 UV$_{254}$ 吸收强度存在明显差异。污泥经 MW-H 处理后，在 15000～60000 分子量分布区间内的有机物明显减少，这与溶解性蛋白质的含量变化情况相一致。因此，污泥经 MW-H 处理后可能导致 15000～60000 分子量分布区间内的有机物，特别是蛋白质类有机物，发生了明显的聚集沉降。

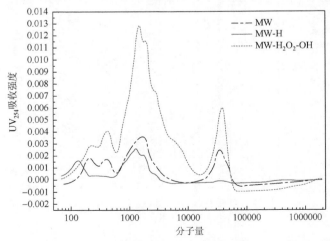

图 3-5　微波及其组合工艺对污泥溶解性有机物分子量分布影响

　　第三，三维荧光分析。部分有机物如蛋白质、腐殖酸等具有一定的荧光特征，通过三维荧光光谱可以判别某种污染物或者水体中荧光类有机物的荧光特征，以分析有机物的类型，甚至用于定量。污泥中主要的有机物为蛋白质、多糖、脂类及一定的腐殖酸类物质。其中，蛋白质、腐殖酸类物质具有荧光特性，通过三维荧光分析能得到特征的荧光光谱。Chen 等[38]报道，针对一些溶解性有机物的分析，三维荧光光谱图可以划分为 5 个区域。区域 1、区域 2：λ_{ex}<250nm、λ_{em}<350nm 区域的荧光物质主要为含有芳香族氨基酸类的蛋白质，如络氨酸；区域 3：λ_{ex}<250nm、λ_{em}>350nm 区域的荧光物质为富里酸类有机物；区域 4：250nm<λ_{ex}<280nm、λ_{em}<380nm 区域内荧光物质为溶解的微生物代谢副产物；区域 5：λ_{ex}>280nm、λ_{em}>380nm 为腐殖酸类有机物。

　　经不同微波组合工艺预处理后污泥中溶解性有机物的三维荧光光谱如图 3-6 所示。原污泥中溶解性有机物荧光强度较弱，说明含有较少的荧光特征物质。谱图主要包含两种荧光特征有机物，一种为芳香族氨基酸类蛋白质，另一种为微生物代谢副产物，其中主要包含一些蛋白质类的有机物[39]。预处理后并未对荧光类物质的谱图位置产生影响，而荧光强度发生了明显的改变。MW 处理导致大量溶解性有机物的释放，其中包含大量的蛋白质类有机物，因此，三维荧光光谱的峰强度显著增强。MW-H$_2$O$_2$-OH 处理后有机物峰强度最强，其对溶解性有机物具有最好的释放效果。而 MW-H 处理后，荧光特征物质相对于原污泥并未增加。如前所述，MW-H 能够破解絮体、EPS 及微生物细胞，释放被束缚的有机物。但是从三维荧光图谱上分析，MW-H 却并未导致荧光特征物质如部分蛋白质的释放。这说明 MW-H 处理后部分蛋白质类大分子有机物仍然以非溶解态存在于污泥中。

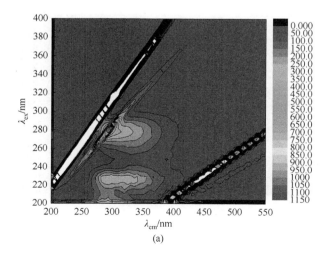

(a)

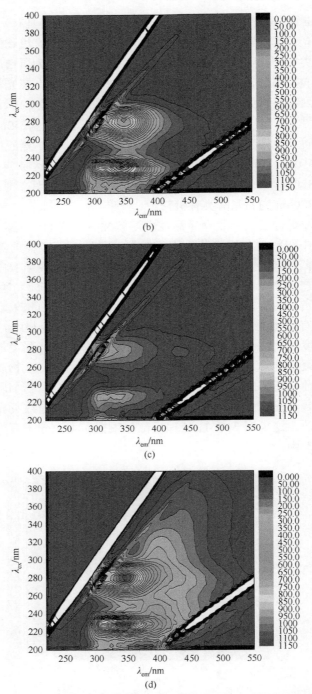

图 3-6　微波及其组合工艺释放溶解性有机物三维荧光光谱（后附彩图）

（a）原污泥；（b）MW；（c）MW-H；（d）MW-H_2O_2-OH

4）Ca^{2+}、Mg^{2+}的释放

污泥中二价阳离子如 Ca^{2+}、Mg^{2+}对絮体的形成起到了一定的作用。由于污泥中颗粒表面通常带负电荷，因此 Ca^{2+}、Mg^{2+}的存在能起到架桥的作用，使颗粒聚集形成絮体。如图 3-7 所示，不同微波组合工艺对污泥上清液中 Ca^{2+}、Mg^{2+}浓度产生了影响。经 MW、MW-OH、MW-H$_2$O$_2$、MW-H$_2$O$_2$-OH 处理后，相对于原污泥，离心上清液中 Ca^{2+}浓度没有增加反而有降低的趋势，除 MW-H$_2$O$_2$ 处理之外，Mg^{2+}浓度也基本没有增加，MW-H$_2$O$_2$ 处理促进了 Mg^{2+}的大量释放，同时由于 pH 较添加碱组低，Mg^{2+}结合量相对少。Ca^{2+}浓度的降低，一方面可能是由于 MW-OH、MW-H$_2$O$_2$-OH 处理所加的 NaOH 与 Ca^{2+}反应生成了 Ca(OH)$_2$ 沉淀；另一方面，预处理导致微生物细胞的破碎，污泥颗粒表面负电性增强可以说明更多的带负电荷官能团被暴露，这些负电性的官能团可能吸附了一定 Ca^{2+}、Mg^{2+}。此时，MW处理中虽然没有碱的添加，但仍有一部分 Ca^{2+}、Mg^{2+}被污泥颗粒吸附沉降。而MW-H 处理时，大量的 Ca^{2+}、Mg^{2+}存在于污泥上清液中，说明既没有发生化学反应形成 Ca(OH)$_2$ 等沉淀，又没有被污泥带负电性的颗粒所吸附。由于经 MW-H处理后，污泥的 pH 接近于 4.0，较难形成 Ca、Mg 的氢氧化物沉淀。而 MW-H处理污泥颗粒表面负电性的显著减弱，说明了污泥颗粒对 Ca^{2+}、Mg^{2+}吸附结合能力的降低。正因为如此，经 MW-H 处理后大量的 Ca^{2+}、Mg^{2+}得以释放。同时也在一定程度上说明，经 MW-H 处理后污泥颗粒的聚集长大可能与 Ca^{2+}、Mg^{2+}的作用关系并不大。

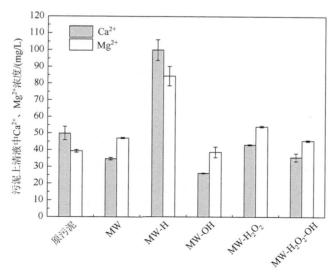

图 3-7　微波及其组合工艺对 Ca^{2+}、Mg^{2+}释放的影响

5）污泥理化特性与脱水性能的关系

由以上分析可知，不同的微波预处理方式对污泥脱水性能及污泥理化特性的影响存在明显的差异。虽然不同的处理方式都能使污泥絮体甚至微生物细胞破解，但只有 MW-H 预处理导致污泥脱水性能的显著提高，而其他预处理方式却导致污泥脱水性能的严重恶化。因此，污泥脱水性能的优劣不单单取决于污泥中水的分布形态，也受到了其他理化特性的影响。如表 3-3 所示，通过 Pearson 相关性分析，初步建立了不同预处理后污泥脱水性能与几个重要的理化特性参数之间的相关关系。结果表明，经预处理后，污泥所表现出的脱水性能与污泥颗粒的表面负电性的强弱呈显著负相关，与释放的溶解性蛋白质的浓度呈显著正相关。因此，可以初步得出结论，经微波及其组合工艺处理后，污泥颗粒表面负电性的强弱对污泥脱水性能的影响起到了关键性的作用，而蛋白质类有机物呈两性带电特性，其所表现出的电荷特性及浓度直接影响了污泥颗粒表面电性的强弱。

表 3-3　经微波及其不同组合工艺处理后污泥理化特性与脱水性能的相关性（$n = 7$）

指标	Zeta 电位		表面电荷密度		粒径 $d_{0.5}$		溶解性蛋白质		溶解性糖类	
	r_p	p	r_p	p	r_p	p	r_p	p	r_p	p
CST	−0.87*	0.024	−0.90*	0.014	−0.58	0.224	0.91*	0.013	0.726	0.103
SRF	−0.45	0.370	−0.66	0.151	−0.56	0.248	0.56	0.244	0.301	0.562

* $p < 0.05$（双尾检验）。

3. 影响污泥脱水性能因素分析

通过不同微波及其组合工艺对污泥脱水性能影响的对比，发现 MW-H 预处理能够显著提高污泥的脱水性能。为此，有必要深入研究不同微波加热温度及 pH 分别对污泥脱水性能产生的影响。

1）pH 对污泥脱水性能的影响

在微波加热温度 100℃条件下，污泥脱水性能明显受到了 pH 的影响。如图 3-8 所示，在预处理过程中，pH 大于 5 导致污泥脱水性能严重恶化。而只有 pH 为 2 或者 2.5 时，相对于原污泥，污泥脱水性能得到了改善。

预处理过程中，在不同 pH 下污泥颗粒表面电性受到了明显的影响（图 3-9）。升高污泥的 pH 导致污泥颗粒表面负电性增强。而在 pH 为 2.5 时，污泥颗粒表面接近不带电状态，而进一步调低污泥 pH 为 2 时，污泥颗粒表面电性会由负电性转为正电性。污泥颗粒表面负电性的减弱，会降低颗粒之间的静电排斥力，有利于污泥颗粒的团聚。因此，在酸性条件下，污泥脱水性能的改善可能与污泥表面负电性的降低有直接关系。

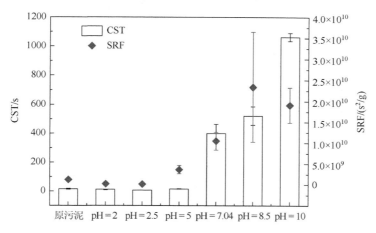

图 3-8　微波处理中 pH 调节对污泥脱水性能的影响

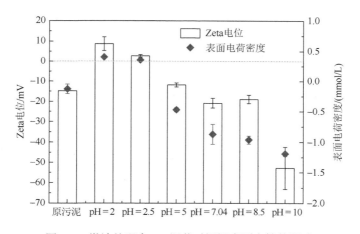

图 3-9　微波处理中 pH 调节对污泥表面电性的影响

如图 3-10 所示,在不同 pH 条件下污泥经预处理后释放的溶解性蛋白质、多糖浓度也呈现了与污泥脱水性能、表面电性相一致的变化趋势。即在 pH 大于 5 时,随着 pH 的升高,释放的溶解性有机物逐渐增多;在 pH 为 2.5 时,释放的溶解性蛋白质含量最少。因此,污泥脱水性能、表面电性的变化可能与预处理释放的溶解性蛋白质含量及性质存在着密切的联系。

2）微波加热温度对污泥脱水特性的影响

在污泥 pH 未调节的条件下,微波处理温度对污泥脱水性能的影响如图 3-11 所示。在较低的处理温度下,即 40℃时,SRF 相对于原污泥有一定的下降。但是进一步提高微波加热温度,污泥的脱水性能开始严重恶化。

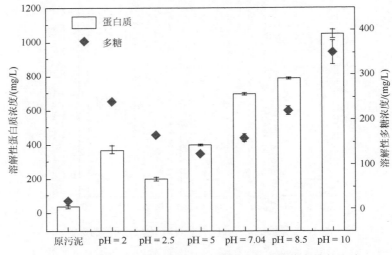

图 3-10   微波处理中 pH 调节对污泥溶解性有机物释放的影响

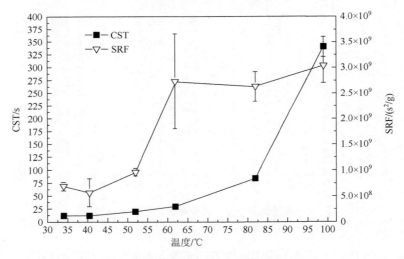

图 3-11   微波处理中温度对污泥脱水性能的影响

　　同样地，对不同加热温度下污泥颗粒表面电性的分析结果如图 3-12 所示。在较低的加热温度（＜50℃）下，预处理未对污泥颗粒表面的电性产生显著影响。但是进一步提高预处理温度，污泥颗粒表面负电性逐渐增强。在 100℃处理温度下，污泥颗粒表面负电性远远高于原污泥。

　　随着微波加热温度的提高，污泥中的有机物逐渐得到溶解释放（图 3-13）。这说明，随着微波加热温度的提高，污泥的破解程度逐渐加强，污泥絮体和微生物细胞受到了明显的破解。尽管预处理能够使污泥絮体甚至微生物细胞破解，在理论上可以释放间隙水、胞内结合水，利于污泥脱水，但是实验结果却表明，单独的微波预处理并未产生预期的效果，而随着预处理强度的提高，污泥的脱水性能反而逐渐恶化。

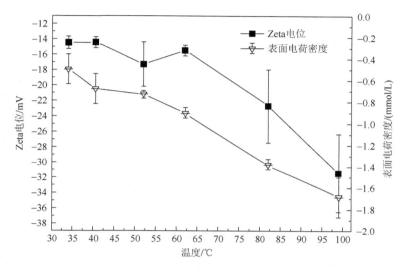

图 3-12　微波处理中温度对污泥表面电性的影响

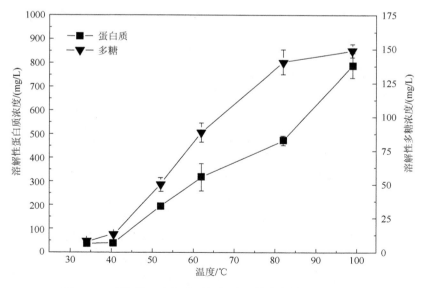

图 3-13　微波处理中温度对污泥溶解性有机物释放的影响

pH、微波加热温度单因素实验表明，pH 在提高污泥脱水性能中发挥着重要的作用。污泥脱水性能、表面电性可能与预处理后释放的蛋白质等有机物的浓度及特性存在密切的联系。

4. 强化污泥脱水的工艺条件优化

MW-H 预处理对污泥脱水性能的改善表现出了明显的优势。并且，与 Neyens 等[15]报道的热-酸处理，以及高温热水解强化污泥脱水相比，MW-H 具有处理速度快、适于连续处理、温度低、上清液中溶解性有机物浓度较低等优势。目前，以 MW-H 处理来强化污泥脱水的研究仍鲜有报道。经微波及其组合工艺处理后，污泥颗粒表面负电性的强弱对污泥脱水性能的影响显著，一些物理助滤剂如煤矸石、生石灰、赤泥含有一定量的 Ca^{2+}、Al^{3+}等离子，可能对微波处理中的污泥表面负电性产生一定影响，并且这些物理助滤剂能够起到骨架构建体的作用，进一步强化污泥脱水性能。利用物理助滤剂（煤矸石、生石灰、赤泥）与微波处理工艺组合，探讨其对污泥脱水性能的影响。

1）物理助滤剂辅助微波处理改善污泥脱水的效果

以生石灰、煤矸石及赤泥三种物料作为物理助滤剂，进一步探讨这三种物质的添加能否辅助微波预处理，实现污泥脱水调质。生石灰在污泥处理处置的应用中并不陌生，其主要应用于污泥的石灰稳定干化处理。污泥中添加一定量的生石灰后，一方面生石灰会发生放热反应提高污泥温度，另一方面能够显著地提高污泥的 pH，从而起到杀灭污泥中病原微生物的作用[40]，此外，氧化钙的添加能够钝化重金属。根据文献调研[41-43]，在石灰稳定干化处理中，石灰的添加量通常为 5%～60%（湿重）。北京方庄污水处理厂[40]、小红门污水处理厂[42]都采用了石灰稳定干化技术，在 5%的石灰投加量下便可将大肠杆菌的含量降至未检出水平。对于含水率为 80%～85%的脱水污泥而言，石灰投加量为 20%～30%时，可使污泥含水率进一步降低到 60%。此外，生石灰在污泥脱水调质中也有一定的应用。例如，厦门某污水处理厂采用了污泥浓缩 + 石灰调质 + 板框压滤的深度脱水工艺，石灰投加量为 520kg CaO/t DS（石灰有效成分约 60%），即约为 0.87t 石灰/t DS（干泥），同时，添加 300kg $FeCl_3$/t DS（浓度为 38%），最终脱水污泥含水率可降低到 60%以下。该脱水工艺，单位污泥（含水率 80%）处理药剂费用为 109 元/t[44]。杨国友等[45]利用生石灰与微波组合对污泥进行调质研究，发现二者具有协同效应，可使污泥过滤比阻降低约 99.8%。此外，少量生石灰（<5%）的投加，具有提高后续污泥堆肥效率和降低重金属浸出的作用[39]。而煤矸石、赤泥作为物理助滤剂对污泥进行调质的应用却鲜有报道[46]，煤矸石[47]和赤泥[48]中都含有一定的高价金属离子。特别是赤泥，其中含量较多的是 Al^{3+}。因此，这两种物质在微波加热作用下，可能会暴露部分金属离子结合位点，起到吸附电中和的作用。此外，这三种助滤剂的添加，能够降低污泥的可压缩性，起到骨架构建体的作用。

几种物理助滤剂的添加对污泥脱水性能及辅助微波预处理进行污泥调质的作用效果如图 3-14 所示。其中考察了两种不同物理助滤剂投加策略,一种为与污泥混合后,共同进行微波加热处理[MW(助滤剂)];另一种为污泥经过微波处理后,再加入物理助滤剂,搅拌混合均匀(MW+助滤剂)。实验结果表明,物理助滤剂的单独添加未对污泥的脱水性能产生明显的影响。但是,对于辅助微波处理实现污泥调质,生石灰起到了一定的作用。单独的微波预处理在 100℃加热温度下,导致污泥脱水性能严重恶化。而生石灰的加入,能够明显地避免脱水性能的恶化,但是与原污泥相比,其 CST 并未有所降低。此外,以生石灰与污泥混合同时进行微波处理的方式要优于先微波处理再加入生石灰。煤矸石的加入并未起到辅助微波预处理污泥脱水调质的作用,污泥的脱水性能基本没有明显的改变。而赤泥的添加反而进一步地恶化了污泥的脱水性能。这可能是由于赤泥中除了含有 Al^{3+} 外,还含有其他如 K^+、Na^+ 等单价离子,这些不利于污泥脱水调质。

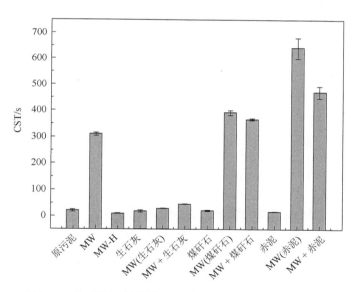

图 3-14　物理助滤剂辅助 MW 处理对污泥脱水性能的影响

综上,将几种物理助滤剂辅助微波处理对污泥脱水调质的效果进行对比可知,生石灰起到了明显的辅助作用,避免了微波处理导致的污泥脱水性能严重恶化,但是相比于原污泥,污泥的脱水性能仍难以得到有效的提高。煤矸石、赤泥难以起到有效的污泥脱水调质的作用。

物理助滤剂的添加难以辅助单独微波预处理对污泥脱水进行有效调质,而 MW-H 预处理能够表现出很好的强化污泥脱水的作用。但是,经 MW-H 处理后污泥的 pH 仍然较低,pH 在 3~4,这对污泥脱水设备、管道会产生明显的腐蚀,因此其难以直接应用于机械脱水机的污泥调质。因此，有必要探讨物理助滤剂的添加辅助 MW-H 预处理进行污泥脱水调质的效果。如图 3-15 所示，与单独 MW-H 处理相比，三种不同物理助滤剂的添加能够进一步促进污泥脱水，特别是生石灰和赤泥的效果较为明显。此外，适量生石灰（60mg/g TS）的添加，起到了调节预处理后污泥 pH 的作用，污泥 pH 达到了 5.0 以上，避免了对后续设备的腐蚀。因此，从强化污泥脱水和 pH 调节作用的角度考虑，生石灰都表现出了较好的效果。

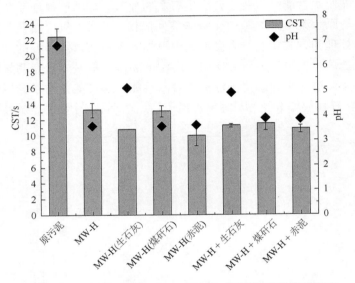

图 3-15　物理助滤剂辅助 MW-H 处理对污泥脱水性能的影响

2）基于微波-酸-石灰组合调理污泥隔膜压滤脱水

如图 3-16 所示，在污泥先经过酸调节，pH 调节为 2.5 后，加入骨架构建体生石灰 30～60mg/g TS（6%），立即进行微波加热，直至 80～90℃，并且加热过程保持搅拌混合。利用小型隔膜压滤机（XAG1/250，景津环保股份有限公司）对预处理调质后的污泥进行机械压滤。隔膜压滤脱水分为两个阶段：首先污泥在 0.6～0.9MPa 压力下压滤 30min；然后在 1.0～1.2MPa 压力下隔膜压滤 10min。预处理后对污泥直接进行压滤，脱水污泥含水率可以降低到 74.29%±4.84%，压滤后泥饼如图 3-17 所示。

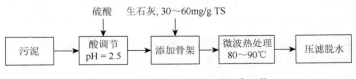

图 3-16　污泥脱水预处理调质工艺

(a)

(b)

图 3-17 预处理前后污泥及压滤后污泥泥饼照片

此外，压滤后滤液基本的水质参数见表 3-4。由于预处理导致了污泥絮体、微生物细胞的破解，压滤后滤液中有较多的 COD、氨氮和磷酸盐。因此，压滤后的滤液可以考虑与污泥厌氧消化后的消化液混合，进行磷的回收等资源化处理。

表 3-4   预处理调质压滤后滤液水质 （单位：mg/L）

参数	COD 浓度	氨氮浓度	硝态氮浓度	磷酸盐浓度
预处理上清液	1306	72.85	8.95	159.05
压滤滤液	1344	46.62	5.71	108.55

3.2.3 微波-酸预处理强化污泥脱水的机理初探

通过 MW、MW-H、MW-OH、MW-H_2O_2、MW-H_2O_2-OH 不同预处理方式对污泥脱水性能影响的对比研究可知，MW-H 表现出了较好的改善污泥脱水的作用，其原因可能在于 MW-H 预处理后，污泥絮体包覆的间隙水得到释放，同时在酸性条件下，污泥颗粒表面电性受 H^+ 影响，负电荷减少（与污泥颗粒的等电点相关），颗粒间相互静电排斥力减小，从而导致污泥中细小颗粒的聚集，浑浊的悬浮体系脱稳，从而改善污泥体系沉降性能及脱水性能。已有研究表明，单独热处理只有处理温度达到 175℃以上时，污泥的脱水性能才得到显著的改善[15]。小于 130℃的热处理会导致污泥脱水性能的恶化[49]。但是高温高压微波处理，不仅能耗高，还会生成大量的难以处理的惰性 COD，工程应用存在安全隐患。而常温常压下的热化学组合处理工艺可以降低热处理温度，同时发挥协同作用。MW-H 在常压、中温（≤100℃）、pH = 2.5 时表现出了显著改善污泥脱水性能的作用。

在微波处理过程中，温度和 pH 对污泥的脱水性能都有明显的影响（图 3-18）。相对于原污泥（CST = 37.7s），微波加热（温度＞60℃）结合酸化（pH = 2、2.5）能够明显提高污泥的脱水性能。在加热温度为 100℃，pH = 2.5 条件下，CST 降低到了 9.2s。温度和 pH 在该处理中都发挥了重要作用。在 pH 为 2、2.5 时，随着微波加热温度的升高，污泥脱水性能逐渐提升 [图 3-18（a）]。而在碱性条件下，pH 为 10 时，微波加热温度的升高，反而导致污泥脱水性能的逐渐恶化 [图 3-18（b）]。在 pH 为 5 时，CST 在 40～60℃稍微有降低，但进一步提高微波加热温度，污泥 CST 开始显著增加。因此，微波预处理对污泥脱水性能的影响受到污泥初始 pH 的影响，即在碱性条件下，微波加热温度越高，污泥的脱水性能越差；在酸性条件下（pH = 2、2.5），微波加热温度和 pH 表现出了对污泥脱水性能改善的重要作用；而在中性 pH 附近，微波处理存在一个加热临界点，较少微波辐射能量输入对污泥的脱水性能有一定的改善，但超过临界点，污泥的脱水性能逐渐恶化，这与梁仁礼等[37]的研究结果相一致。因此，酸化处理决定了污泥脱水性能是否能够得到改善，而加热温度影响了该预处理工艺对污泥脱水性能的改善程度。

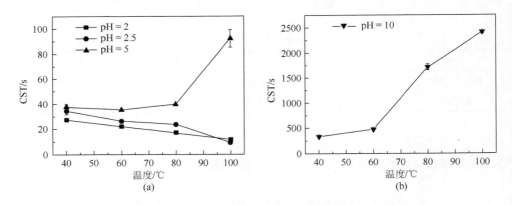

图 3-18　pH、温度对污泥脱水性能的影响协同效应

1. 结合水含量

污泥中水的分布形态可被简单地分为两种，自由水和结合水。由于结合水受到化学作用力的束缚，因此，在较低温度（−20℃）下仍然难以结冰。因此，利用差示量热扫描仪（differential scanning calorimeter，DSC）测量污泥在降温到临界温度和温度回升过程中能量的释放和吸收，可以计算得到自由水的含量，据此计算得到结合水的含量[50]。通常，自由水可以部分地通过机械脱水脱除，而结合水却很难通过机械脱水脱除[51]。因此，污泥中结合水含量的高低可以作为衡量是否容易实现深度脱水的一个重要指标。

　　根据 DSC 分析，原污泥的结合水含量为 1.96g/g DS，预处理后污泥的结合水含量发生了明显的变化。如图 3-19 所示，在酸性条件（pH = 2.5）下，微波预处理能够较为明显地降低污泥中结合水的含量。以 pH = 2.5、微波加热温度 100℃ 为例，预处理后污泥结合水的含量降到了 0.88g/g DS。在酸性条件下，温度在 60℃时，结合水含量为 1.12g/g DS。随着温度加热到 80℃、100℃，结合水含量分别降低到 1.03g/g DS 和 0.88g/g DS。在 60～100℃ 内，pH 对结合水含量的影响非常显著。在酸性条件下，结合水含量降低。而在 pH = 5 和 10 条件下，60～100℃ 内，微波处理反而导致了污泥结合水含量的明显升高。并且，随着加热温度的提高，结合水的含量先轻微降低后明显升高。尽管微波处理能够使污泥絮体、EPS 破解，但是结合水含量只有在酸性条件下得到降低，在中性或碱性条件下，结合水含量反而被显著升高。在中性、碱性条件下，微波处理导致污泥结合水含量的升高说明，污泥絮体破解释放的间隙水，被更多的化学作用力所束缚。而在酸性条件下，结合水含量的降低说明，一些通过氢键或静电力[52]束缚水分子的官能团减少了。

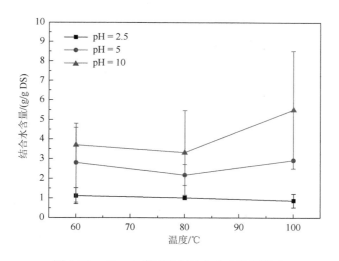

图 3-19　pH、温度对污泥结合水含量的影响

2. 污泥流变特性

　　通过稳态流变测试（图 3-20）发现，微波预处理对污泥黏度、触变性等流变特性产生了影响。预处理前后，污泥的剪切应力随着剪切速率的增加，都呈现非线性增加的趋势，说明预处理后，污泥仍然为非牛顿流体。表观黏度随着剪切速率的增加而降低，呈现剪切变稀的特点。并且，剪切速率上升段的剪切应力要高于下降段的剪切应力，形成触变环，说明污泥具有触变性。酸性处理条件下（pH = 2.5），在 60～100℃ 内，预处理导致表观黏度明显下降。随着温度的升高，

黏度有略微下降的趋势。污泥表观黏度的降低说明其流动性的增强。而在碱性条件下（pH = 10），在较低处理温度（60℃、80℃）下，污泥表观黏度降低，而100℃加热温度下，污泥表观黏度反而增大。

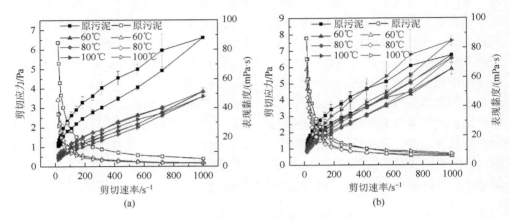

图 3-20　pH、温度对污泥流变学特性的影响

（a）pH = 2.5；（b）pH = 10；实心图例对应剪切应力，空心图例对应表观黏度

　　污泥流变学特征变化直接关系到污泥内部微观结构发生的改变，因此，流变学特征的变化能反映污泥内部结构微观尺度可能发生的改变[53]。活性污泥主要由微生物细胞、细胞分泌或自身溶胞产生的胞外聚合物、胞内和胞外水及一些无机颗粒组成。这些物质通过物理或化学作用相互结合，形成污泥的微生物絮体结构。污泥在受到外力的作用下，内部结构会发生形变，表现出一定的流变学特征。在该研究中，酸性条件下的微波预处理导致污泥表观黏度的明显降低，主要是由于预处理导致污泥絮体或微生物细胞等内部结构的破解，污泥在受到剪切时，内部结构对污泥流动的阻力降低，即污泥中的有机物、无机颗粒、水分子等之间的相互结合力降低，这也与上述结合水含量的变化结果一致。在碱性条件下（pH = 10），尽管微波处理同样能够使污泥絮体、微生物细胞破解，释放溶解性物质，但是表观黏度的降低是有限的，并且在微波处理强度增大时，黏度反而增大。这说明污泥内部对流动行为阻力的增大，即破解释放的有机物、水分子等组分之间仍然存在较强的相互束缚作用。

　　预处理前后触变性的变化同样能很好地说明污泥微观结构可能发生的相应改变。触变性是污泥受到剪切应力后，一方面，内部结构变形，表观黏度趋于降低；另一方面，触变结构的存在会导致污泥内部结构重新构建，表观黏度趋于增加。由于这样一个动态过程的存在，污泥黏度不单单受到剪切应力的影响，也随着时间延长发生变化。因此，触变性更好地反映了污泥内部结构作用力的强弱。流变图中形成的触变环面积的大小,可以反映触变性的强弱。在酸性条件下,微波处理导致触变环面积的明显减小,表明其触变性降低。因此,在该处理条件下,污泥的触变结构遭到了不可逆的破坏,污泥絮体中各个组分之间的相互作用变弱。在受到剪切应力以后,污泥的内部结构能够较快地发生变形,并基本难以重构。然而,在碱性条件下,微波处理虽然导致污泥结构的破坏,但是触变性仍然明显,污泥中仍然存在触变结构。

3. 释放有机物与污泥脱水性能的关系

1)蛋白质、多糖的释放特征

污泥结合水含量、流变学特性分析结果说明,经微波预处理后,污泥中有机物、水分子等组分之间的相互作用,对污泥微观结构产生了影响,从而使污泥的脱水性能也受到了不同的影响。污泥中不同物质之间的相互作用力,主要包括范德瓦耳斯力、氢键及静电力。这些作用力与存在于污泥中有机物的官能团如氨基、羧基、羟基关系密切。因此,污泥中有机物的释放及性质的变化可能是影响预处理后污泥脱水性能优劣的关键因素。

如图 3-21 所示,不同条件下的微波预处理对污泥中溶解性蛋白质、多糖的释放表现出了截然不同的效果。在碱性条件下,微波处理导致大量的溶解性蛋白质、多糖释放。而在酸性条件下,溶解性有机物特别是蛋白质释放量明显低于碱性条件,但是高于接近中性的条件(pH = 5)。在相同加热温度下,酸处理导致污泥中溶解性有机物含量降低,如在 100℃,溶解性蛋白质浓度由碱性条件下(pH = 10)的 1044.62mg/L 降低到酸性条件下的 222.55mg/L(pH = 2.5)。

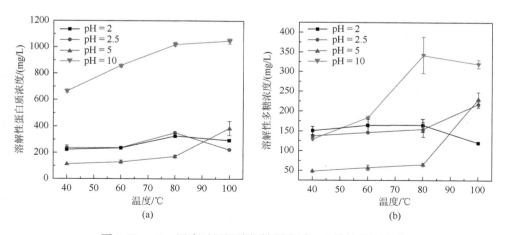

图 3-21　pH、温度对污泥溶解性蛋白质、多糖的释放影响

2）影响污泥脱水性能的关键有机物特征

依据溶解性有机物的分子量分布特征和三维荧光光谱特征明确影响污泥脱水性能的有机物特征。不同处理条件对释放的溶解性有机物分子量分布特征产生了影响。如图 3-22 所示，在碱性条件下，微波预处理后 UV_{254} 的吸收强度明显高于酸性条件下，并且随着处理温度的提升而升高，说明溶解性有机物浓度明显高于酸性条件下，这与上述溶解性蛋白质、多糖的变化趋势基本一致。据已有研究报道[54, 55]，不同分子量分布范围内的有机物对污泥脱水性能的影响不同。溶解性有机物大致分为三类：①大分子有机物（分子量＞4000），主要包含一些蛋白质、多糖；②中等分子量有机物（分子量为 1000～4000），主要包含腐殖酸类有机物；③小分子有机物（分子量＜1000），主要包含一些有机酸等。Lyko 等[55]观测了膜生物反应器（MBR）污水处理厂活性污泥上清液中有机物分子量分布特征与污泥脱水性能和过滤性能的关系，结果表明，溶解态大分子有机物与污泥脱水性能呈显著的相关性。Novak 等[54]针对来自不同污水处理厂的活性污泥和厌氧污泥，分析了污泥脱水性能及液相中的蛋白质、多糖含量，结果表明，不同来源的污泥的脱水性能与其液相中含有的蛋白质、多糖含量呈显著的相关性，特别是分子量大于 30000 的大分子有机物，对污泥脱水性能影响显著，而分子量小于 30000 的有机物对污泥脱水性能的影响并不显著。

通过不同处理条件下释放溶解性有机物分子量分布特征的分析，也得到了与上述研究所报道结果相一致的实验结果。如表 3-5 所示，在酸性条件下（pH = 2.5），基本没有分子量分布在 10^4～10^5 的有机物被检测到。相对于原污泥，更多分子量小于 10^4 的有机物溶解释放。而在碱性条件下，除了大量小分子量的有机物得

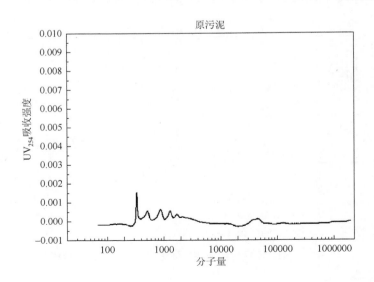

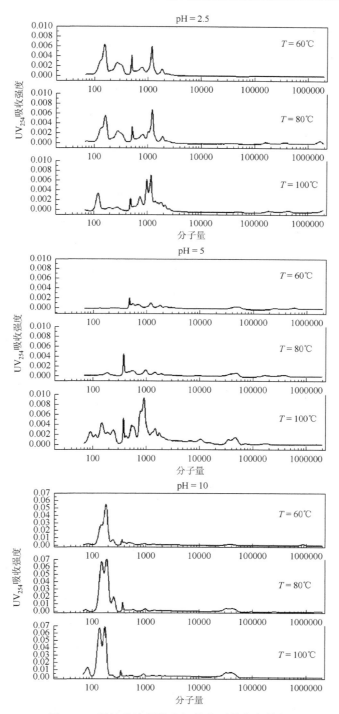

图 3-22　释放的溶解性有机物分子量分布特征

到释放外，大量分子量分布在 $10^4 \sim 10^5$ 的溶解性有机物存在于污泥中。通过相关性分析可知，在不同处理条件下，$10^4 \sim 10^5$ 有机物的 UV_{254} 吸收强度与污泥脱水性能（CST）呈现显著的相关性（表 3-6），Pearson 相关系数达到了 0.993。因此，可以推测 $10^4 \sim 10^5$ 有机物的含量是影响污泥脱水性能的关键因素之一。通过一定的手段，如该研究中的酸调节去除这部分有机物，可能会导致污泥脱水性能的显著改善。

表 3-5　不同分子量分布区间内 UV_{254} 吸收强度的面积积分

样品编号	处理条件	分子量			
		$<10^4$	$10^4 \sim 10^5$	$(1 \times 10^5) \sim (5 \times 10^5)$	$(5 \times 10^5) \sim (2 \times 10^6)$
1	pH = 2.5，T = 60℃	3.230	0.000	0.000	0.000
2	pH = 2.5，T = 80℃	3.653	0.000	40.090	214.635
3	pH = 2.5，T = 100℃	5.185	0.000	31.850	0.000
4	pH = 5，T = 60℃	1.938	10.050	63.016	17.927
5	pH = 5，T = 80℃	1.706	12.983	47.435	0.000
6	pH = 5，T = 100℃	14.656	29.571	15.145	0.000
7	pH = 10，T = 60℃	14.249	35.303	0.000	368.524
8	pH = 10，T = 80℃	23.153	127.851	0.000	0.000
9	pH = 10，T = 100℃	28.104	175.202	0.000	0.000
10	原污泥	2.058	5.909	8.399	126.813

表 3-6　污泥脱水性能与不同参数间的 Pearson 相关性

参数	Zeta 电位	$d_{0.5}$	结合水含量	蛋白质	多糖	有机物（$10^4<$ 分子量$<10^5$）	有机物（分子量$<10^4$）	黏度（在 179.9s^{-1}）
CST	−0.744**	−0.237	0.743*	0.861**	0.752**	0.993**	0.914**	0.280
Zeta 电位		0.582*	−0.809**	−0.754**	−0.438	−0.931**	−0.909**	−0.412
$d_{0.5}$			−0.447	−0.194	0.241	−0.205	−0.067	−0.694*
结合水含量				0.678*	0.403	0.779**	0.740*	0.565
蛋白质					0.795**	0.872**	0.935**	0.057
多糖						0.776**	0.889**	−0.320
有机物（$10^4<$分子量$<10^5$）							0.934**	0.305
有机物（分子量$<10^4$）								0.113

* $p<0.05$（双尾检验）；** $p<0.01$（双尾检验）。

通过三维荧光光谱分析，pH、温度对污泥溶解性有机物荧光特征的影响如

图 3-23 所示。三维荧光光谱可以分为 5 个区域，Ⅰ、Ⅱ区为蛋白质类有机物，Ⅲ区为富里酸类有机物，Ⅳ区为微生物代谢副产物，主要包含一些蛋白质类有机物，Ⅴ区为腐殖酸类有机物。污泥上清液中荧光性有机物主要为一些蛋白质类有机物，在较强的处理条件下会有腐殖酸类的有机物出现。

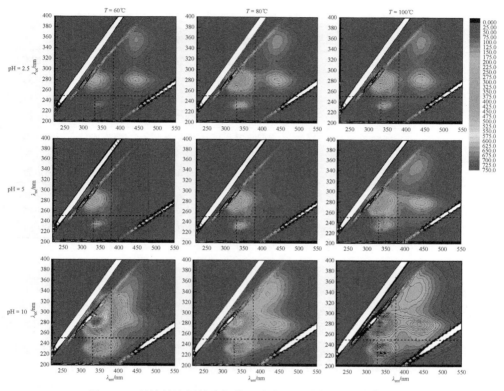

图 3-23　释放的溶解性有机物三维荧光光谱特征（后附彩图）

通过半定量地表征不同区域有机物荧光光谱峰强度与污泥脱水性能的关系，进而反映不同类型有机物浓度可能与污泥脱水性能存在的关系，通过初步的区域光谱强度加和的方法，计算 5 个区域的荧光光谱峰强度，结果见表 3-7。腐殖酸、富里酸类有机物在酸处理和碱处理的条件下更容易被溶解释放。例如，在 80℃加热温度下，腐殖酸的荧光光谱强度经过酸处理（pH = 2.5）是 pH 为 5 条件下处理后的 2.12 倍。因此酸处理后更多的腐殖酸类有机物的释放，并未导致污泥脱水性能的恶化。相反，蛋白质类有机物及微生物代谢副产物的荧光光谱强度，在污泥经酸处理后得到显著削弱。随着污泥调理过程中 pH 的升高，蛋白质类有机物的荧光光谱强度逐渐增强，这与污泥脱水性能的变化趋势一致。Zhang 等[39]研究 Fenton 氧化处理对污泥脱水性能的影响，同样发现，在 Fenton 氧化过程中，酸处理（pH = 2）会导致处理后污泥溶解性有机物的荧光光谱强度明显降低。在该研究中，发现蛋白质类有机物的荧光光谱强度与脱水性能的变化呈现明显的一致性，而腐殖酸、富里酸类有机物并未表现出与污泥脱水性能明显的一致性。因此，对于微波-酸/碱预处理对污泥脱水性能的影响，蛋白质类有机物是影响污泥脱水性能的关键因素之一。

表 3-7　pH、温度对三维荧光光谱不同区域强度积分的影响

pH	温度/℃	芳香蛋白Ⅰ	芳香蛋白Ⅱ	富里酸类	SMP	腐殖酸类
	60	2138.49	4242.72	3428.58	15874.81	50519.36
2.5	80	3965.07	7499.99	4434.08	26808.59	57027.67
	100	3527.47	6954.26	4852.45	22258.65	56811.64
	60	3197.55	6269.05	2941.22	18348.19	19891.16
5	80	3580.37	7531.91	3768.36	21941.77	26891.76
	100	5369.57	10745.74	6576.98	30500.79	62579.71
	60	8179.13	19556.49	10877.61	63538.64	82001.46
10	80	9051.47	16509.93	9783.43	47566.57	86820.85
	100	10313.83	18635.58	11787.99	49095.28	105096.1

注：SMP 指可溶性微生物代谢产物。

3）关键有机物影响污泥脱水性能作用机制——基于 DLVO 理论作用机制

DLVO 理论（胶体的稳定性理论）是描述和计算胶体颗粒之间因相互吸引产生的吸引势能和因双电层排斥产生的排斥势能的计算方法，可对憎水胶体颗粒的稳定性进行定量描述和处理。基于 DLVO 理论的胶体混凝机理包括压缩双电层作用、吸附电中和作用。压缩双电层作用主要描述高价态反离子的加入，导致胶体双电层厚度变小，从而降低了 Zeta 电位，当 Zeta 电位降为 0mV 时，达到等电状态，排斥势垒完全消失。吸附电中和作用主要是胶体颗粒表面吸附异号离子，中和胶体颗粒表面部分电荷，降低了胶体颗粒之间的静电排斥力，使胶体颗粒易于聚沉。由上述胶体混凝机理可知，无论是低价态还是高价态反离子的加入都将对胶体颗粒表面的电性产生影响，从而使胶体颗粒易于聚沉。

如图 3-24 所示，污泥中颗粒表面电性受到 pH 和温度的影响显著。pH 对污泥 Zeta 电位的影响起主要作用，而 60～100℃内的加热温度对 Zeta 电位的影响是比较小的。原污泥颗粒表面带负电性，Zeta 电位为 -14.47mV。在 pH = 5 时，60℃、80℃的加热处理没有对 Zeta 电位产生明显的影响，但是在 100℃下，Zeta 电位降低到 -18.13mV。Zeta 电位的降低可能是由于热处理导致污泥中蛋白质类有机物的释放。蛋白质为两性带电特性的大分子有机物，其含有羧基和氨基，在不同 pH 条件下表现出负电性、电中性和正电性。经过酸处理（pH = 2、2.5），在不同加热

温度下，Zeta 电位升高，负电性减弱，并随着加热温度的升高，Zeta 电位都趋近于 0mV。例如，在 pH = 2、加热温度为 100℃时，Zeta 电位达到了−0.63mV。相反，在碱性条件下，Zeta 电位明显降低，在 100℃、pH 为 10 条件下，Zeta 电位降低到−31.67mV。

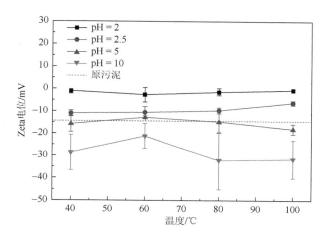

图 3-24　pH、温度对污泥颗粒表面电性的影响

　　活性污泥表面带负电性，主要原因为一些带电性的官能团如羧基、羟基、氨基的存在。这些官能团存在于蛋白质、多糖、腐殖酸等大分子有机物中。酸处理导致 Zeta 电位的升高，负电性的增强，主要是因为 H+的加入会使污泥中带负电的官能团质子化[39]。Liao 等[56]曾报道，pH 在 2.6~3.6 时，污泥 Zeta 电位趋近于 0mV，即达到污泥颗粒的等电点。

　　而基于胶体颗粒混凝机理，Zeta 电位趋近于 0mV，利于胶体颗粒的聚沉。如图 3-25 所示，经 MW-H 处理后，污泥颗粒粒径显著增大，分布更加集中，说明污泥中胶体颗粒发生了明显的聚集现象。粒径尺寸最大的实验组为微波加热温度 100℃，pH 为 2、2.5。pH 和微波加热温度都对污泥粒径分布产生了明显的影响。如图 3-25（a）和（b）所示，在相同的处理温度（60℃、100℃）下，随着 pH 的降低，粒径尺寸明显增大。例如，在 100℃温度下，$d_{0.5}$ 在 pH 为 10、5、2.5、2 条件下，分别为 79.07μm、92.76μm、133.93μm、117.13μm。同样，微波加热温度也对粒径尺寸影响明显。在 pH = 2.5 时，随着微波加热温度的升高（40℃、60℃、80℃、100℃），污泥 $d_{0.5}$ 分别为 84.52μm、79.99μm、87.74μm、133.93μm。但是，在碱性条件下（pH = 10），微波加热温度并未对污泥粒径尺寸产生明显的影响。

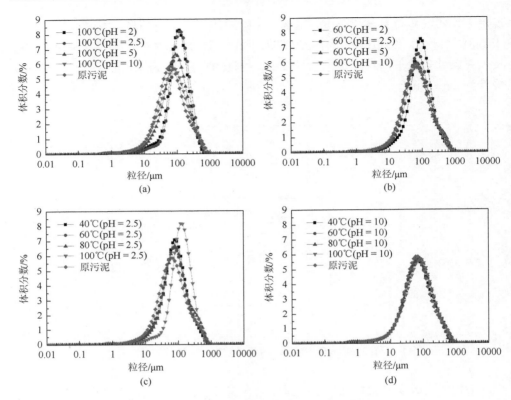

图 3-25　pH、温度对污泥颗粒粒径分布的影响

pH 的降低使污泥粒径增大，主要是因为污泥表面负电性的降低。而在酸性条件下，随着加热温度的升高，污泥颗粒粒径逐渐增大，这主要是由于大分子有机物的释放。Liu 等[57]报道，污泥中 EPS 具有一定的絮凝作用，类似于生物絮凝剂，对污泥团聚具有重要作用。Yu 等[58]指出，大量大分子有机物的存在会提高污泥中 EPS 的生物絮凝作用。因此，提高微波加热温度，会释放更多的大分子有机物，在酸性条件下，这部分有机物容易聚集，起到生物絮凝的作用。因此，微波加热温度和 pH 对污泥颗粒尺寸的影响存在协同作用。正是污泥中释放的大分子有机物的重新团聚絮凝，不仅提高了过滤性，同时结合水也得到了释放。

在不同酸、碱条件下，污泥颗粒表面电性受到明显不同的影响，进而影响了污泥脱水性能。一方面，由于污泥中蛋白质等有机物在不同 pH 下表面电性受到明显影响；另一方面，酸、碱也可能与有机物发生了不同的化学反应，生成了具有不同化学性质的化合物。例如，污泥中的油脂类有机物便可能会与碱发生皂化反应，从而生成醇、羧酸盐，其表现为表面活性剂的性质；又如，酸、碱虽都对蛋白质具有水解作用，但在酸的作用下，色氨酸更容易被破坏，而在碱的作用下，色氨酸稳定，并且水解后的氨基酸容易消旋。同时，碱性条件下蛋白质的水解程度要大于酸性条件，这也会导致蛋白质肽键更容易断裂，从而暴露更多的氨基、羧基官能团，增加了对水分子的束缚能力。

3.3　基于微波预处理的污泥减质技术

3.3.1　污泥减质概述

目前，剩余污泥的处理与处置已成为污水处理厂一个令人头痛的问题，其费用占到污水处理厂总运行费用的 25%～40%，部分甚至高达 60%[59]。微生物对有机碳的新陈代谢，一方面将其转化为 CO_2，另一方面将其转化为生物体。当生物体中的有机碳也可作为微生物新陈代谢的底物并重复上述新陈代谢时，那么污泥的产生量就会减少。因此，微生物基于自身细胞溶解产物的生长方式被称为隐性生长[60, 61]。隐性生长的污泥减量技术有两种不同的形式：生物体的生物降解和培养捕食细菌的生物体。

1. 生物体的生物降解

生物体的生物降解关键在于微生物细胞的溶解。目前有几种方法可促进微生物的细胞溶解：降低基质量（F）/微生物总量（M）比例（提高污泥浓度）、增加污泥龄、提高温度和采用臭氧[59, 62, 63]。这几种方法既可单独使用，又可综合使用。Rocher 等[60]研究和比较了热处理、酸和碱对活性污泥中细菌（*Alcaligenes eutrophus*）的细胞破裂的影响，结果表明，在 pH = 10 和 60℃下培育 20min，细胞溶解和生物降解最稳定，采用该方法的污泥产率是常规活性污泥（conventional activated sludge，CAS）法的 38%～43%。微生物优先满足它们维持能量的需求，然后是生产新的生物体。在底物限制的情况下，Low 等[64]进行的小试结果表明，污泥浓度的升高会导致污泥产量的减少。例如，污泥浓度从 3g/L 升高至 6g/L 时，污泥产量减少 12%；污泥浓度从 1.7g/L 升高至 10.3g/L 时，污泥产量减少 44%，但污泥浓度的升高还受其他因素的影响，如氧的传质速率和底物的溶解度。污泥负荷和溶解氧浓度也会影响剩余污泥的产量，小试结果表明，当污泥负荷为 1.7kg BOD_5/(kg MLSS·d)、溶解氧浓度从 2mg/L 增加到 6mg/L 时，剩余污泥产量减少了 25%；当溶解氧浓度为 2mg/L、污泥负荷从 1.7kg BOD_5/(kg MLSS·d)降低到 0.217kg BOD_5/(kg MLSS·d)时，剩余污泥产量减少了 26%[65]。1991 年，在 MBR 处理生活污水的小试中，Chaize 和 Huyard[66]首次研究了 MBR 对污泥产率的影响。在固体停留时间（SRT）为 50d 和 100d 时，污泥产量大大减少，他们认为这是由低 F/M 比值和较长污泥龄导致的。MBR 处理生活污水的中试研究表明，当 MLSS 高达

40～50g/L 和污泥完全截留（SRT 无限大）时，几乎不产生污泥。

　　由于细胞壁的生物降解是微生物隐性生长的速率控制步骤，故可采取不同的物理、化学方法促进细胞壁的生物降解。Canales 等[67]在 MBR 处理生活污水的小试研究中加入了一个热处理过程（图 3-26），研究表明：污泥活性和污泥产率随着污泥龄的增长而降低；当污泥经过热处理（90℃，停留时间 3h）后，几乎 100%的细胞被杀死并引发了细胞的部分溶解，促进了微生物的隐性生长，从而减少了 60%的污泥产量，污泥产率为 0.17kg MLSS/kg COD[63]。高温好氧消化（55～60℃）是近几年兴起的一种高浓度、高温废水处理技术，它的污泥产率为 0.05～0.13kg TSS/kg COD，然而其投资和运行费用高，细菌结团性差并产生大量的泡沫。1994 年，Yasui 等[68]开发了一种新型的污泥减量技术，在常规的活性污泥法中用臭氧处理部分回流污泥，促进细胞的溶解，从而使排放的污泥减少或者不排放（图 3-27）。采用该方法进行小试、中试和 10 个月的工业化规模（曝气池为 1900m³，有机负荷为 550kg BOD₅/d）的处理制药废水试验，基本上达到了零排放剩余污泥。为达到零排放剩余污泥，回流污泥量应是预计污泥弃置量的 3.3 倍，臭氧量为

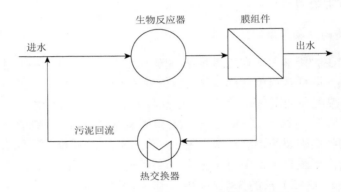

图 3-26　MBR 处理生活污水的工艺流程图

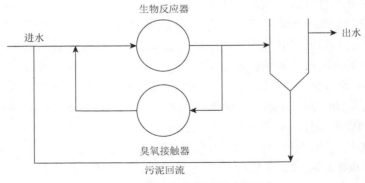

图 3-27　臭氧接触的污泥减量技术

0.015kg O_3/kg SS，臭氧接触器为连续逆流操作。费用分析表明，该方法的污泥处理费用是常规活性污泥法的 47%。但该方法需要进一步研究，如确定最小臭氧量、臭氧与污泥的接触时间、详细的费用分析和大规模的实际应用。虽然臭氧能减少剩余污泥的排放量，对硝化和反硝化没有抑制作用，但不能去除废水中的营养物（硝酸盐、磷酸盐）。

2. 生物捕食

由于低效的生物转换，能量在从低营养级（细菌）向高营养级（原生动物和后生动物）的传递过程中发生损失。因此，理想状况下应该是能量损失总量最大和生物产生量最小[69]，也就是说，食物链越长，能量损失越大，那么用来合成生物体的能量就越少。所以，减少生物量的另外一个方法是根据生态原理，在食物链中极大地促进捕食细菌的生物体生长。原生动物是活性污泥中最常见的细菌捕食者，可分为游离型、爬行型和附着型三种，约占生物体总量的 5%，其中 70%的原生动物是纤毛虫（ciliate）；后生动物通常为线虫和轮虫。有以下几个因素影响原生动物捕食细菌：纤毛虫大小、停留时间（考虑纤毛虫的最大生长速率）、细菌状况（密度、死活）和进水的 BOD。

在常规活性污泥法中，生物处理在一个曝气池中进行，由于微生物群的复杂性，原生动物和后生动物的存在抑制了分散细菌（dispersed bacteria）的生长，但有利于结团细菌或成膜细菌的生长（它们不易被捕食者捕食），这意味着在常规活性污泥法中产生的大部分细菌不能被捕食者消灭，从而导致污泥产率高。因此，为了克服常规活性污泥法微生物的选择压力，目前最常用的是两段法，第一阶段为分散细菌阶段，目的是促进分散细菌的生长。该阶段具有如下操作特点：曝气、完全混合、生物体不滞留和污泥龄很小，它的关键设计参数是水力停留时间（HRT）等于固体停留时间（SRT），水力停留时间必须足够长以避免冲走分散细菌，又必须足够短以防止细菌结团和捕食者的生长，该阶段的反应器为恒化器（chemostat）。第二阶段为捕食者阶段，目的是促进原生动物和后生动物的生长，其特点是污泥龄较长，该阶段的反应器可为活性污泥、生物膜或膜生物反应器等。

Ratsak 等[70]采用两段法进行了纤毛虫（*Tetrahymena Pyriformis*）捕食细菌（*Pseudomonas fluorescens*）的小试研究，发现其生物体产生量比没有纤毛虫捕食的减少了 12%～43%。Lee 和 Welander[71]进行了类似的研究，第二阶段设计为生物膜反应器，原生动物和后生动物可减少生物体产生量的 60%～80%。采用两段法处理 5 种不同制浆和造纸废水，第二阶段采用活性污泥和生物膜反应器（悬浮填料和固定填料），小试结果表明，常规活性污泥法的污泥产率为 0.2～0.4kg SS/kg COD，而两段法的污泥产率为 0.01～0.23kg SS/kg COD，其中固定填料的生物膜反应器污泥产率最低。Rensink 和 Rulkens[72]在一个装有填料的活性污泥中试系统中,接种后生动物蠕虫颤蚓(Tubificidae),污泥产率从不接种蠕虫的 0.4kg MLSS/kg COD 降低到接种蠕虫的 0.15kg MLSS/kg COD。王宝贞等[73]采用固体填料增加原生动物和后生动物在曝气池中的数量,小试结果表明浸没式生物膜的剩余污泥产量是常规活性污泥法的 1/10~1/5。Ghyoot 和 Verstraete[74]采用两段法处理人工配制废水,第二阶段分别采用浸没式膜生物反应器和活性污泥反应器,并对这两种工艺进行了比较,在相同的 SRT 和有机负荷下,两段 MBR 法的污泥产率比两段活性污泥法的低 20%~30%,但前者出水的溶解性氮、磷含量高于后者,并且两段 MBR 法的硝化能力有明显的降低。张绍园和闫百瑞[75]采用两段抽吸浸没式膜生物反应器处理生活污水,发现有蠕虫存在时,其污泥产率低于常规活性污泥法污水处理系统;当蠕虫浓度保持 100 个/mL 以上时,污泥产率为 0.1kg SS/kg COD,约为常规活性污泥法的 1/4;蠕虫对高污泥浓度的膜生物反应器的处理效果无太大影响,在蠕虫繁殖高峰,有一定的氮、磷释放。上述研究表明,两段法适于不同废水的处理,但存在两点不足:氧消耗量的增加导致曝气费用上升;营养物的释放影响出水水质。

3. 基于解偶联生长的污泥减量技术

三磷酸腺苷(ATP)的合成与分解是键能转移的主要途径,是能量转移反应的中心(图 3-28)。一般情况下,微生物的合成代谢通过呼吸(速率控制)与底物的分解代谢进行偶联,当呼吸控制不存在,生物合成速率成为速率控制因素时,解偶联新陈代谢就会发生,并且在微生物新陈代谢过程中产生的剩余能量没有被用于合成生物体,因此,这种现象称为解偶联生长(uncoupled growth)。Russel 和 Cook[76]对解偶联的定义是:化学渗透氧化磷酸化作用不能产生以 ATP 为形式的最大理论能量,即解偶联的氧化磷酸化作用。这表明 ATP 在分解代谢中的产生速率大于其在合成代谢中的消耗速率,这样便会减少生物体的产生量。

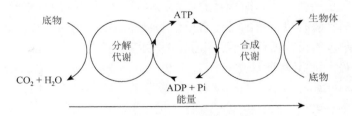

图 3-28　分解代谢和合成代谢的关系示意图

微生物从厌氧过程转移到好氧过程会发生解偶联新陈代谢,并且其产率系数会降低,据此,Chudoba 等[77]设计了一个好氧-沉淀-厌氧(oxic-settling-anaerobic,OSA)小试系统来处理人工配制废水(图 3-29),并将其与常规活性污泥法进行比较，前者和后者的污泥产率分别是 0.13～0.29kg SS/kg COD 和 0.28～0.47kg SS/kg COD[63]。解偶联剂能起到解偶联氧化磷酸化的作用，限制细胞捕获能量，从而抑制细胞的生长，故能减少污泥的产量。Strand 等[61]比较了 12 种解偶联剂，小试结果表明：三氯苯酚（TCP）最有效，在开始阶段投加 TCP 的污泥产率是不投加的50%；但 80d 后，微生物适应了 TCP。虽然解偶联剂能大大降低污泥产量，但长期运行产生的生物适应将给解偶联剂的使用带来负面影响。

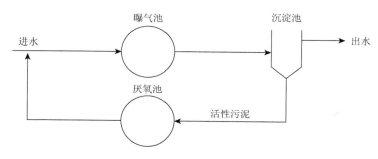

图 3-29　OSA 流程示意图

　　根据 S_0/X_0（初始底物浓度与初始微生物浓度之比），微生物间歇培养可分为底物限制和底物充裕。微生物因自身差异，其 S_0/X_0 介于 2～4，而底物过剩会引起合成代谢和分解代谢的解偶联，从而导致能量溢出（energy spilling）。根据上述解偶联现象，Liu 等建立了在微生物间歇培养和底物充裕条件下的能量解偶联系数模型和微生物观察增长系数模型，为活性污泥法采用解偶联方式减少污泥产量提供了理论依据[78, 79]，但有待实践的验证。

　　表 3-8 比较了不同方法的污泥减量情况。这些污泥减量技术的污泥产率均大大低于常规活性污泥法的污泥产率；从污泥减量比例来看，臭氧的效果最好。

表 3-8　不同污泥减量技术的污泥产率比较

方法	污泥产率/(kg SS/kg COD)	污泥减量比例/%
常规活性污泥	0.6～1.0*	
MBR	0.22～0.53*	
MBR	0.10	
MBR	0.17	60
MBR		20～30
高温好氧消化（60℃）	0.05～0.13	52
中温好氧消化（20℃）		50
臭氧		100
臭氧		40～60

续表

方法	污泥产率/(kg SS/kg COD)	污泥减量比例/%
原生动物		12～43
后生动物	0.15	
原生动物 + 后生动物		60～80
两段生物	0.01～0.23	44
OSA	0.13～0.29	
解偶联剂		50
解偶联氧化磷酸化作用		12
能量维持		12～44

*的数值单位是 kg MLSS/kg BOD$_5$。

　　影响污泥产生的因素有很多，如细胞溶解、隐性生长、生物捕食和解偶联等，根据这些影响因素进行适宜的工程设计可以极大地影响微生物的新陈代谢过程，从而降低剩余污泥的产量。污水好氧处理的污泥减量技术有两个不足：需氧量的增加引起曝气费用的上升；营养物的释放影响出水水质，加重了脱氮除磷的负担。长期运行产生的生物适应将会给解偶联剂的应用带来负面影响。这些研究说明了污泥减量的潜力很大，需要进一步深入研究和开发污泥减量技术。

3.3.2　基于微波预处理-溶胞-隐性生长的原位污泥减量

　　基于溶胞-隐性生长原理的污泥减量工艺目前得到了人们的广泛关注。在该工艺中，部分剩余污泥经预处理后回流至污水生物处理系统，污泥溶胞后的有机物再次被细菌代谢，从而在源头上降低了污泥产率，所以污泥预处理技术是实现污泥减量化、资源化和无害化的关键。污水生物处理系统可耦合多种污泥预处理单元，实现污泥减量。污泥预处理包括热处理、臭氧预处理、超声预处理[80]、机械预处理[3]等方式。

　　微波及其组合工艺作为污泥预处理的重要手段之一，近年来正逐步受到重视，出现了大量研究，例如，过氧化氢-微波协同灭菌机制[81]、污泥微波-过氧化氢溶胞技术[82, 83]、微波辅助高级氧化技术[84]等提高污泥溶胞效果的研究。作者课题组针对污泥中过氧化氢酶的特性，开发了微波-过氧化氢污泥预处理的过氧化氢投加策略，并提出了微波-过氧化氢污泥预处理技术的机理[85]，研究了微波及其组合工艺对污泥中碳、氮、磷的释放效果[86-88]。但目前微波预处理技术应用于污泥减量方面的研究较少，已有的污泥减量研究仅是基于实验室规模的研究。

　　在微波预处理源头污泥减量走向工程应用的过程中，仍存在多方面不确定因素，主要是该项技术的实际减量效果、稳定性、系统可靠性等方面的问题。这些问题难以通过小试研究来回答，因此，基于作者课题组已有的研究成果，针对应用最为广泛的活性污泥工艺，引入微波污泥预处理系统，开发基于微波预处理的源头污泥减量新工艺，并通过工程规模的试验研究，考察该工艺的污泥减量效果，为该工艺在污泥减量领域的推广应用提供支撑。

1. 工程试验系统

作者课题组的前期研究在天津市纪庄子污水处理厂进行，试验污泥来自该厂常规活性污泥（CAS）法试验系统（污水处理规模 300m³/d）。污泥减量系统由 CAS 系统和微波污泥预处理系统两部分组成，系统流程如图 3-30 所示。CAS 系统的曝气池容积为 146.7m³。

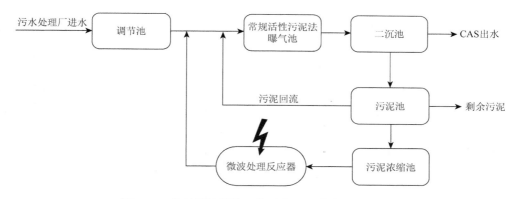

图 3-30　基于微波预处理的源头污泥减量工艺流程图

试验系统运行阶段Ⅰ、阶段Ⅱ作为对照阶段，未进行污泥微波预处理回流，阶段Ⅲ为试验阶段，引入了微波预处理单元。在阶段Ⅰ中，CAS 系统进水流量为 300m³/d，HRT = 11.74h，供气量为 220～260m³/h；在阶段 2 中，因设备故障更换了进水泵，CAS 系统进水流量为 200m³/d，HRT = 17.60h，供气量为 180～200m³/h；阶段 3 引入微波预处理系统，CAS 系统进水流量为 200m³/d，HRT = 17.60h，供气量为 180～200m³/h，微波污泥预处理规模为 500L/d，进泥浓度约为 20g/L（MLSS = 19.46～21.62g/L），采用微波-碱污泥预处理技术对污泥进行预处理。

2. 微波预处理单元

微波反应器（JWX-10-W，自主研发，由保定市巨龙微波能设备有限公司制造）：频率 2145GHz，磁控管输出功率 1kW×10 组，5 级调节，反应槽有效容积

50L；具有可升降搅拌装置、测温传感器、pH 传感器、液位传感器；可编程逻辑控制器（PLC）（欧姆龙 CP1H 40XA）通过监控预处理过程的温度、pH、液位，实现整个系统的自动运行。控制系统主要包括进泥泵、排泥泵的工作控制，计量泵加药（酸、碱、过氧化氢）控制，磁控管开启或关闭控制等功能。试验期间微波反应器每日处理 10 批次污泥。

3. 污泥减量效果计算

表观污泥产率系数（Y_H）为

$$Y_H = \frac{P_x}{Q_{COD}} \tag{3-1}$$

式中，Y_H 为表观污泥产率系数（kg TSS/kg COD$_{removed}$）；P_x 为每日产泥量（kg/d）；Q_{COD} 为每日降解有机物总量（kg COD/d）。

$$P_x = SS_{influent} - SS_{effluent} + SS_{discharged} + \Delta TSS + SS_{lysis} \tag{3-2}$$

式中，$SS_{influent}$ 为进入系统的悬浮物（kg/d）；$SS_{effluent}$ 为通过出水排出系统的污泥量（kg/d）；$SS_{discharged}$ 为通过排泥排出系统的污泥量（kg/d）；ΔTSS 为反应器内污泥总量的变化（kg/d）；SS_{lysis} 为污泥衰减量（kg/d），依据现场试验测定的污泥衰减比例（5.0%）以及活性污泥系统中污泥总量来计算。

$$Q_{COD} = (COD_{influent} - COD_{effluent}) \times Q \times 0.001 \tag{3-3}$$

式中，$COD_{influent}$ 为进水 COD 浓度（mg/L）；$COD_{effluent}$ 为出水 COD 浓度（mg/L）；Q 为每日进水量（m^3/d）。

污泥减量率 RSP（%）采用式（3-4）计算：

$$RSP = \left(1 - \frac{Y_H}{Y_{H,control}}\right) \times 100 \tag{3-4}$$

式中，Y_H、$Y_{H,control}$ 分别为试验阶段和对照阶段的表观污泥产率系数，单位为 kg TSS/kg COD$_{removed}$。

4. 微波预处理的污泥溶胞效果

作者课题组对该处理规模下不同工艺条件的处理效果的比较研究[89]显示，微波-过氧化氢工艺最有利于污泥中 COD、总氮和总磷的溶出，其溶出量比处理前分别增加了 30.52 倍、7.97 倍和 1.19 倍；微波-过氧化氢-碱工艺和微波工艺分别对正磷酸盐和氨氮的溶出效果最好，其溶出量比处理前分别增加了 5.44 倍、8.97

倍。考虑到减量系统运行的便捷与安全性，在回流减量环节使用微波-碱工艺进行污泥预处理。污泥在溶胞处理之后回流至 CAS 系统的曝气池首端，每天回流量为 0.5m³，折合为干污泥质量约为 8.60kg，占污泥日增量的 8.42%。通过对微波处理前后污泥 pH、CST、MLSS 和上清液 COD、TN、TP、NH_4^+-N、ortho-P 等指标进行分析，考察微波-碱工艺的污泥溶胞特性。处理前污泥的 pH 约为 6.7，经加碱调节 pH 到 10，经过微波处理后，其 pH 降为 7.2，由此可见，经过微波处理后，污泥的 pH 基本维持在中性（可能是由于溶胞过程中有机酸的释放），将其回流至曝气池几乎不影响曝气池污泥混合液的 pH。

浓缩污泥在预处理前的浓度为 19.46～21.62g/L，预处理后污泥浓度为 12.05～15.18g/L，溶胞减量率为 29.79%～38.08%。污泥预处理前后的上清液中 COD、总氮、氨氮变化分别如图 3-31（a）、（b）和（c）所示，污泥经微波-碱预处理溶胞后，细胞内的有机物和蛋白质等含氮物质被大量释放，导致上清液中 COD、总氮、氨氮含量显著增加。处理前上清液 COD 和总氮含量分别为 50～150mg/L、10～20mg/L，处理后上清液 COD、总氮含量分别为 2000～4500mg/L、90～200mg/L，溶胞效率（以 COD 计）为 22.46%±7.65%，溶胞效果明显。氨氮溶出规律与总氮溶出规律类似，占总氮含量的 60%～70%。如图 3-31（d）所示，处理前，虽然 CAS 系统中曝气池中的污泥在好氧条件下吸收磷，但污泥经浓缩后在厌氧条件下释放磷，污泥上清液中正磷酸盐含量较高（15～20mg/L）；污泥经微波预处理后，细胞内的含磷物质被释放，上清液中的正磷酸盐含量增加到 30～60mg/L，增加了 1～2 倍，溶胞效果明显。正磷酸盐占总磷含量的 40%～65%。总磷的释放规律与正磷酸盐溶出规律类似。

5. 工程试验系统的源头污泥减量效果

在工程试验系统运行期间，COD 去除量、截留的悬浮物（依据进、出水悬浮物浓度来计算）、排出的污泥量和内源呼吸污泥衰减量的变化情况见图 3-32。在图 3-32 中，各阶段表观污泥产率系数 Y_H 计算方法如式（3-1）所示。

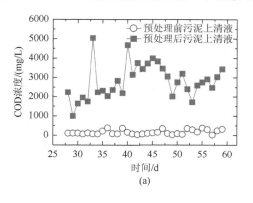

(a)

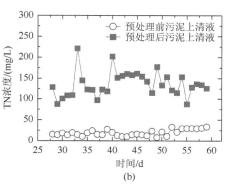

(b)

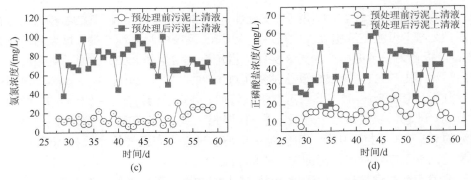

图 3-31　微波预处理前后污泥上清液的 C、N、P 变化情况

（a）COD；（b）TN；（c）氨氮；（d）正磷酸盐

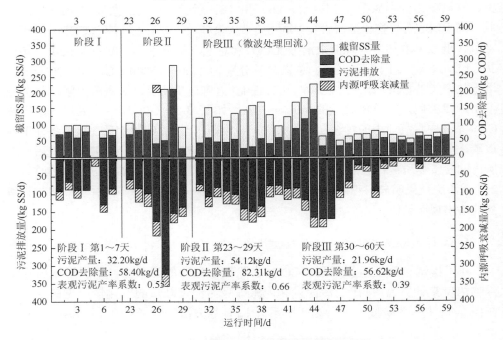

图 3-32　运行期间 CAS 系统的污泥质量变化

表观污泥产率系数的单位为 kg TSS/kg COD$_{removed}$

如图 3-32 所示，对照阶段Ⅰ、Ⅱ的表观污泥产率系数分别为 0.55kg TSS/kg COD$_{removed}$、0.66kg TSS/kg COD$_{removed}$，试验阶段Ⅲ的表观污泥产率系数（0.39kg TSS/kg COD$_{removed}$）显著低于对照阶段，根据式（3-4）计算，污泥减量率为 29.1%~40.9%。该研究首次在工程规模上表明，常规活性污泥法污水处理系统引入微波预处理单元，可达到明显的污泥减量效果。

作者前期的小试研究结果表明[16]，基于微波预处理的活性污泥法污水处理系统的表观污泥产率系数（0.05kg TSS/kg COD$_{removed}$）显著低于对照组表观污泥产率系数（0.12kg TSS/kg COD$_{removed}$），小试污泥减量率可达 58%。该研究中污泥减量率低于前期小试结果，主要是由于该研究的微波预处理污泥量较少，每日污泥预处理量占污泥日产生量的 15.13%，低于小试回流比例（100%回流）。这些结果表明，基于微波预处理的源头污泥减量在实际应用上具有较大的潜能，需要进一步深入研究。

6. 工程试验系统的污水处理效果

该研究考察了工程试验系统稳定运行期间的污水处理效果，如图 3-33 所示，同对照阶段Ⅰ、Ⅱ相比，试验阶段Ⅲ的污水处理效果稳定，这表明在污水生物处理系统引入微波预处理单元不但具有明显的污泥减量效果，而且污水处理效果不受影响。在运行期间，进、出水的 COD 稳定在 250～400mg/L 和 30～65mg/L，COD 去除率为 82%～95%。同对照阶段Ⅰ、Ⅱ相比，试验阶段Ⅲ的出水 COD 没有呈现升高的趋势，出水水质稳定。如图 3-33 所示，在工程试验的前 23 天（包括对照阶段Ⅰ和部分对照阶段Ⅱ），进水 SS 浓度为 72～182mg/L，之后纪庄子污水处理厂在进水口进行加泥除臭试验，导致第 24～44 天的进水 SS 浓度升高（196～839mg/L），但升高的进水 SS 并未给出水 SS 带来影响，整个运行期间出水 SS 稳定（<22mg/L）。不过，进水额外增加的 SS 导致每天的总污泥增量显著增加，相比于对照阶段Ⅰ，因进水加泥导致污泥日增量增加了约 45kg。

运行期间进、出水的氨氮、总氮变化情况见图 3-34，进水氨氮、总氮浓度分别为（35.29±12.82）mg/L、（49.27±8.99）mg/L；出水氨氮、总氮浓度分别为（3.12±4.64）mg/L、（22.48±8.17）mg/L，氨氮、总氮的平均去除率分别为 91.14%、54.37%。同对照阶段Ⅰ、Ⅱ相比，引入微波预处理回流污泥的试验阶段Ⅲ的出水氨氮、总氮浓度稳定，没有呈现升高的趋势。如图 3-34 所示，运行期间系统进水总磷浓度为（5.75±2.73）mg/L，虽然 CAS 系统不具有显著的除磷功能，但由于活性污泥的增殖而对磷有摄取作用，出水总磷浓度为（1.37±0.95）mg/L，总磷去除率为 76.13%。

基于溶胞-隐性生长原理的污泥减量技术存在如下问题[90]：①出水 SS、氮、磷有不同程度的升高；②由于回流导致的处理负荷提升，一些条件下需要提升曝气量以保证曝气池中活性污泥对二次基质的利用。引入微波预处理对活性污泥系统的出水没有影响，这可能是污泥预处理比例较低（15%）所致。

Strunkmann 等[3]考察了机械破碎处理活性污泥对污泥减量效果的影响，采用了三种不同的污泥破碎设备和不同的操作条件，在合适的操作条件下能达到 70%

的污泥减量率。但他们发现,依据操作条件的不同,污泥破碎过程可能会对污水生物处理系统产生不利的影响,如硝化过程受到影响。而在该研究中,污泥微波预处理没有影响整个污水生物处理系统的硝化效果。

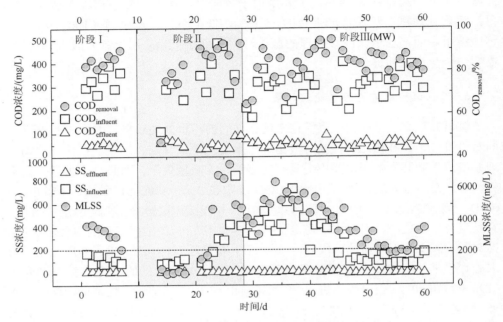

图 3-33　CAS 系统中 COD、SS 和污泥浓度的变化

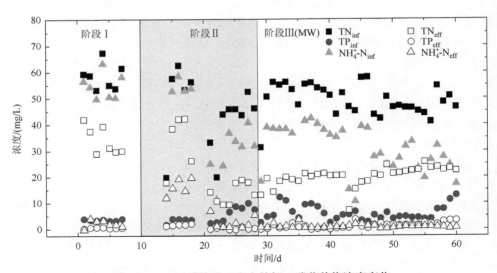

图 3-34　CAS 系统进、出水的氮、磷营养物浓度变化

7. 技术经济评估

在工程实践中，引入微波预处理单元的费用与收益是影响技术发展的关键因素，虽然引入微波预处理单元会增加一定的投资费用，但良好的污泥减量效果有助于从整体上降低污水处理费用。

以天津纪庄子污水处理厂剩余污泥处理处置方式（脱水—外运—填埋）为例，结合现场试验的能耗和物耗结果，在污泥减量工程试验的污水设计处理规模下（300m³/d），通过分析引入微波预处理单元对污水处理系统运行费用的影响，发现污泥减量可减少 34.4% 的污泥处理处置费用，从而导致该系统的运行费用（含污泥处理处置费用）从 1.48 元/m³ 污水降至 1.26 元/m³ 污水。工程试验结果表明，基于微波预处理的源头污泥减量效果显著，污泥减量率为 29.1%～40.9%。微波污泥预处理不仅对出水水质没有影响，而且能从整体上降低污水处理费用。

参 考 文 献

[1] Camacho P，Ginestet P，Audic J M. Understanding the mechanisms of thermal disintegrating treatment in the reduction of sludge production. Water Science and Technology，2005，52（10-11）：235-245.

[2] Yasui H，Shibata M. An innovative approach to reduce excess sludge production in the activated-sludge process. Water Science and Technology，1994，30（9）：11-20.

[3] Strünkmann G W，Muller J A，Albert F，et al. Reduction of excess sludge production using mechanical disintegration devices. Water Science and Technology，2006，54（5）：69-76.

[4] 康绍福，刘德惠. 污水处理厂污泥脱水设备选型浅析. 绿色科技，2010，（12）：173-175.

[5] 魏忠庆. 基于厢式隔膜压滤机的污泥深度脱水工艺. 中国市政工程，2012，（3）：40-41.

[6] Mahmoud A，Olivier J，Vaxelaire J，et al. Electrical field：a historical review of its application and contributions in wastewater sludge dewatering. Water Research，2010，44（8）：2381-2407.

[7] 孙喜鹏，江奇志，李强. 叠螺脱水机与离心脱水机在污泥处理中的应用比较. 工业用水与废水，2012，（6）：73-76.

[8] Qi Y，Thapa K B，Hoadley A F A. Application of filtration aids for improving sludge dewatering properties：a review. Chemical Engineering Journal，2011，171（2）：373-384.

[9] Jing S R，Lin Y F，Lin Y M，et al. Evaluation of effective conditioners for enhancing sludge dewatering and subsequent detachment from filter cloth. Journal of Environmental Science and Health. Part A：Toxic/Hazardous Substances and Environmental Engineering，1999，34（7）：1517-1531.

[10] 孙承智，叶舒帆，胡筱敏. 煤助滤强化城市污泥脱水后的热值资源化利用. 环境工程，2011，29（2）：107-111.

[11] Muller J A. Prospects and porblems of sludge pre-treatment processes. Water Science and Technology，2001，44（10）：121-128.

[12] Feng X，Deng J，Lei H，et al. Dewaterability of waste activated sludge with ultrasound conditioning. Bioresource Technology，2009，100（3）：1074-1081.

[13] Wang F，Ji M，Lu S. Influence of ultrasonic disintegration on the dewaterability of waste activated sludge. Environmental Progress，2006，25（3）：257-260.

[14] Shao L，Wang G，Xu H，et al. Effects of ultrasonic pretreatment on sludge dewaterability and extracellular polymeric substances distribution in mesophilic anaerobic digestion. Journal of Environmental Sciences，2010，22（3）：474-480.

[15] Neyens E，Baeyens J，Weemaes M，et al. Hot acid hydrolysis as a potential treatment of thickened sewage sludge. Journal of Hazardous Materials，2003，98（1-3）：275-293.

[16] Liu X，Wang W，Gao X，et al. Effect of thermal pretreatment on the physical and chemical properties of municipal biomass waste. Waste Management，2012，32（2）：249-255.

[17] 李豪，车振明. 微波诱变微生物育种的研究. 山西食品工业，2005，（2）：5-6.

[18] Eskicioglu C，Kennedy K J，Droste R L. Characterization of soluble organic matter of waste activated sludge before and after thermal pretreatment. Water Research，2006，40（20）：3725-3736.

[19] ZIelinski M，Ciesielski S，Cydzik-Kwiatkowska A，et al. Influence of microwave radiation on bacterial community structure in biofilm. Process Biochemistry，2007，42（8）：1250-1253.

[20] 田禹，方琳，黄君礼. 微波辐射预处理对污泥结构及脱水性能的影响. 中国环境科学，2006，（4）：459-463.

[21] Chen Y，Yang H，Gu G. Effect of acid and surfactant treatment on activated sludge dewatering and settling. Water Research，2001，35（11）：2615-2620.

[22] 何文远，杨海真，顾国维. 酸处理对活性污泥脱水性能的影响及其作用机理. 环境污染与防治，2006，28（9）：680-682.

[23] 葛剑，葛仕福，赵培涛. 脱水污泥热调质的特性. 环境工程学报，2012，（4）：1363-1368.

[24] 方琳. 微波能作用下污泥脱水和高温热解的效能与机制. 哈尔滨：哈尔滨工业大学，2007.

[25] 乔玮，王伟，黎攀，等. 城市污水污泥微波热水解特性研究. 环境科学，2008，29（1）：152-157.

[26] Momani F A，Schaefer S，Sievers M. Improved sludge dewaterability for sequential ozonation-aerobic treatment. Ozone：Science Engineering，2010，32（4）：252-258.

[27] Aurell E，Baviera R，Hammarlid O，et al. Use of acid preconditioning for enhanced dewatering of wastewater treatment sludges from the pulp and paper industry. Water Environment Research：A Research Publication of the Water Environment Federation，2007，79（2）：168-176.

[28] 潘胜. Fenton 氧化及厌氧消化对城市污泥脱水性能的影响研究. 上海：华东理工大学，2012.

[29] Thapa K B，Qi Y，Clayton S A，et al. Lignite aided dewatering of digested sewage sludge. Water Research，2009，43（3）：623-634.

[30] Ruiz-Hernando M，Labanda J，Llorens J. Effect of ultrasonic waves on the rheological features of secondary sludge. Biochemical Engineering Journal，2010，52（2-3）：131-136.

[31] 李洋洋，欢李，金宜英，等. 碱热联合处理用于污泥强化脱水. 高校化学工程学报，2010，24（4）：714-718.

[32] Neyens E，Baeyens J，Creemers C. Alkaline thermal sludge hydrolysis. Journal of Hazardous Materials，2003，97（1-3）：295-314.

[33] 韩洪军，牟晋铭. 微波联合 PAM 对污泥脱水性能的影响. 哈尔滨工业大学学报，2012，44（10）：28-32.

[34] 李定龙，张志祥，申晶晶，等. 超声波联合无机混凝剂对污泥脱水性能的影响. 环境科学与技术，2011，34（7）：20-22.

[35] 肖庆聪. 微波及其组合工艺在污泥磷回收及减量化中的应用研究. 北京：中国人民大学，2012.

[36] Jin B，Wilén B M，Lant P. A comprehensive insight into floc characteristics and their impact on compressibility and settleability of activated sludge. Chemical Engineering Journal，2003，95（1）：221-234.

[37] 梁仁礼，雷恒毅，俞强，等. 微波辐射对污泥性质及脱水性能的影响. 环境工程学报，2012，（6）：2087-2092.

[38] Chen W，Westerhoff P，Leenheer J A，et al. Fluorescence excitation-emission matrix regional integration to

quantify spectra for dissolved organic matter. Environmental Science and Technology，2003，37（24）：5701-5710.

[39] Zhang W，Yang P，Yang X，et al. Insights into the respective role of acidification and oxidation for enhancing anaerobic digested sludge dewatering performance with Fenton process. Bioresource Technology，2015，181（2）：47-53.

[40] 张水英，张辉，甘一萍，等. 城市污水处理厂污泥石灰稳定干化工艺应用研究. 净水技术，2009，28（1）：75-77.

[41] 王振江，黎青松，郭会超，等. 污泥石灰干化处理技术的关键影响因素研究. 中国给水排水，2014，（5）：85-87.

[42] 应梅娟，赵振凤，崔希龙，等. 污泥石灰干化工艺在北京小红门污水厂的应用. 中国给水排水，2011，27（6）：75-78.

[43] 黄浩华. 碱法稳定法在污泥稳定化中的应用. 给水排水，2012，（S2）：51-52.

[44] 冯凯，黄鸥. 石灰调质与石灰干化工艺在污泥脱水中的应用. 给水排水，2011，37（5）：7-10.

[45] 杨国友，石林，柴妮. 生石灰与微波协同作用对污泥脱水的影响. 环境化学，2011，30（3）：698-702.

[46] 张昊，杨家宽，虞文波，等. Fenton 试剂与骨架构建体复合调理剂对污泥脱水性能的影响. 环境科学学报，2013，33（10）：2742-2749.

[47] 何丽莉. 煤矸石制备复合絮凝剂聚合氯化铝铁钙（PAFCC）的研究. 沈阳：东北大学，2014.

[48] 吴杰. 以膨润土和赤泥为原料制备复合絮凝剂及其应用研究. 郑州：河南大学，2009.

[49] Yu J，Guo M，Xu X，et al. The role of temperature and $CaCl_2$ in activated sludge dewatering under hydrothermal treatment. Water Research，2014，50（1）：10-17.

[50] Vaxelaire J，Cezac P. Moisture distribution in activated sludges：a review. Water Research，2004，38（9）：2215-2230.

[51] Jin B，Wilén B-M，Lant P. Impacts of morphological，physical and chemical properties of sludge flocs on dewaterability of activated sludge. Chemical Engineering Journal，2004，98（1）：115-126.

[52] Zhou X，Jiang G，Wang Q，et al. A review on sludge conditioning by sludge pre-treatment with a focus on advanced oxidation. RSC Advances，2014，4（92）：50644-50652.

[53] Ma Y J，Xia C W，Yang H Y，et al. A rheological approach to analyze aerobic granular sludge. Water Research，2014，50（1）：171-178.

[54] Novak J T. The role of organic colloids in dewatering. Drying Technology，2010，28（7）：871-876.

[55] Lyko S，Wintgens T，Al-Halbouni D，et al. Long-term monitoring of a full-scale municipal membrane bioreactor—characterisation of foulants and operational performance. Journal of Membrane Science，2008，317（1）：78-87.

[56] Liao B，Allen D，Leppard G，et al. Interparticle interactions affecting the stability of sludge flocs. Journal of Colloid and Interface Science，2002，249（2）：372-380.

[57] Liu X M，Sheng G P，Luo H W，et al. Contribution of extracellular polymeric substances（EPS）to the sludge aggregation. Environmental Science and Technology，2010，44（11）：4355-4360.

[58] Yu G H，He P J，Shao L M. Characteristics of extracellular polymeric substances（EPS）fractions from excess sludges and their effects on bioflocculability. Bioresource Technology，2009，100（13）：3193-3198.

[59] Low E W，Chase H A. Reducing production of excess biomass during wastewater treatment. Water Research，1999，33（5）：1119-1132.

[60] Rocher M，Goma G，Begue A P，et al. Towards a reduction in excess sludge production in activated sludge processes：biomass physicochemical treatment and biodegradation. Applied Microbiology and Biotechnology，

1999, 51 (6): 883-890.

[61] Strand S E, Harem G N, Stensel H D. Activated-sludge yield reduction using chemical uncouplers. Water Environment Research, 1999, 71 (4): 454-458.

[62] Egemen E, Corpening J, Padilla J, et al. Evaluation of ozonation and cryptic growth for biosolids management in wastewater treatment. Water Science and Technology, 1999, 39 (10-11): 155-158.

[63] Lapara T M, Alleman J E. Thermophilic aerobic biological wastewater treatment. Water Research, 1999, 33 (4): 895-908.

[64] Low E W, Chase H A. The effect of maintenance energy requirements on biomass production during wastewater treatment. Water Research, 1999, 33 (3): 847-853.

[65] Abbassi B, Dullstein S, Rabiger N. Minimization of excess sludge production by increase of oxygen concentration in activated sludge flocs: Experimental and theoretical approach. Water Research, 2000, 34 (1): 139-146.

[66] Chaize S, Huyard A. Membrane bioreactor on domestic wastewater treatment sludge production and modeling approach. Water Science and Technology, 1991, 23 (7-9): 1591-1600.

[67] Canales A, Pareilleux R J L, Goma G, et al. Decreased sludge production strategy for domestic waste-water treatment. Water Science and Technology, 1994, 30 (8): 97-106.

[68] Yasui H, Shibata M. An innovative approach to reduce excess sludge production in the activated-sludge process. Water Science and Technology, 1994, 30 (9): 11-20.

[69] Ghyoot W, Verstraete W. Reduced sludge production in a two-stage membrane-assisted bioreactor. Water Research, 2000, 34 (1): 205-215.

[70] Ratsak C H, Kooi B W, van Verseveld H W. Biomass reduction and mineralization increase due to the ciliate Tetrahymena pyriformis grazing on the bacterium pseudomonas-fluorescens. Water Science and Technology, 1994, 29 (7): 119-128.

[71] Lee N M, Welander T. Use of protozoa and metazoa for decreasing sludge production in aerobic wastewater treatment. Biotechnology Letters, 1996, 18 (4): 429-434.

[72] Rensink J H, Rulkens W H. Using metazoa to reduce sludge production. Water Science and Technology, 1997, 36 (11): 171-179.

[73] Wang B Z, Yang Q D, Liu R F, et al. A study of simultaneous organics and nitrogen removal by extended aeration submerged biofilm process. Water Science and Technology, 1991, 24 (5): 197-213.

[74] Ghyoot W, Verstraete W. Reduced sludge production in a two-stage membrane-assisted bioreactor. Water Research, 2000, 34 (1): 205-215.

[75] 张绍园, 闫百瑞. 二段淹没式膜生物反应器处理城市污水的研究. 工业用水与废水, 2003, (6): 40-42.

[76] Russell J B, Cook G M. Energetics of bacterial growth: balance of anabolic and catabolic reactions. Microbiological Reviews, 1995, 59 (1): 48-62.

[77] Chudoba P, Morel A, Capdeville B. The case of both energetic uncoupling and metabolic selection of microorganisms in the OSA activated-sludge system. Environmental Technology, 1992, 13 (8): 761-770.

[78] Liu Y. Bioenergetic interpretation on the S_0/X_0 ratio in substrate-sufficient batch culture. Water Research, 1996, 30 (11): 2766-2770.

[79] Liu Y, Chen G H, Paul E. Effect of the S_0/X_0 ratio on energy uncoupling in substrate-sufficient batch culture of activated sludge. Water Research, 1998, 32 (10): 2883-2888.

[80] Ma H J, Zhang S T, Lu X B, et al. Excess sludge reduction using pilot-scale lysis-cryptic growth system integrated ultrasonic/alkaline disintegration and hydrolysis/acidogenesis pretreatment. Bioresource Technology, 2012,

116（4）：441-447.

[81]　Koutchma T，Ramaswamy H S. Combined effects of microwave heating and hydrogen peroxide on the destruction of *Escherichia coli*. Lebensmittel-Wissenschaft Und-Technologie-Food Science and Technology，2000，33（1）：30-36.

[82]　Liao P H，Wong W T，Lo K V. Advanced oxidation process using hydrogen peroxide/microwave system for solubilization of phosphate. Journal of Environmental Science and Health. Part A：Toxic/Hazardous Substances and Environmental Engineering，2005，40（9）：1753-1761.

[83]　Liao P H，Wong W T，Lo K V. Release of phosphorus from sewage sludge using microwave technology. Journal of Environmental Engineering and Science，2005，4（1）：77-81.

[84]　Lo K V，Liao P H，Yin G Q. Sewage sludge treatment using microwave-enhanced advanced oxidation processes with and without ferrous sulfate addition. Journal of Chemical Technology and Biotechnology，2008，83（10）：1370-1374.

[85]　Wang Y W，Wei Y S，Liu J X. Effect of H_2O_2 dosing strategy on sludge pretreatment by microwave-H_2O_2 advanced oxidation process. Journal Hazardous Materials，2009，169（1-3）：680-684.

[86]　程振敏，魏源送，刘俊新. 微波辐射作用下城市污水处理厂污泥的氮磷释放特性. 过程工程学报，2010，10（1）：86-89.

[87]　阎鸿，程振敏，王亚炜，等. 不同微波能量输入条件下城市污水处理厂污泥氮磷释放特性. 环境科学，2009，30（12）：3639-3644.

[88]　王亚炜，魏源送，刘俊新. 微波加过氧化氢处理活性污泥影响因素. 环境科学学报，2009，29（4）：697-702.

[89]　肖庆聪，魏源送，王亚炜，等. 微波及其组合工艺的污泥溶胞效果比较研究. 中国给水排水，2012，28（11）：61-64.

[90]　Saktaywin W，Tsuno H，Nagare H，et al. Advanced sewage treatment process with excess sludge reduction and phosphorus recovery. Water Research，2005，39（5）：902-910.

第4章　基于微波预处理的污泥资源化

4.1　污泥资源化的概念与类别

污水处理厂产生的剩余污泥含有大量的有机物及氮、磷营养元素，因此，这些物质的回收利用被认为是污泥的资源化过程。对于污水处理厂而言，污水中有40%～50%的有机物及大部分的氮、磷被转移到污泥中。一方面，污泥属于固体废弃物，需要无害化治理，避免对环境造成污染；另一方面，富集的有机物、氮、磷的回收利用对于降低污水处理厂的能源消耗，解决磷资源危机等具有重要意义。

污泥资源化的定义是：根据不同情况，通过物理、化学和生物处理，将污泥中的有用组分转化为能量，或提取有价组分，获得再利用价值，并消除二次污染。污泥的资源化按照回收方式大致可分为能源化利用和有价组分回收利用。

1）污泥能源化利用

污泥由于含有大量的有机物，其经过干化后，具有一定的热值，因此，污泥焚烧、裂解制油、气化等技术是实现污泥能源化的主要手段，此外，污泥中的有机物经厌氧消化产甲烷，通过甲烷热电联产可以实现污泥的能源化。

2）污泥有价组分回收利用

污泥中的有机物、氮、磷作为有价组分，具有回收利用的价值。有机物通过物化处理或生物处理分解产生小分子有机物，如挥发性脂肪酸（VFA），可以作为内碳源回收用于强化污水的生物脱氮。而污泥中大量的磷（0.5%～0.7% TS）、氮（2.4%～5.0% TS）主要存在于蛋白质、微生物细胞等生物质中，经过物化方式使污泥生物质、有机物分解后释放大量的氨氮和磷，并经过磷酸铵镁（鸟粪石）沉淀结晶生产氮、磷肥料。

4.1.1　污泥中有机物的资源化

本书主要介绍基于生物法的污泥中有机物资源化技术，即污泥厌氧消化和内碳源利用。基于生物法的污泥中有机物的资源化的限制因素主要为有机物的溶解释放。由于污水经过活性污泥法处理后，易降解有机物基本被微生物代谢消耗殆尽，产生的剩余活性污泥中的有机物大部分为微生物细胞及其分泌的胞外聚合物，难以被后续厌氧消化微生物分解利用，也难以直接作为内碳源利用。因此，污泥直接厌氧消化往往存在消化时间长、有机物分解效率低、运行不稳定等问题，对污泥进行预处理后释放溶解性有机物，成为强化污泥厌氧消化的关键技术手段。例如，以高温热水解技术强化污泥厌氧消化已经得到一定规模的工程应用，并且，除了对厌氧消化的强化作用外，污泥的脱水性能得到了增强，污泥中的致病微生物得到有效杀灭，厌氧消化后的污泥具有很高的品质，适于后续进行土地利用。

污水生物脱氮除磷过程伴随着碳源消耗，理论上将 1mg 硝态氮还原为氮气需要碳源有机物（以 BOD_5 表示）2.86mg；每去除 1mg 磷酸盐，需要 20mg 的 COD。因此，污水处理厂在如 A^2/O 工艺中往往需要外加碳源，以满足生物脱氮除磷的需要。而外加甲醇、乙醇、乙酸等碳源则提高了污水处理的成本。污泥中的有机物经过预处理释放溶解后，作为内碳源投加来满足生物脱氮除磷过程对碳源的需求，一方面，减少了外碳源的投加；另一方面，污泥中的有机物被脱氮除磷过程中微生物代谢消耗，起到了污泥减量的作用。

4.1.2　污泥中氮、磷的资源化

污泥中含有大量的氮、磷元素，经过预处理及厌氧消化后，会释放到上清液中，以化学沉淀的方式生成沉淀结晶，从而实现氮、磷的富集和分离。在城市污水处理系统中，污泥中磷的含量一般高于污水中磷的含量。因此，目前较为成熟的污水磷回收工艺侧重于将污水中的磷进行富集后再以适当的方式回收；而经预处理的污泥，其溶出液已是富磷液。但是，由于污泥溶出液中的其他杂质对磷回收有重要影响，因此污泥溶出液中磷的回收侧重于磷的分离。在磷的富集、分离上，膜分离技术因在城市污水营养物去除方面具有独到之处而有较大的研究前景[1, 2]。例如，Srinivasa 等[3]对 UCT（University of Capetown）污水处理系统结合膜强化生物处理工艺的磷回收（membrane enhanced biological phosphorus removal，MEBPR）效果进行了初步评估，以侧流鸟粪石结晶工艺回收磷，富磷溶液来自 MEBPR 工艺厌氧池上清液，研究结果表明，当 MEBPR 工艺 HRT = 10h，SRT = 20d 时，在侧流厌氧池中可以得到较好的磷释放效果；Niewersch 等[4]采用纳滤（nanofiltration，NF）膜技术对污泥焚烧灰洗液进行磷回收，并对工艺进行了经济评估，结果表明，纳滤陶瓷膜对磷酸盐具有较高的选择性，可将溶解性的高价阳离子滞留在本体溶液中，但 Al^{3+} 等高价离子对磷酸盐的选择性存在一定影响。纳滤陶瓷膜在磷酸中表面带正电荷，因此，可以滤去阳离子杂质。吴飞等[5]用混凝-活性炭-膜工艺对黄磷化工渗滤液进行处理，研究表明，超滤对分子量大于 2000 的有机物有较好的去除率，纳滤对分子量为 200～2000 的有机物和二价或多价离子有较好的截留率。作者课题组前期研究表明[6]，微波-过氧化氢预处理污泥后，污泥溶出液中主要有机物为蛋白质，并且分子量集中在 1000～5000。因此，采用超滤截留污泥溶出液中的大分子有机物等杂质在技术上是可行的。

已有研究表明，以鸟粪石法回收磷时，废水中磷的初始浓度会影响鸟粪石结晶反应达到平衡的时间和磷的回收率：当磷的初始浓度小于 50mg/L，氨氮投加量较小时，磷回收率只有 60%左右，氨氮投加量较大时，磷回收率可达到 80%以上；当磷的初始浓度大于 100mg/L 时，即使氨氮投加量较小，磷的回收率也可达到 90%以上，回收效果令人满意；并且磷的初始浓度对鸟粪石沉淀反应后废水中磷的剩余浓度影响不大[7]。袁建磊[8]的研究也表明，当磷浓度小于 35mg/L 时，鸟粪石法回收磷的效果不好，不建议采用。而在微波及其组合污泥预处理工艺的溶出液中，正磷酸盐含量一般在 15～70mg/L（以 MLSS = 10g/L 污泥计）[9]，因此，选择适当的微波工艺，可以获得较高浓度的富磷液，实现鸟粪石磷回收。

4.1.3　磷回收技术研究进展

目前磷回收途径主要是磷酸铵镁结晶和磷酸钙沉淀，此外还有磷酸铝、磷酸铁等，但磷酸钙、磷酸铁溶解度低，磷酸铝因存在潜在的安全风险，其农用价值不高。磷酸铵镁（$MgNH_4PO_4 \cdot 6H_2O$，MAP）俗称鸟粪石。纯净的鸟粪石为白色晶体，属斜方晶系，常温下难溶于水，溶度积为 2.5×10^{-13}，鸟粪石作为一种优质的农用缓释复合肥，能产生良好的环保效益和经济效益，故而成为近年来研究的热点[10]。鸟粪石的形成反应式如下：

$$Mg^{2+} + NH_4^+ + PO_4^{3-} + 6H_2O \longrightarrow MgNH_4PO_4 \cdot 6H_2O \tag{4-1}$$

鸟粪石的形成包括晶核形成和晶体生长两个阶段，该过程较为复杂，且同时受到多种物理-化学因素的影响，现有研究集中于以下几个方面：①最佳 pH 的确定，综合鸟粪石溶度积、磷酸根平衡、氨氮挥发等方面因素，已有研究结果[11, 12]表明，形成鸟粪石的最适宜 pH 约为 9.5；②pH 调控措施，主要有投加强碱如氢氧化钠、氢氧化镁和曝气等，投加氢氧化钠调节溶液 pH 是较常用的方式[11]；③各反应物 NH_4^+、PO_4^{3-}、Mg^{2+} 及干扰离子（如 Ca^{2+}）对鸟粪石回收比例及纯度的影响[13]；④晶体的生长及其强化措施；⑤鸟粪石沉淀反应器的构建。

表 4-1 总结了污水/污泥处理厂采用鸟粪石法回收磷的情况。目前关于鸟粪石和工业化规模应用的报道多以养猪废水[14, 15]、污泥消化上清液[16]等富磷废水为原料，而当前从富磷污泥中通过快速污泥预处理进行回收的研究较少。

表 4-1　鸟粪石磷回收应用实例

污泥处理厂	MAP 反应器原水来源	磷回收率/%	参考文献
Treviso 污水处理厂，意大利	污泥脱水上清液	55～64	[17, 18]
Shimane 污水处理厂，日本	污泥消化液	90	[19]

续表

污泥处理厂	MAP 反应器原水来源	磷回收率/%	参考文献
Hiagari 污水处理厂，日本	污泥脱水上清液	70	[20]
Osaka-Minami ACE 污泥处理厂，日本	污泥浓缩上清液、废气处理塔清洗液	62	[21]

1. 鸟粪石法磷回收的影响因素

目前缺乏污泥预处理液或者消化液的水质特点对鸟粪石结晶影响的研究。一些学者[22, 23]建立或应用已有的基于化学平衡的水质模型对鸟粪石沉淀反应进行了研究，如王建森等[24]利用地球化学水质模型程序 PHREEQC 2.11 计算了涵盖实际工况条件下可能存在的溶液体系的鸟粪石饱和度指数，对溶液组分的浓度效应进行了模型化热力学评估，计算结果表明：鸟粪石的饱和度指数与铵根离子、磷酸根离子、镁离子的质量浓度分别呈对数函数关系，并随任何一个因子的增大而增大；鸟粪石的饱和度指数与溶液 pH 呈多项式函数关系，结晶反应的最佳 pH 为9.0，并随溶液中铵根离子与磷酸根离子摩尔比的增大而略升；鸟粪石的饱和度指数与溶液离子强度呈幂函数关系，随离子强度的增大而减小。而在污泥溶胞过程中碳、氮、磷及钙、镁离子等一起被释放出来，这些物质的含量及存在形态对磷的回收也会产生影响。例如，猫尿液中分子量小于 8000 的有机物对鸟粪石结晶有诱导作用[25]，而污泥溶胞产生的大量多种类的复杂有机物是否有相似的作用，有待深入研究。

Liao 等[26]考察了 H_2O_2 的加入对密闭加压微波辐射作用下污泥磷释放的影响，结果表明，在 80～120℃，经密闭加压微波辐射作用处理后，污泥上清液中的正磷酸盐含量较低而聚合磷酸盐含量较高，因此认为低于 120℃的温度条件不适合作为污泥磷释放的条件。而 Kuroda 等[27]的研究结果发现，溶液中以聚合磷酸盐形态存在的磷比以正磷酸盐形态存在的磷更容易回收。作者课题组前期研究结果表明，含磷溶液 pH、钙离子浓度、反应温度的提高及反应时间的延长，都能够提高磷回收率；优化的磷回收过程控制参数为：反应温度 40℃以上，pH = 9.20，钙磷摩尔比大于 2.1，磷回收产物中钙和磷的质量分数分别达 23%～26%和 12%～13%，且氮、镁等元素含量很低。在微波-H_2O_2 污泥处理过程中发现，利用碱能促进微波-H_2O_2 污泥预处理的效果，而当 pH = 10 时，其污泥溶出液中的 NH_4^+、Mg^{2+}、Ca^{2+} 与 PO_4^{3-} 的摩尔比分别为 2.71、1.55、0.12，处于鸟粪石回收的适宜范围内，这样回收过程不需额外投加镁盐或铵盐；并且污泥溶出液中 Ca^{2+} 含量较低，避免了大量杂质的生成。

2. 鸟粪石法磷回收反应器研究现状

反应器是鸟粪石法回收磷的核心装置，国内外在污水鸟粪石回收磷方面已经取得了一定的研究成果，目前研究较多的是搅拌式反应器和流化床式反应器。其中，搅拌式反应器分为分置式机械搅拌、合建式机械搅拌和空气搅拌式；流化床式反应器则主要有气体搅动式和液体搅动式[28]。各种反应器类型的研究情况见表 4-2。

表 4-2　鸟粪石反应器研究情况

反应器类型		特点	研究情况	参考文献
搅拌式反应器	分置式机械搅拌	结构简单、操作简便，但同时需要消耗大能量的搅拌来促使反应完全；而且合建式搅拌反应器难以分别对反应区和沉淀区进行控制，运行不灵活，难以保证出水水质	Stratful 等用连续搅拌槽反应器（CSTR），通过实验研究了搅拌速率、离子浓度、水力停留时间、pH 等对鸟粪石形成的影响；Carballa 等采用分置式搅拌反应器考察不同初始磷浓度对鸟粪石结晶效果的影响，结果表明：低含磷废水通过添加 MgO 和尿素可以提高磷的回收率，而高含磷废水通过添加 $MgCl_2$、NaOH 和脱气也可以提高磷的回收效果	[29, 30]
	合建式机械搅拌		Yoshino 等采用模拟的厌氧消化上清液和实际的厌氧消化上清液研究探讨鸟粪石的反应速率常数；Wilsenach 等通过投加 $MgCl_2$ 和碱对模拟尿液（磷酸盐为 4200mg/L）中以磷酸铵镁形式对磷进行回收；解磊等利用短浆搅拌 MAP 反应器，采用化学沉淀法去除高浓度氨氮废水中的氨氮，去除率达到 90%	[31-33]
	空气搅拌式		Suzuki 等开发了套管式曝气反应器并分别进行了间歇、小试和中试试验；Liu 等针对低磷废水设计了一种内循环式曝气反应器（IRSR），在低浓度磷（21.7mg/L）时，引用 0.4～1.0g/L 的晶种，Mg/ PO_4^{3-} -P（摩尔比）=（1.3～1.5）：1，HRT>1.14h 时，磷回收率达 78%，与不添加晶种的高磷溶液回收效果相当	[34, 35]
流化床式反应器	气体搅动式	结构紧凑，设备简化，同时实现反应与固液分离等优点，但耗能也相当大。为保证晶体能够有效快速地增长，需要加大流化力度或添置晶体附着装置	Shimamura 等采用两步流化装置研究污水处理厂消化上清液中磷的回收。结果表明，在 pH = 8.1，Mg/P（摩尔比）= 1.0 时，无论添加 $MgCl_2$ 和 NaOH，还是 $Mg(OH)_2$，P 的回收率都在 90% 以上	[36]
	液体搅动式		Adnan 等、Britton 等利用反应器直径的变化而在流动过程中产生湍流，以达到完全混合的目的。结果显示，磷的回收率达 90%，以质量来计纯度高达 99%	[37, 38]

微波及其组合工艺预处理污泥的溶胞效果好，但溶出液中有机物的组成和分子量分布有待进一步明确，释放液中磷的富集与分离尚未取得很好的研究成果，并且对污泥溶出液中鸟粪石结晶影响因素的研究目前极少。此外，污泥溶出液回收鸟粪石与微波反应器系统的联用技术也有待进一步研究。

4.2　基于微波预处理的强化污泥厌氧消化

微波及其组合工艺能够有效破解污泥，释放污泥中的蛋白质、多糖等溶解性有机物。依据厌氧消化的四阶段理论，通常认为，剩余污泥厌氧消化受限于污泥中大分子有机物的释放、水解过程。因此，微波及其组合工艺对污泥破解溶胞的作用，理论上能够对污泥厌氧消化有一定的促进作用。

以往的研究表明，微波、微波-碱预处理能够有效地强化污泥厌氧消化，而微波-H_2O_2 工艺虽能显著地释放污泥中溶解性有机物，但是后续厌氧消化非但没有得到强化，累积产甲烷量及产甲烷速率反而降低。一方面，以往的研究缺乏对微波及其组合工艺强化污泥厌氧消化效果的对比；另一方面，微波结合化学试剂投加的预处理方式对后续厌氧消化的不利影响的特征及其机制有待进一步研究。例如，Eskicioglu 等[39]和 Shahriari 等[40]均报道了 H_2O_2 投加量分别为 1g/g TS 和 0.66g/g TS 时，微波-H_2O_2 组合工艺导致厌氧消化过程受到显著抑制作用。而该组合工艺导致厌氧消化受到显著抑制的原因尚不明确，Eskicioglu 等[39]和 Shahriari 等[40]认为，可能是该处理工艺产生了惰性有机物或者预处理后残留 H_2O_2 对厌氧消化产生了抑制作用。

4.2.1　微波组合工艺对污泥产甲烷潜势的影响

1. 有机物释放率

如表 4-3 所示，不同预处理工艺使污泥中溶解性有机物得到大量释放。并且不同预处理工艺相比，微波-过氧化氢-碱（MW-H_2O_2-OH）预处理能够最为明显地提高污泥溶解性有机物的含量，随着 H_2O_2 投加量的增加，溶解性有机物释放效果增强。

表 4-3　不同组合工艺处理前后污泥基本特性

试验组	TS 浓度/(g/L)	VS 浓度/(g/L)	pH	SCOD 浓度/(mg/L)	溶解性蛋白质浓度/(mg/L)	溶解性多糖浓度/(mg/L)
原污泥	22.68	16.91	6.46	222.5	37.09	21.52
接种污泥	27.41	13.79	7.37	330	76.88	34.68
MW	22.66	16.75	7.03	2296	1241.66	175.49
MW-H	23.62	17.54	4.02	1668	346.62	158.41
MW-OH	24.00	16.99	9.66	4120	2276.13	392.67
MW-H_2O_2-OH(0.1)	24.91	17.16	9.06	5020	2378.19	431.02
MW-H_2O_2-OH(0.2)	24.45	16.91	7.92	6600	2707.12	604.32

注：第一列中，0.1 代表 H_2O_2 的投加量为 0.1g/g TS；0.2 代表 H_2O_2 的投加量为 0.2g/g TS。

2. 产甲烷潜势

不同微波及其组合工艺对污泥厌氧消化产甲烷潜势的影响如图 4-1 所示。微波及其组合工艺能够明显提高污泥产甲烷潜势。MW-H$_2$O$_2$-OH（0.2）对污泥厌氧消化产甲烷的强化效果最为明显，产甲烷潜势由原污泥的 206.06mL/g VS$_{added}$ 提高到 271.22mL/g VS$_{added}$，提高了 31.62%。MW、MW-H、MW-OH、MW-H$_2$O$_2$-OH（0.1）几种预处理方式使污泥厌氧消化产甲烷潜势分别提高了 16.76%、6.46%、26.31%、26.33%。厌氧消化产甲烷潜势的提高，主要是因为预处理使污泥中溶解性有机物得到释放。此外，H$_2$O$_2$ 投加量为 0.2g/g TS，能更进一步提高污泥厌氧消化产甲烷潜势。这主要是因为 H$_2$O$_2$ 的分解能够产生·OH，其能够进一步分解释放大分子有机物，使一部分难降解的大分子有机物分解为小分子有机物，从而更进一步提高污泥产甲烷潜势。

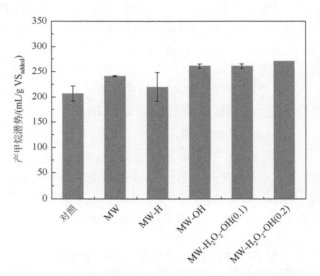

图 4-1　不同微波组合预处理对污泥厌氧消化产甲烷潜势的影响

4.2.2　微波-过氧化氢-碱强化污泥厌氧消化

1. 产甲烷潜势

图 4-2 为经 MW-H$_2$O$_2$-OH（0.2）预处理后污泥离心上清液和离心后固体的产甲烷情况。虽然 H$_2$O$_2$ 投加量为 0.2g/g TS 时，能够明显地提高污泥厌氧消化产甲烷潜势，但是在厌氧消化前期（前 5d），预处理对污泥厌氧消化产生一定抑制影响。通过将预处理污泥离心分离的上清液和固体分别进行厌氧消化，结果表明，

离心上清液中存在对污泥厌氧消化产生显著抑制作用的物质。单独污泥上清液厌氧消化，前期的抑制时间达到 10d 以上。

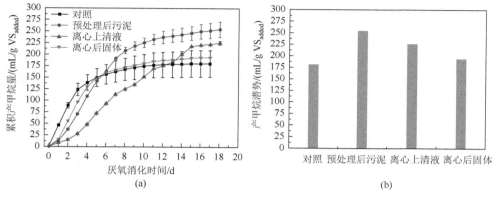

图 4-2　预处理后污泥不同组分产甲烷潜势

此外，如表 4-4 所示，经过预处理后大量溶解性有机物得到释放，离心上清液的有机物主要为溶解态，SCOD 浓度为 6910mg/L。离心后固体中仍然残留一定量的溶解态有机物，SCOD 浓度为 1600mg/L。如图 4-2（b）所示，离心上清液的有机物的产甲烷潜势要高于离心后的固体，这说明预处理释放的有机物具有更高的可生化性。虽然有机物得到部分溶解释放，但仍有 80% 以上的有机物存在于离心后固体中（表 4-4）。即使离心后固体部分产甲烷潜势低于离心上清液，由于其仍留存大部分的有机物，预处理后污泥厌氧消化的甲烷产量大部分仍然由固体部分中的有机物分解产生。以 1L 预处理后的污泥为例，预处理后污泥 18d 累积产甲烷量为 $1 \times 18.90 \times 254.99 = 4819.31$mL，离心上清液 18d 累积产甲烷量为 $1 \times 5.44 \times 225.90 = 1228.90$mL，离心后固体 18d 累积产甲烷量为 $1 \times 13.32 \times 193.68 = 2579.82$mL，约 50% 以上的产甲烷量仍来源于固体部分中有机物的厌氧分解。

表 4-4　微波-H_2O_2-碱预处理前后污泥基本特性

指标	原污泥	接种污泥	处理后污泥	离心上清液	离心后固体
TS 浓度/(g/L)	24.77	17.51	27.13	6.92	19.98
VS 浓度/(g/L)	17.95	10.66	18.90	5.44	13.32
碱度/(mg/L)	450.23	2258.32	1024.73	749.52	305.79
TCOD 浓度/(mg/L)	29550	22050	29900	7860	23800
SCOD 浓度/(mg/L)	124	237	6710	6910	1600
氨氮浓度/(mg/L)	20.64	425.66	83.9	73.78	20.45
蛋白质浓度/(mg/L)	27.46	44.96	2577.41	2454.04	574.80
多糖浓度/(mg/L)	19.07	26.41	1142.80	990.54	249.43

2. 残留 H_2O_2 抑制影响

据已有研究报道，MW-H_2O_2 预处理对污泥厌氧消化的强化仍然存在争议。Eskicioglu 等[39]研究了 MW-H_2O_2 预处理对污泥厌氧消化的影响，在加热温度为 100℃、H_2O_2 投加量为 1g/gTS 预处理条件下，污泥产甲烷潜势反而降低了 25%。Shahriari 等[40]研究了 MW-H_2O_2 预处理对城市固体废弃物厌氧消化的影响，在微波加热温度 85℃、H_2O_2 投加量为 0.66g/g TS 预处理条件下，同样发现厌氧消化反而受到抑制，特别是在厌氧消化前期（前 15d），相比未处理污泥，产甲烷速率明显降低，产甲烷潜势并未得到提高。在 H_2O_2 投加量降低到 0.38g/g TS 时，厌氧消化前期，仍然存在明显的抑制现象，但是累积产甲烷量相对于未处理污泥有略微的提高。本研究中，在 H_2O_2 投加量为 0.2g/g TS 条件下，虽然厌氧消化产甲烷潜势显著提升，但是在厌氧消化前期也发现有抑制性的影响，特别是离心上清液对厌氧消化前期的抑制影响更加明显（图 4-2）。因此，可以认为 MW-H_2O_2 预处理后污泥中某种物质对污泥厌氧消化产生了不利的影响。Eskicioglu 等[39]认为，可能是 MW-H_2O_2 预处理生成了惰性有机物，从而降低了污泥中有机物的生物降解性。Shahriari 等[40]指出除了生成了惰性物质外，也可能是仍有残留 H_2O_2 存在，导致厌氧消化前期的抑制现象。

通过降低 H_2O_2 投加量反而能够显著提高污泥厌氧消化累积产甲烷量，只是在厌氧消化前期有抑制现象。因此，可以认为预处理后可能仍然有 H_2O_2 的残留，从而导致抑制现象的发生。

1）不同 H_2O_2 投加量对产甲烷的影响

如图 4-3 所示，MW-H_2O_2-OH 预处理能够显著地提高污泥溶解性有机物的释

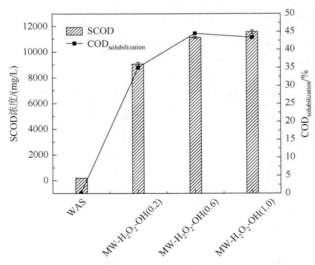

图 4-3　H_2O_2 投加量对污泥溶解性有机物释放率的影响

放效率，SCOD 释放率达到 35%~45%。随着 H_2O_2 投加量的增加，释放率有所增加，但是在投加量达到 1.0g H_2O_2/g TS 时，SCOD 的释放率并未进一步得到提高。此外，在不同预处理条件下，都有一定量残留的 H_2O_2 存在，随着 H_2O_2 投加量的增加，残留 H_2O_2 量也显著增加，不同 H_2O_2 投加量下，处理后污泥上清液中残留的 H_2O_2 量分别为 821.50mg/L、3447.50mg/L、6765mg/L（表 4-5）。残留的大量 H_2O_2 可能会对微生物细胞及其代谢过程产生不利影响。

表 4-5　不同剂量 H_2O_2 投加预处理前后污泥基本特性

指标	原污泥	接种污泥	MW-H_2O_2-OH(0.2)	MW-H_2O_2-OH(0.6)	MW-H_2O_2-OH(1.0)
TS 浓度/(g/L)	24.39	27.41	27.28	25.36	23.59
VS 浓度/(g/L)	15.53	13.79	16.73	15.05	13.29
TCOD 浓度/(g/L)	23.01	22.41	25.26	24.60	26.16
SCOD 浓度/(g/L)	0.21	0.33	9.16	11.21	11.67
pH	6.58	7.37	7.22	7.12	6.01
碱度/(g/L，以 $CaCO_3$ 计)	0.66	2.96	1.21	1.11	1.00
CST/s	20	95	1197	1014	506
溶解性蛋白质浓度/(mg/L)	37.09	76.88	3914.39	4998.17	4644.70
溶解性多糖浓度/(mg/L)	21.52	34.68	1258.88	1637.17	1470.35
残留 H_2O_2 浓度/(mg/L)	—	—	821.50	3447.50	6765

不同 H_2O_2 投加量对污泥厌氧消化产甲烷的影响情况如图 4-4 所示。厌氧消化前期产甲烷情况能够反映是否有抑制影响存在及反应底物的生物降解速率，而厌氧消化结束时累积的产甲烷量则揭示了反应底物的最大可生化性，即产甲烷潜势。因此，从图 4-4 可以看出，在较高 H_2O_2 投加量（≥0.6g H_2O_2/g TS）时，厌氧消

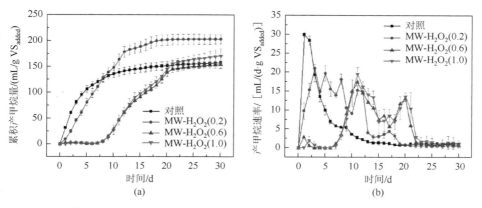

图 4-4　H_2O_2 投加量对厌氧消化产甲烷潜势和产甲烷速率的影响

化前期产生了明显的迟滞期。利用 Gompertz 方程［式（4-2）］对累积产甲烷曲线进行拟合，可以得到厌氧消化迟滞时间 λ（d），最大产甲烷速率 R_m[mL/(d·g VS$_{added}$)]，以及最大产甲烷潜势 P（mL/g VS$_{added}$），结果见表 4-6。

$$P_{CH_4}(t) = P \cdot \exp\left[-\exp\left(\frac{e \cdot R_m}{P}(\lambda - t) + 1\right)\right] \qquad (4\text{-}2)$$

表 4-6　Gompertz 方程拟合结果

预处理方式	P/(mL/g VS$_{added}$)	R_m[mL/(d·g VS$_{added}$)]	λ/d	R^2
对照	151.89	6.84	0.0	0.979
MW-H$_2$O$_2$-OH（0.2）	205.06	6.94	0.9	0.998
MW-H$_2$O$_2$-OH（0.6）	157.49	4.99	7.9	0.996
MW-H$_2$O$_2$-OH（1.0）	174.14	5.25	8.0	0.997

　　在该研究中，H$_2$O$_2$ 投加量较高（≥0.6g H$_2$O$_2$/g TS）时，厌氧消化受到了显著抑制，迟滞时间达到了约 8d，说明预处理对厌氧消化的抑制影响与 H$_2$O$_2$ 投加量有直接关系。作者课题组贾瑞来等[41]在相同实验操作条件下，向预处理后污泥中投加一定量的过氧化氢酶，以去除残留的 H$_2$O$_2$，结果发现，厌氧消化初期水解酸化过程得到强化，SCOD 的释放量和 VFA 的生成量都明显升高（图 4-5）。因此，可以认为残留的 H$_2$O$_2$ 是导致厌氧消化初期产生明显抑制作用的关键因素。

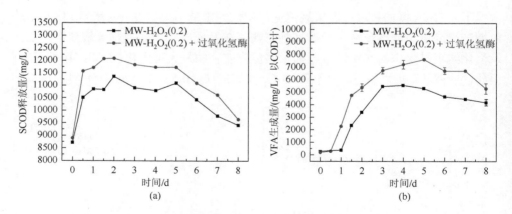

图 4-5　过氧化氢酶投加对水解酸化的影响[41]

　　此外，高 H$_2$O$_2$ 投加量也会对污泥中有机物的可生化性产生不利影响。由 Gompertz 方程拟合得到的累积最大产甲烷量见表 4-6，H$_2$O$_2$ 投加量为 0.2g/g TS 时，厌氧消化产甲烷潜势得到显著提升。但是，较高 H$_2$O$_2$ 投加量时（≥0.6g/g TS），厌氧消化产甲烷潜势并未得到提高。尽管预处理导致污泥的破解和大量溶解性有机物的释放（图 4-3），却并未导致更多的有机物转化为甲烷。这一结果与 Eskicioglu 等[39]和 Shahriari 等[40]所报道的实验结果一致。因此，高剂量 H_2O_2 的投加会导致惰性物质的生成，降低污泥的产甲烷潜势。

2）不同 H_2O_2 投加量对关键有机物降解的影响

厌氧消化过程中溶解性有机物总体降解情况及蛋白质、多糖大分子有机物的降解情况如图 4-6 所示。H_2O_2 投加量对溶解性有机物的降解过程产生了影响。在厌氧消化前期（前 8d），预处理中较高 H_2O_2 投加量（≥0.6g/g TS）导致释放的溶解性有机物难以降解［图 4-6（a）］。在 H_2O_2 投加量为 0.6g/g TS、1.0g/g TS 时，前 8d SCOD 的去除率只有 12.21%和 14.16%。而在较低 H_2O_2 投加量（0.2g/g TS）时，在前 8d SCOD 的去除率达到了 42.84%。SCOD 的去除情况与前几天产甲烷情况相一致［图 4-4（b）］，说明释放的溶解性有机物难以被微生物降解转化为甲烷。经过 30d 厌氧消化，可生化降解有机物基本反应彻底，甲烷产生过程基本停止［图 4-4（b）］。在不同 H_2O_2 投加量（0.2g/g TS、0.6g/g TS、1.0g/g TS）处理条件下，SCOD 的去除率分别为 76.69%、72.64%、73.28%，并且仍有不同程度的残余 SCOD 未被微生物利用，随着 H_2O_2 投加量的提高，残余 SCOD 越多。在高 H_2O_2 投加量（0.6g/g TS、1.0g/g TS）时，生成了更多的难降解有机物。因此，尽管预处理导致污泥溶解性有机物释放，但并未提高污泥厌氧消化产甲烷潜势。

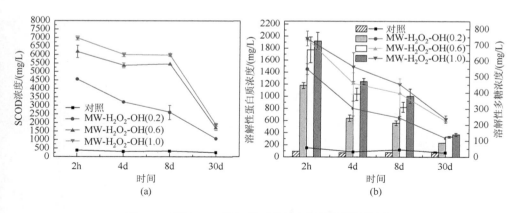

图 4-6　不同 H_2O_2 投加量对关键有机物降解的影响

（a）SCOD；（b）蛋白质（□）和多糖（△）

根据厌氧消化的四阶段理论，微生物通过水解、酸化、产氢、产乙酸及产甲烷几个过程，完成有机物的分解转化。在这一过程中，污泥中关键的物质包括蛋白质、多糖、挥发性脂肪酸（VFA）、氢气和甲烷等。因此，通过对这些关键中间产物的变化情况的分析，能够反映残留 H_2O_2 对污泥厌氧消化有机物转化产生甲烷不同阶段的影响。如图 4-6（b）所示，在厌氧消化初期（前 8d），经过不同 H_2O_2 投加量（0.2g/g TS、0.6g/g TS、1.0g/g TS）的预处理后，溶解性蛋白质的去除率分别为 52.44%、53.44%、47.47%，溶解性多糖的去除率分别为 55.65%、46.18%、38.83%。因此，在厌氧消化初期，高 H_2O_2 投加量（0.6g/g TS、1.0g/g TS）导致蛋白质、多糖的分解效率的降低，但并未像对 SCOD 去除率的影响一样那么显著。结合 VFA 的变化情况（图 4-7），在厌氧消化初期，有大量 VFA 生成，说明尽管残留 H_2O_2 对蛋白质、多糖等有机物水解、酸化过程产生一定不利影响，但是并未阻止该过程的进行。此外，在高 H_2O_2 投加量（0.6g/g TS、1.0g/g TS）时，发生了乙酸的累积，说明乙酸难以转化生成甲烷。通过上述分析，残留 H_2O_2 对初期厌氧消化不同阶段的有机物分解产生了不同的抑制影响。对水解阶段有轻微的抑制，而对产甲烷古菌利用乙酸生成甲烷过程产生了显著的抑制。

3）不同 H_2O_2 投加量对酶活性的影响

在厌氧消化过程中，有机物的分解转化依靠于微生物的代谢活动，而微生物产生的一些酶在相应的代谢过程中发挥了重要作用。因此，残留 H_2O_2 对厌氧消化的影响可能与酶活性有一定关系。

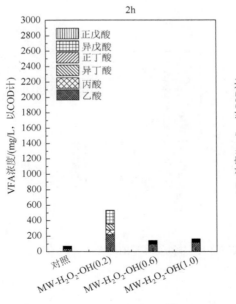
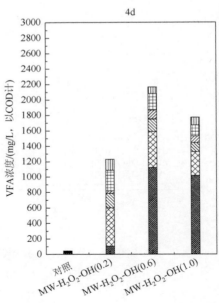

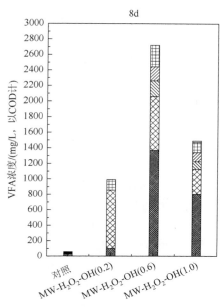

图 4-7　厌氧消化初期 VFA 变化情况

β-葡萄糖苷酶为多糖代谢过程中的重要水解酶之一。如图 4-8 所示, 残留 H_2O_2 对 β-葡萄糖苷酶活性产生了抑制影响。高 H_2O_2 投加量（0.6g/g TS、1.0g/g TS）预处理后, β-葡萄糖苷酶活性要明显低于未处理污泥。低 H_2O_2 投加量（0.2g/g TS）预处理同样在一定程度上导致酶活性的降低。此外, 随着厌氧消化的进行, 预处理实验组厌氧消化过程中 β-葡萄糖苷酶的活性逐渐得以恢复。因此, 在厌氧消化前期（前 8d）, 随着预处理过程 H_2O_2 投加量的提高, 释放的溶解性多糖的降解效率逐渐降低, 分别为 55.65%、46.18%、38.83%。上述结果表明, 残留 H_2O_2 对水解过程酶的活性产生了抑制作用。

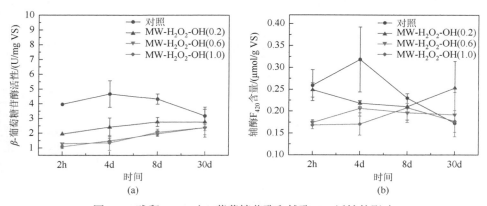

图 4-8　残留 H_2O_2 对 β-葡萄糖苷酶和辅酶 F_{420} 活性的影响

对于产甲烷过程，该研究关注了产甲烷古菌所特有的辅酶 F_{420} 含量的变化情况。作为产甲烷古菌代谢过程中甲烷生成过程重要的辅酶，在污泥厌氧消化系统中，目前已知辅酶 F_{420} 仅存在于产甲烷古菌中[42]，其含量的多少能够反映产甲烷古菌微生物量的情况。如图 4-8（b）所示，在厌氧消化前期（前 8d），预处理导致辅酶 F_{420} 含量降低，且高 H_2O_2 投加量导致辅酶 F_{420} 含量进一步降低，辅酶 F_{420} 含量降低说明预处理导致了厌氧消化初期产甲烷古菌微生物量的降低，这可能是由于残留 H_2O_2 导致部分产甲烷古菌被杀死。经过 30d 厌氧消化，对照组厌氧消化污泥中辅酶 F_{420} 含量有比较明显的下降趋势，而在其他条件下，污泥中辅酶 F_{420} 含量未发生明显变化，这说明产甲烷古菌的微生物量并未发生明显的变化。这一结果与甲烷的产生变化情况并不一致。因此推断，残留 H_2O_2 对辅酶 F_{420} 含量（即产甲烷古菌微生物量）的影响并不是厌氧消化前期产甲烷受到显著抑制的原因。由此也说明，厌氧消化初期，仍然有大量的产甲烷古菌存在，但是残留 H_2O_2 可能导致产甲烷古菌的代谢过程受到明显影响，从而难以将乙酸进一步转化为甲烷，随着厌氧消化进行，产甲烷古菌活性仍能得到恢复，产甲烷过程顺利进行。

通过以上实验结果和分析，MW-H_2O_2-OH 预处理对厌氧消化的影响如图 4-9 所示。在较低 H_2O_2 投加量时，预处理能够显著地提高污泥的厌氧消化产甲烷潜势。但提高 H_2O_2 投加量后，部分 H_2O_2 没有被完全分解，残留的 H_2O_2 对后续厌氧消化产生了不利影响，主要表现为两个方面：①厌氧消化初期，对水解过程如酶活性产生了轻微的抑制，而对产甲烷古菌的代谢活性产生了显著抑制，难以生成甲烷；②高 H_2O_2 投加量导致污泥经处理后产生了大量的难降解有机物，难以提高污泥产甲烷潜势。

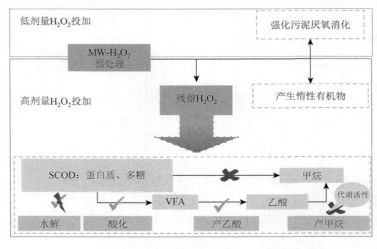

图 4-9　MW-H_2O_2-OH 预处理对厌氧消化影响的特征

4）控制残留 H_2O_2 抑制影响的策略探讨

在该研究中，MW-H_2O_2-OH 预处理在 H_2O_2 投加量为 0.2g/g TS 时，能够显著地提高污泥产甲烷潜势。但是，由于部分 H_2O_2 未被分解完全，残留的一部分 H_2O_2 会对厌氧消化过程中微生物活性产生不利影响。为了避免这一问题，一方面，可以通过提高 MW-H_2O_2-OH 处理过程中 H_2O_2 的分解效率，使 H_2O_2 能够完全作用于污泥破解，无 H_2O_2 残留。例如，对微波炉进行一定的设计优化，提高微波的辐射加热效率及污泥搅拌混合效率等。此外，通过 TiO_2 等敏化剂的加入，可能会强化 H_2O_2 在微波作用下产生·OH 自由基的效率。另一方面，还可以从工艺的角度出发，避免残留的 H_2O_2 直接进入厌氧消化反应器内，对厌氧微生物活性产生不利影响。为此，该研究从工艺的角度探讨了避免残留 H_2O_2 对后续厌氧消化产生不利影响的方法。

H_2O_2 为活性较强的氧化剂，虽然预处理后残留 H_2O_2 未分解完全，但其仍可以与未处理污泥中的还原性物质反应。此外，剩余活性污泥中好氧微生物细胞内存在过氧化氢酶，其也可以发挥分解残留 H_2O_2 的作用[43]。因此，该研究尝试将预处理后的污泥与未处理污泥按照一定比例混合后，再进行厌氧消化。预处理前后污泥基本特性见表 4-7。

表 4-7　不同配比实验预处理前后污泥基本特性

指标	原污泥	接种污泥	预处理污泥
TS 浓度/(g/L)	18.71	10.67	20.29
VS 浓度/(g/L)	14.11	6.5	14.36
碱度/(mg/L)	422.91	2199.11	1236.19
TCOD 浓度/(mg/L)	20500	12700	21500
SCOD 浓度/(mg/L)	128	252	6720
氨氮浓度/(mg/L)	25.83	421.86	88.96
蛋白质浓度/(mg/L)	29.74	39.01	2112.81
多糖浓度/(mg/L)	14.24	21.38	1038.80

预处理后污泥与未处理污泥以不同比例混合后的产甲烷情况如图 4-10 所示。单独的预处理污泥（对照），可使产甲烷潜势提高 26.7%，而预处理污泥与未处理污泥按照质量比为 1:1 混合后，产甲烷潜势提高了 20.51%。并且，在厌氧消化前期（前 6d），污泥完全预处理后，产甲烷速率受到了不利影响，厌氧消化过程受到一定的抑制。随着未处理污泥混合比例的提高，抑制影响逐渐减弱。在 1:1 混合比例下，与未处理污泥相比，基本没有厌氧消化前期的抑制现象发生。因此，采用预处理污泥与未处理污泥按照 1:1 比例混合后进行厌氧消化，能够有效避免残留 H_2O_2 对厌氧消化产生抑制影响，同时，仍然有较好的产甲烷潜势提升效果。

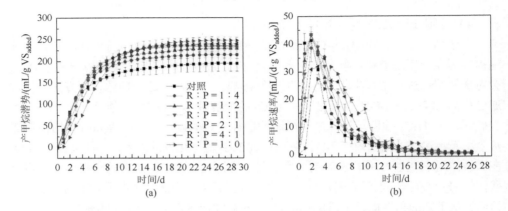

图 4-10　预处理污泥与原污泥（未处理污泥）不同配比对厌氧消化的影响

R：P 为原污泥/预处理污泥质量比

3. MW-H₂O₂-OH 强化污泥厌氧消化小试研究

通过批量生物化学产甲烷潜势（BMP）试验证明，MW-H₂O₂-OH 预处理能够有效提高污泥厌氧消化产甲烷潜势。从残留 H_2O_2 对厌氧消化抑制影响及能量输出的角度出发，明确了以 MW-H₂O₂-OH 预处理为基础，预处理后污泥与未处理污泥按照 1：1 比例混合的方式是最优的。因此，在上述批量试验的基础上，有必要进一步通过半连续厌氧消化试验，考察该处理方式强化污泥厌氧消化的长期运行情况，并针对预处理对微生物群落结构、厌氧消化体系的影响进行探讨。

如图 4-11（a）所示，经过约 40d 的启动，对照组和试验组 1（MW 处理＋单级厌氧消化）的半连续运行厌氧反应器产甲烷达到了稳定状态；而采用两级厌氧消化方式，试验组 2 约 25d 达到稳定，能够更快地实现厌氧消化污泥的驯化。与对照组相比，预处理提高了每日产甲烷量（即产甲烷速率）。在 SRT 为 20d 时，经过 60d 的稳定运行，试验组 1 平均每日产甲烷量由对照组的 225.91mL/(d·g VS_added)提高到 266.87mL/(d·g VS_added)，约提升了 18.14%。批量 BMP 试验结果表明，预处理能够使污泥产甲烷潜势提升 20%～25%，半连续运行试验得到的提升效果略微偏低。

试验组 2（两级厌氧消化）在稳定期的前 40d，其对厌氧消化的强化效果最为明显，平均每日产甲烷量达到 286.86mL/(d·g VS_added)，相比于对照组，甲烷产量提升了 26.98%。但是，随着厌氧消化的进行，每日产甲烷量有明显下降的趋势，导致在 60d 的稳定期内，两级厌氧消化平均每日产甲烷量约为 264.60mL/(d·g VS_added)。随着半连续反应器的运行，两级厌氧消化产甲烷量降低，这主要与第一级反应器中甲烷、CO_2 等气体的产生有关。如图 4-11（a）所示，尽管如 Coelho 等[44]所报道的一样，该研究将第一级反应器的停留时间控制在 2d，以避免第一级反应器产甲烷，但随着反应器的连续运行，第一级反应器内每日甲烷产量逐渐增加。此外，在 SRT 为 20d 运行条件下，对反应器内产生气体的组分分析发现（表 4-8），第一级反应器内甲烷浓度约为 46.14%，CO_2 浓度约为 19.67%，相对于正常厌氧消化过程而言，有机物转化为甲烷的效率较低，生成了大量的其他气体，可能为氢气或氮气。而在该研究中，两级反应器之间并未直接连通，第一级反应器产生的气体特别是氢气和 CO_2 无法进入第二级反应器，无法被产甲烷古菌利用产生甲烷。因此，第一级反应器内有机物分解导致气体的产生，以及较低的甲烷转化率，可能导致了随着反应器的连续运行，MW 处理 + 两级厌氧消化的每日产甲烷量逐渐降低。

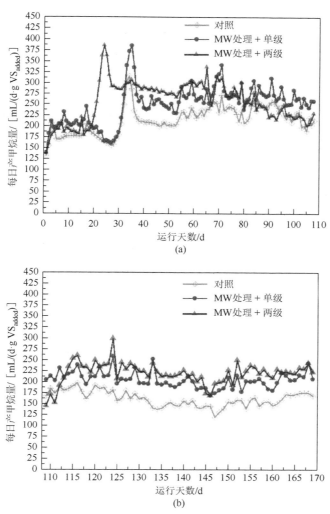

图 4-11　半连续运行厌氧消化产甲烷情况

（a）SRT = 20d；（b）SRT = 15d；其中两级厌氧消化产甲烷量为两个反应器产生甲烷之和

表 4-8　反应器内气体组分（SRT=20d）

指标	对照	MW 处理 + 单级	MW 处理 + 两级（第一级）	MW 处理 + 两级（第二级）
CH₄ 浓度/%	64.48±2.62	65.06±3.24	46.14±3.32	70.14±1.42
CO₂ 浓度/%	27.14±0.99	27.15±1.21	19.67±1.53	29.24±0.42

因此，通过半连续运行试验结果可知，预处理能够提高污泥厌氧消化产甲烷量，每日产甲烷量提升约 20%。而两级厌氧消化一方面能够加速厌氧消化的启动，另一方面在合适的运行条件下，能够进一步提高甲烷产量，提升幅度达到约 27%。但是在该研究中，由于两级反应器间并无直接连通，第一级反应器内气体的产生，随着反应器的运行，可能导致了每日产甲烷量逐渐降低。在未来研究中，有必要优化两级反应器构型，避免第一级反应器内气体的产生，或者两级反应器直接连通，利于厌氧消化初期产生的氢气、CO_2 被后续产甲烷古菌代谢利用，转化生成甲烷。

如图 4-12 所示，相比于对照组，预处理导致厌氧消耗后污泥 TS、VS 含量的降低，提高了厌氧消化对污泥的减量效果。厌氧消化后污泥 VS 的去除率结果如图 4-13 所示。在 SRT 为 20d 时，对照组、MW 处理 + 单级、MW 处理 + 两级的污泥 VS 平均去除率分别为 33.27%、44.74% 和 44.50%。与对照组相比，MW 处理 + 单级预处理使厌氧消化的 VS 去除率提高了约 35%，但两级厌氧消化并未进一步地提高 VS 的去除率。缩短 SRT 为 15d 后，对照组、MW 处理 + 单级、MW 处理 + 两级的污泥 VS 去除率分别为 26.80%、41.21% 和 44.09%。由此可见，缩短 SRT 导致对照组污泥 VS 去除率明显下降，而预处理组虽然 SRT 降低，但是 VS 去除率仍然保持在 40% 以上。

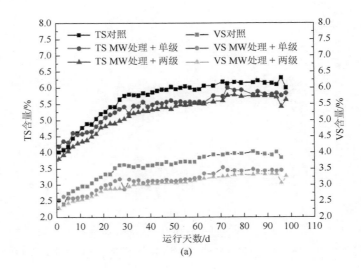

(a)

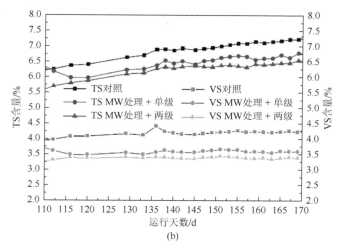

图 4-12   半连续运行反应器内 TS、VS 含量变化情况

（a）SRT = 20d；（b）SRT = 15d

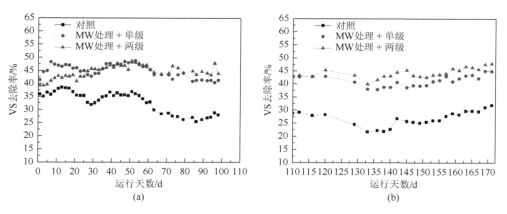

图 4-13   半连续运行反应器内 VS 去除情况

（a）SRT = 20d；（b）SRT = 15d

此外，预处理也导致了大量惰性有机物的释放。如图 4-14（a）所示，在 SRT 为 20d 时，对照组、MW 处理 + 单级、MW 处理 + 两级（第二级）反应器消化污泥上清液中 SCOD 平均浓度分别为 3729.38mg/L、6630mg/L、6776.25mg/L。缩短 SRT 为 15d 后，不同反应器内 SCOD 的浓度分别为 3432.86mg/L、6638.57mg/L 和 7217mg/L，与 SRT 为 20d 相比并没有明显的改变，说明缩短 SRT 未导致更多 SCOD 的累积。而缩短 SRT 后，产甲烷量却明显降低。由此说明，缩短 SRT 后主要是引起厌氧消化前期，即污泥中溶解性有机物释放阶段受到了不利影响。在较短的污泥停留时间下，污泥中的有机物难以在短时间内有效溶解释放，以供厌氧消化后

续阶段微生物利用，即污泥中有机物的溶解释放成为限速步骤。在这一影响下，预处理能够有效释放污泥中溶解性有机物，因此，缩短 SRT 后，相比于对照组，预处理能更显著地提高甲烷产量。此外，随着厌氧消化的进行，MW 处理 + 两级（第一级）反应器内生成沼气，SCOD 浓度也逐渐降低，这不利于第二级厌氧消化反应器的运行。

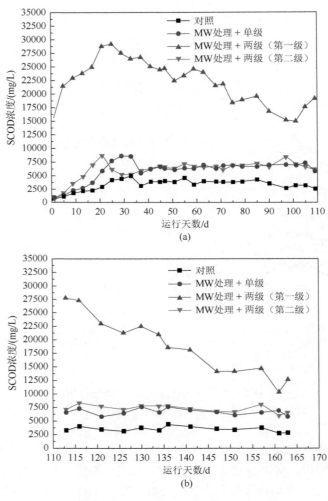

图 4-14　半连续运行反应器内 SCOD 浓度

（a）SRT = 20d；（b）SRT = 15d

4. 污泥流变性影响

剩余污泥和微波预处理后污泥流动曲线如图 4-15 所示。污泥剪切应力随着剪切速率的增加而非线性增加，剩余污泥和预处理污泥都表现出非牛顿流体特性。在较低剪切速率下，表观黏度随着剪切速率的增加而迅速降低，表现出剪切变稀特性［图 4-15（a）］。预处理导致污泥在非线性黏弹区内流变学特性发生了明显的改变。预处理后污泥表观黏度明显减低，表明污泥流动性提高。此外，剩余污泥与预处理污泥都表现出了一定的触变性，即形成了触变环。预处理导致触变环面积由剩余污泥的 11121.57Pa/s 降低到 3567.94Pa/s。触变环面积的大小可以用来衡量污泥触变性的强弱。触变环面积减小表明，预处理导致污泥触变性减弱。触变性的存在主要是由于流体内部存在触变结构，即流体流动时，内部同时发生了结构破解和结构重构两个动态过程。由于这两个过程同时发生，并且强弱不同，污泥结构的变化有一定的时间依赖性，因此表现为即使在相同剪切速率下，随着时间的变化，污泥剪切应力也在变化，形成触变环。预处理导致污泥触变性减弱，直接表明污泥中的触变结构遭到了严重破坏，结构重构动态过程被削弱，因此，预处理污泥流动时，在同一剪切速率下，更容易达到内部结构破解与重构动态过程的稳态。污泥中触变结构主要与污泥中颗粒之间的物理化学作用力如氢键力、静电作用力、范德瓦耳斯力等的存在密切相关。触变性降低，表明触变结构中颗粒之间的作用力被削弱了。

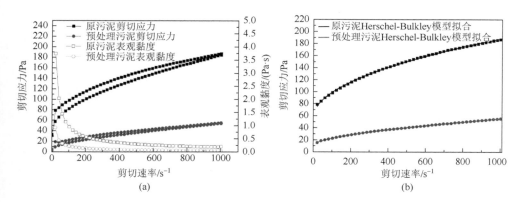

图 4-15　剩余污泥预处理前后流动曲线

利用 Herschel-Bulkley 模型对流动曲线进行拟合［图 4-15（b）］，$R^2 > 0.999$，拟合得到的参数值见表 4-9。在 Herschel-Bulkley 模型中，屈服应力（τ_y）能够代表污泥在受到某一特定的剪切应力时开始流动。预处理导致污泥屈服应力由原污泥的 54.51Pa 降低到 11.08Pa。在模型中，稠度指数（k）和流动指数（n）为表征污泥流变学特性的两个重要参数。预处理导致稠度指数降低而流动指数增加。稠度指数能够反映流体内部结构的坚实程度，其数值的降低表明预处理污泥内部结构坚实程度降低，也正因此，黏度表现出显著的降低。流动指数可以衡量流体的非牛顿特性，对于牛顿流体而言，n 的数值为 1，对于胀塑性流体而言，n 大于 1，而假塑性流体，n 小于 1。n 越趋近于 1，流体非牛顿特性越弱。预处理导致污泥 n 升高，说明污泥非牛顿流体特性削弱。

表 4-9　Herschel-Bulkley 模型参数

参数	原污泥	预处理污泥	对照	MW 处理 + 单级	MW 处理 + 两级（第二级）
TS 质量分数/%	7.63±0.01	7.88±0.01	5.09±0.01	5.10±0.01	5.15±0.02
τ_y/Pa	54.51	11.08	10.48	5.85	5.56
k/(Pa·s^n)	4.90	0.81	0.61	0.25	0.20
n	0.48	0.58	0.65	0.72	0.75

在线性黏弹性区域内，对于污泥黏弹性，通过频率扫描方式测定得到储能模量（G'）和损耗模量（G''），结果如图 4-16 所示。污泥储能模量大于损耗模量，则固体（弹性体）特征为主导。预处理后，储能模量和损耗模量都明显降低。并且 G''/G' 即 $\tan\delta$，由原污泥的 0.16 增加到 0.39，说明污泥内部结构遭到破坏，污泥中不同组分之间的结合力降低。由于预处理导致污泥絮体破解，大分子有机物水解，可能导致污泥中颗粒之间作用力削弱[45]。

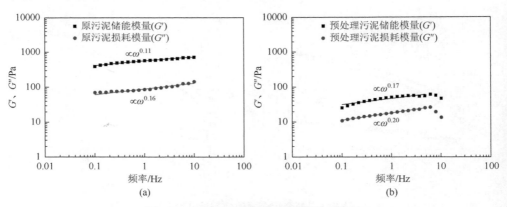

图 4-16　预处理对剩余污泥黏弹性的影响

通常剩余活性污泥在线性黏弹性区域内表现出了与凝胶相类似的结构特征[46]，并且，污泥含固率越高，内部胶体颗粒间作用力、絮体结构结合力越强[45]。因此，对浓缩污泥或者高含固率的污泥进行厌氧消化时，这种在低剪切应力作用下呈现的凝胶结构特征，可能对反应器间歇式的搅拌或者低剪切速率下的水力学过程产生不利影响。经预处理后，该"类凝胶结构"被破坏，趋向于向黏性甚至液体特征占主导的流体转变。如 Feng 等[47]发现污泥经过高温热水解处理后，损耗模量反而大于储能模量，完全表现为以黏性占主导的液体特征。

　　因此，无论是在线性黏弹区还是在非线性黏弹区内，经预处理后污泥的流变学特征更利于污泥搅拌、传输等水力学过程，主要表现为污泥流动性的提高及黏弹性的削弱。

　　由以上实验结果与分析可知，预处理有利于提高污泥的流动性，降低黏弹性。但是，其是否对厌氧消化反应器内消化污泥的流变学特性也产生同样的影响，这对浓缩污泥甚至高含固率污泥厌氧消化而言尤为重要。

　　不同反应器内厌氧消化污泥的流动曲线如图 4-17 所示。厌氧消化污泥仍然表现为非牛顿流体特性及剪切变稀特性。但是，污泥经过厌氧消化后触变性消失，

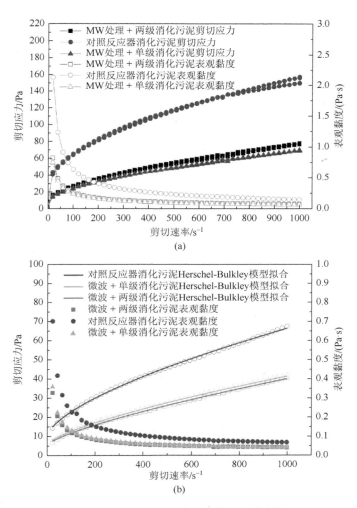

图 4-17　厌氧消化污泥流动曲线（后附彩图）

（a）未稀释；（b）稀释

说明厌氧消化污泥中胶体颗粒之间在剪切应力的作用下，趋向于结构重构的作用力消失。污泥经厌氧消化后，部分有机物被分解产生甲烷，污泥结构发生了变化。

预处理后导致厌氧消化反应器内消化污泥的黏度明显低于对照组反应器 [图 4-17（a）]，说明反应器内消化污泥的流动性增强了。由于污泥的流变学特性与污泥浓度有着密切的关系，而预处理提高了厌氧消化对污泥有机物的去除效率，相应的反应器内污泥浓度要低于对照组反应器。因此，污泥黏度降低可能是由于相应的污泥浓度降低。为此，对不同反应器内的消化污泥用去离子水稀释到相同的污泥浓度（约 5%），对比相同浓度下污泥的流变学特性，结果如图 4-17（b）所示。在相同的污泥浓度下，预处理耦合厌氧消化反应器内的消化污泥表观黏度在低剪切速率下仍然明显低于对照组。由此说明，预处理导致厌氧消化污泥流动性增强，并非仅由于污泥浓度降低，更主要是由于污泥内部结构发生了改变。同样地，利用 Herschel-Bulkley 模型对不同反应器内稀释后的消化污泥流动曲线进行拟合 [图 4-17（b）]，结果如表 4-9 所示。MW 处理 + 单级厌氧消化、MW 处理 + 两级（第二级）厌氧消化反应器内消化污泥的屈服应力和稠度指数明显低于对照组反应器内消化污泥，而流动指数明显升高。这说明预处理导致了厌氧消化污泥流动性增强、假塑性削弱。此外，不同的反应器构型（单级、两级）并未对厌氧消化污泥非线性黏弹区内流变学特性产生明显影响。

不同反应器内厌氧消化污泥及其稀释后污泥的频率动态扫描结果如图 4-18 所示。厌氧消化污泥仍然是 G' 大于 G''，表现为以固体（弹性体）特征为主导。预处理导致厌氧消化污泥 G'、G'' 变小，黏弹性变弱。$\tan\delta$ 由对照组反应器内消化污泥的 0.27 增加到 MW 处理 + 单级反应器内消化污泥的 0.38，以及 MW 处理 + 两级（第二级）反应器内消化污泥的 0.47。预处理导致厌氧消化污泥内部絮体、颗粒物之间的相互结合力降低，相应地，弹性特征变弱。此外，与非线性黏弹区内流变学特性不同，在线性黏弹区内，不同的反应器构型（单级、两级）对厌氧消化污泥的黏弹性产生一定的影响。MW 处理 + 两级（第二级）反应器内消化污泥表现出了最弱的黏弹性。将不同反应器内厌氧消化污泥稀释到相同污泥浓度后，仍然表现为预处理导致厌氧消化污泥黏弹性降低。

为了确定预处理及不同反应器构型对厌氧消化污泥的黏弹性造成的影响，进一步通过蠕变-恢复实验（creep-recovery test）分析污泥的黏弹性行为。蠕变-恢复实验主要通过对污泥施加一较小的恒定应力，记录污泥的形变情况。污泥的形变主要以应变或者柔量（应变/应力）来反映。通过蠕变-恢复曲线，可以获知蠕变阶段的最大蠕变柔量 $J_{c,max}$ 和恢复阶段的最大恢复柔量 $J_{r,max}$：

$$J_{r,max} = J_{c,max} - \lim_{t \to \infty} J_r(t) \tag{4-3}$$

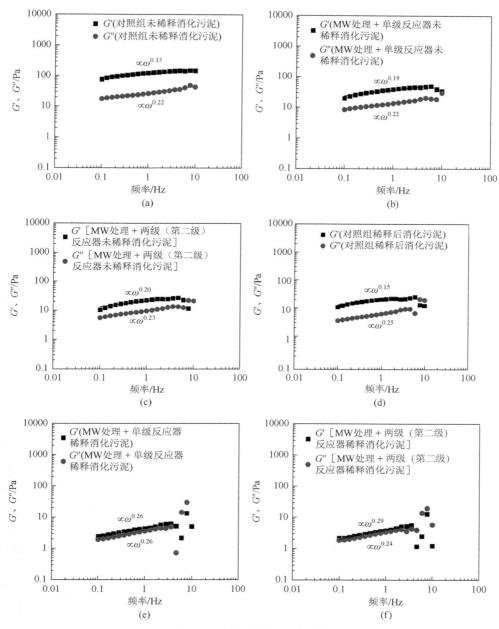

图 4-18　厌氧消化污泥黏弹性

不同反应器内蠕变-恢复实验的结果如图 4-19 所示。对照组反应器内最大蠕变柔量 $J_{c,max}$ 明显低于其他反应器内的厌氧消化污泥，表明对照组反应器内污泥内部结构间的结合力更强。并且 MW 处理 + 两级（第二级）厌氧消化反应器内厌氧消化污泥的最大蠕变柔量 $J_{c,max}$ 明显大于 MW 处理 + 单级厌氧消化。蠕变柔量的增加说明，预处理尤其是 MW 处理 + 两级厌氧消化导致厌氧消化污泥在特定应力作用下，更容易发生形变。

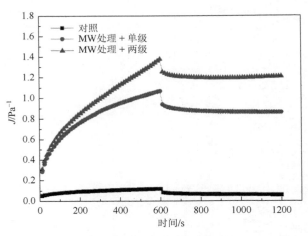

图 4-19　厌氧消化污泥蠕变特性

4.3　基于微波预处理的污泥磷回收

4.3.1　污泥溶胞特征

1. 有机物释放特征

污泥经微波及其组合工艺处理后，致密结构被破坏，胞外聚合物和胞内物质被释放，例如，污泥中的蛋白质和糖类被释放到液相中，使得溶解性蛋白质、溶解性糖类和溶解性 COD（SCOD）增加。细胞碎片的增加使上清液中的蛋白质、糖类、总 COD（TCOD）也相应增加。图 4-20 显示了污泥分别经五种工艺预处理后蛋白质/溶解性蛋白质、糖类/溶解性糖类、TCOD/SCOD 的变化情况。从 TCOD 来看，MW-H$_2$O$_2$-OH（TCOD，6660mg/L，增加率 7828.6%）、MW-H$_2$O$_2$（TCOD，4725mg/L，增加率 5525.0%）、MW-OH（TCOD，6030mg/L，增加率 7078.6%）效果相当，且显著优于 MW（TCOD，3240mg/L，增加率 3757.1%）、MW-H（TCOD，1035mg/L，增加率 1132.1%），MW-H 的碳释放效果最差；但从 SCOD 来看，MW-OH（SCOD，477mg/L，增加率 442.0%）的释放效果最差，其次是 MW-H（SCOD，765mg/L，增加率 769.3%）、MW（SCOD，1620mg/L，增加率 1740.9%），蛋白质/溶解性蛋白质和糖类/溶解性糖类也遵从类似的规律（图 4-20）。这些结果表明，酸或碱的加入并未对溶解性有机物的溶出产生贡献。Erdincler 和 Vesilind[48]研究表明，碱能以多种方式与细胞壁和细胞膜作用，例如，与细胞膜中的脂肪酸发生皂化反应从而改变细胞膜的通透性，破坏细胞壁或细胞膜结构，因此加入碱能促进污泥结构的破坏，从而使得颗粒性有机物（如蛋白质、糖类）增加，但这些增加的物质大部分因其结构牢固而不能被碱进一步水解[49]。相对来说，碱对蛋白质有一定的水解作用，使得经 MW-OH 处理后污泥中的溶解性蛋白质达 602.2mg/L，增加率为 3368.9%，而经 MW、MW-H 预处理后污泥中溶解性蛋白质的增加率分别只有 1592.3%和 1703.0%。而过氧化氢的加入使得 SCOD、溶解性蛋白质、溶解性糖类的增加率分别高达 4093.2%、9277.9%、6022.8%，显示了过氧化氢的强化性和促进水解的能力。过氧化氢与微波的协同效应可能是由于过氧化氢的加入能显著提高细胞膜的通透性和流动性，进而提高污泥的溶胞效果。污泥的溶胞效果可以通过各指标的释放率进行考察（以 SCOD 为例，计算公式为 SCOD 释放率＝SCOD/TCOD×100%），各指标释放率结果将在 4.3.2 小节中给出。对于目前研究较多的微波及其组合工艺而言，在常压下，SCOD 的释放率为 15%～21%[50-52]。

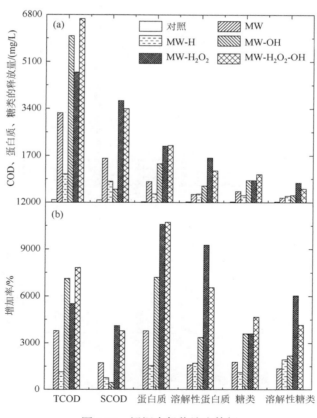

图 4-20　污泥有机物溶出特征

2. 有机物分子量分布

污泥上清液的超滤实验结果见图 4-21。从图 4-21（a）可知，经 MW、MW-H 处理后，SCOD 分子量主要分布在 $M_w<1000$（MW：35.7%，MW-H：44.4%）、$10000<M_w<30000$（MW：18.5%，MW-H：23.5%）。而经 MW-OH、MW-H_2O_2、MW-H_2O_2-OH 处理后，SCOD 分子量在 $M_w<1000$、$3000<M_w<5000$、$10000<M_w<30000$、$M_w>100000$ 范围内呈现比较均匀的分布。正如之前所分析的，碱能促进蛋白质的水解，过氧化氢的强氧化性也能显著地促进蛋白质、糖类等的水解。

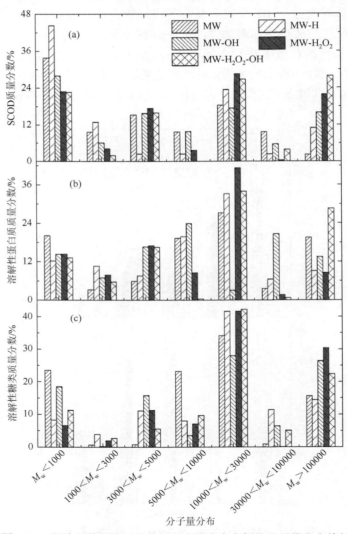

图 4-21　微波及其组合工艺的污泥上清液中有机物分子量分布特征

大分子有机物氧化或水解为小分子有机物,使得污泥经这三种工艺(MW-OH、MW-H$_2$O$_2$、MW-H$_2$O$_2$-OH)发生溶胞的同时,还发生了一定程度的水解作用。污泥细胞壁碎片、EPS 和细胞内的高分子聚合物的分子量主要在 100000 以上[53],M_w>100000 的 SCOD 比例随 MW、MW-H、MW-OH、MW-H$_2$O$_2$、MW-H$_2$O$_2$-OH 工艺依次增大,表明各工艺对污泥结构和细胞壁的破坏强度加大。图 4-21(b)和(c)中溶解性蛋白质和溶解性糖类的分子量分布进一步表明,M_w>100000 的有机物主要是高分子蛋白和肽聚糖等大分子。在上清液中 M_w<1000 的 SCOD 主要是有机酸(Barker 等[54]),该部分的 SCOD 占比较大,说明溶胞后有机酸等小分子有机物被释放,这进一步佐证了污泥经微波及其组合工艺处理后溶液 pH 下降的主要原因是有机酸的释放。

经上述五种工艺处理后,污泥上清液中蛋白质在 M_w<5000 的分布较为接近,但对于分子量为 5000~100000 的蛋白质,各工艺表现出了明显的差异[图 4-21(b)]。经 MW、MW-H 预处理后,污泥上清液中蛋白质分子量集中分布在 5000~30000,分别占蛋白质总量的 46.8%、53.4%;经 MW-OH 预处理后,污泥上清液中蛋白质分子量集中分布在 5000~10000、30000~100000,分别占蛋白质总量的 24.0%、20.8%;经 MW-H$_2$O$_2$、MW-H$_2$O$_2$-OH 预处理后,污泥上清液中蛋白质分子量集中分布在 10000~30000,分别占蛋白质总量的 41.4%、34.0%,这一差异佐证了"MW-OH、MW-H$_2$O$_2$、MW-H$_2$O$_2$-OH 三种工艺在促进有机物释放的同时,能对释放出来的大分子有机物进一步水解"的假设。例如,经 MW-OH 预处理后,水解主要停留在 30000~100000 分子量段的多肽,而经 MW-H$_2$O$_2$、MW-H$_2$O$_2$-OH 预处理后,则可将蛋白质进一步水解至分子量 10000~30000,这充分显示了 H$_2$O$_2$ 促进大分子蛋白质水解的作用。类似地,糖类分子量集中分布在 10000~30000 和 M_w>100000[图 4-21(c)],但各处理工艺间差异较小,这可能是由于细胞壁的主要成分肽聚糖结构较为牢固[55],碱、H$_2$O$_2$ 对其水解的程度不如蛋白质那么剧烈。

有必要指出的是,上述 SCOD、溶解性蛋白质、溶解性糖类的分子量分布特征只能代表特定的污泥,也许并不具有通性。因为不同的污泥因其污泥龄及污水来源的不同,会使得污泥中的有机物(COD)、蛋白质、糖类等组分存在差异。例如,对于延时曝气工艺中的污泥而言,因其污泥龄较长,就有可能使得其中包含的难降解物质以小分子有机物(M_w<1000)为主,而大分子有机物(M_w>100000)含量较少[50]。Kuo 和 Parkin[56]对溶解性微生物产物(soluble microbial products,SMPs)分子量分布的研究表明,随着污泥龄的变化,M_w<1000 的 SMPs 含量变化为 16%~48%。此外,对于超滤膜实验而言,因 pH、跨膜压差、离子强度、分子结构等因素对有机物的截留、吸附有较大的影响[57],因此对实验结果的回收率进行考察是非常必要的。表 4-10 列出了污泥预处理后的上清液经超滤前后

SCOD、溶解性蛋白质、溶解性糖类、NH_4^+-N、正磷酸盐（ortho-P）的回收率，除经 MW-H_2O_2-OH 处理后的污泥上清液的溶解性糖类回收率只有 85.2%外，其他指标的回收率为 94.3%～98.7%。

表 4-10　污泥上清液超滤前后的质量衡算

指标		MW	MW-H	MW-OH	MW-H_2O_2	MW-H_2O_2-OH
溶解性蛋白质	超滤前	470.1	500.8	951.5	2539.7	1838.0
	超滤后	445.6	462.4	992.1	2640.8	1755.4
	回收率/%	94.8	92.3	104.3	104.0	95.5
溶解性糖类	超滤前	271.4	374.1	415.2	1104.2	786.1
	超滤后	291.4	345.1	390.8	1053.6	670.1
	回收率/%	107.4	92.2	94.1	95.4	85.2
SCOD	超滤前	2592.0	1224.0	3768.3	5756.4	5437.8
	超滤后	2747.8	1158.0	3448.0	5590.4	5311.6
	回收率/%	106.0	94.6	91.5	97.1	97.7
NH_4^+-N	超滤前	64.9	152.3	41.8	173.0	62.9
	超滤后	64.2	151.1	41.5	171.0	62.1
	回收率/%	99.0	99.2	99.3	98.8	98.7
ortho-P	超滤前	49.6	349.8	111.4	107.8	66.2
	超滤后	48.0	345.7	107.1	105.1	62.4
	回收率/%	96.7	98.8	96.2	97.4	94.3

注：除回收率外，图中数据的单位均为 mg/L。

4.3.2　N、P 释放特性

在污泥溶胞过程中，除有机物被释放外，EPS 和胞内的 N、P 等物质也被一同释放，最典型的是 TN 随着蛋白质的溶出而释放，因此污泥经微波及其组合工艺处理后，上清液中的 NH_4^+-N/STN/TN、ortho-P/STP/TP 含量都有一定程度的增加，图 4-22 反映了这一变化情况。但各工艺对于这些物质的释放存在差别，例如，MW-H_2O_2、MW-H 对氨氮的释放效果显著优于其他工艺（NH_4^+-N 增加率分别为 453.8%、375.2%），MW-OH 最差（NH_4^+-N 增加率只有 32.1%），但各工艺对 STN、TN 的释放效果较一致。MW-H 对磷（ortho-P/STP/TP）的释放最为显著，上清液中 ortho-P、STP、TP 含量分别增加了 2511.8%、964.6%、1550.3%，MW-H_2O_2 和 MW-OH 对正磷酸盐的释放相当（ortho-P 含量分别增加了 725.9%、742.1%），其次是 MW-H$_2$O$_2$-OH 与 MW（ortho-P 含量分别增加了 397.4%、270.7%）。以上结果表明,酸或 H$_2$O$_2$ 的加入非常有利于 NH$_4^+$-N、ortho-P 的释放,碱的加入对 NH$_4^+$-N 释放不利。实际上,碱的加入可以改变细胞壁和细胞膜的通透性,从而使得 NH$_4^+$-N、ortho-P 易于溶出,但在较高的 pH 和较高的反应温度下,释放出来的 NH$_4^+$-N 绝大部分以 NH$_3$ 形式挥发到空气中。以该研究中 pH = 10,T = 100℃的反应条件为例,PHREEQC 模型的计算结果表明,99.68%的 N 以 NH$_3$ 形式存在,这造成该研究中 MW-OH 污泥预处理工艺的 NH$_4^+$-N 释放效果最差的表象。此外,碱性条件虽有助于磷的溶出,但 pH 偏高时,溶出的 ortho-P 有一部分以沉淀的形式存在,从而未表现出较好的释磷效果。在该研究中,如图 4-23 所示,NH$_4^+$-N 释放率较高的是 MW-H$_2$O$_2$、MW-H,分别达到了 11.3%、9.4%;ortho-P 释放率最高的是 MW-H（释放率为 36.1%）,其次是 MW-OH（释放率为 10.7%）、MW-H$_2$O$_2$（释放率为 10.4%）。

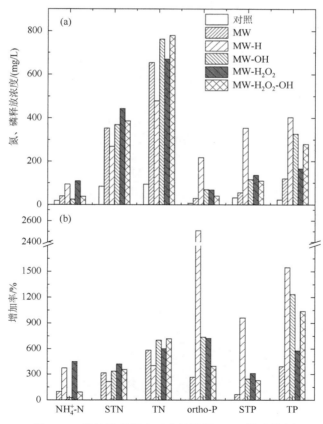

图 4-22 微波及其组合工艺的污泥 N、P 溶出特征

STN：溶解性总氮；STP：溶解性总磷

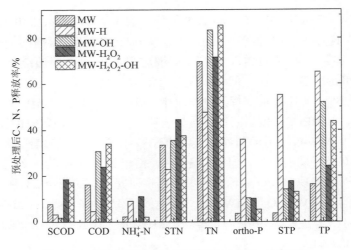

图 4-23　微波及其组合工艺的污泥 C、N、P 释放率

4.3.3　Mg²⁺、Ca²⁺释放

在污泥溶胞预处理过程中，金属离子也被释放出来，图 4-24 反映了各工艺对 Mg^{2+}、Ca^{2+}的释放情况。从图中可以看出，MW-H 对 Mg^{2+}、Ca^{2+}的溶出效果最好，这可能是由于处理过程中的酸性环境利于 Mg、Ca 等金属元素以离子形态存在，溶液中 Mg^{2+} 和 Ca^{2+} 浓度分别为 107.9mg/L、523.6mg/L。MW-H_2O_2 对 Mg^{2+}、Ca^{2+}

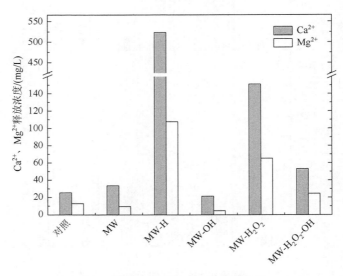

图 4-24　污泥 Ca^{2+}、Mg^{2+}溶出特征

的溶出效果次之，Mg^{2+} 和 Ca^{2+} 浓度分别为 65.2mg/L、150.9mg/L。经过微波及其组合工艺预处理后，污泥中的 Mg^{2+}、NH_4^+-N 和 ortho-P 被同时释放出来，这有利于节省鸟粪石法磷回收工艺的药剂成本。

4.3.4　预处理工艺选择

微波及其组合污泥预处理技术可有效促进污泥中碳、氮、磷的释放，但各工艺对碳、氮、磷的释放具有选择性。例如，MW-H 对 NH_4^+-N、ortho-P 的释放效果非常显著，却对 SCOD、溶解性蛋白质、溶解性多糖的释放效果很差；而 MW-H_2O_2 对 NH_4^+-N、ortho-P、SCOD、溶解性蛋白质、溶解性多糖都有较好的释放效果，这非常有利于污泥的后续处理，如减量化、资源化。单独从污泥减量化的角度考虑，MW-H_2O_2、MW-OH、MW-H_2O_2-OH 因其有机物释放效果好而有较大的优势。而 MW-H_2O_2 同时对污泥中 NH_4^+-N、ortho-P、SCOD、溶解性蛋白质、溶解性多糖具有较好的释放效果，并且固液易于分离，这些优势使得其非常利于后续的污泥减量化、资源化处理。

作为污泥磷资源化的主流回收形式，鸟粪石（MAP）作为缓释肥，因其技术上的易于实现和经济上的可行性而备受关注。鸟粪石的形成可用如下反应表示：

$$Mg^{2+} + NH_4^+ + PO_4^{3-} + 6H_2O \longrightarrow MgNH_4PO_4 \cdot 6H_2O$$

从以上反应可知，Mg^{2+}/NH_4^+-N/ortho-P = 1/1/1（摩尔比），但在实际运用中，已有研究表明[14]，在 Mg^{2+}/ortho-P = 1～2.5，NH_4^+-N/ortho-P>1 的条件下，能取得较好的鸟粪石结晶效果，并且鸟粪石的纯度随反应后剩余 NH_4^+ 浓度的增加而增加。图 4-25 展示了微波及其组合工艺预处理污泥后上清液中 NH_4^+-N/ortho-P、Mg^{2+}/ortho-P 的摩尔比，其中经 MW-H_2O_2 预处理后污泥的 Mg^{2+}/NH_4^+-N/ortho-P = 1.2/2.9/1，这清楚地表明了 MW-H_2O_2 工艺非常适合采用鸟粪石法回收污泥中的磷。此外，经 MW-H_2O_2 预处理后，污泥呈弱酸性（pH = 5.72），这既避免了在污泥预处理过程中发生鸟粪石结晶反应，又可以防止后续膜分离时在膜表面形成结垢。更重要的是，当 pH = 5.72 时，上清液中 80%以上的 CO_3^{2-}/HCO_3^-/CO_2 以 CO_2 形式存在而挥发，20%左右以 HCO_3^- 形式存在，几乎没有 CO_3^{2-}（由文献[58]计算而得），这就可以有效避免鸟粪石结晶产物中碳酸盐的存在。当然，在鸟粪石法回收污泥中磷的过程中，Ca^{2+} 的溶出并不是人们所希望的，因为在一定条件下（如 NH_4^+-N 不充足时），PO_4^{3-} 与 Ca^{2+} 形成磷酸钙沉淀，影响鸟粪石的纯度。通过上述对微波及其组合工艺预处理污泥技术的综合比较，可知最适合污泥磷鸟粪石回收的污泥预处理工艺是 MW-H_2O_2，因此，该研究采用 MW-H_2O_2 作为接下来污泥磷回收实验的污泥预处理工艺。

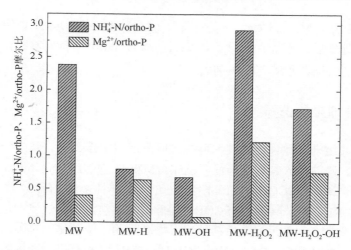

图 4-25　污泥溶出液中 NH_4^+-N/ortho-P、Mg^{2+}/ortho-P 的摩尔比

4.3.5　鸟粪石结晶

图 4-26 显示了经 MW-H_2O_2 工艺预处理后的污泥上清液在膜过滤前（A-01）、膜过滤后（A-02、A-03、A-04）溶液中 COD、NH_4^+-N、ortho-P、Ca^{2+}、Mg^{2+}的浓度变化情况。经各级膜过滤后，COD 由过滤前的 4890mg/L（A-01）分别下降到 3360mg/L（A-02，过 0.45μm 微滤膜滤液）、2310mg/L（A-03，过分子量 10000 的超滤膜滤液）、1560mg/L（A-04，过分子量 1000 的超滤膜滤液）。NH_4^+-N、ortho-P、Mg^{2+}、Ca^{2+}浓度在膜过滤后有微小的下降，相应的 N/P = 2.9～3.0、Mg/P = 0.61～0.73、Ca/P = 0.92～1.14。

图 4-27 显示了鸟粪石结晶反应前后 NH_4^+-N、ortho-P、Mg^{2+}、Ca^{2+}浓度的变化情况。实际溶液中（A-01～A-04）NH_4^+-N 的去除率分别为 76.72%±0.58%、77.32%±0.19%、83.69%±0.17%、89.99%±1.04%［图 4-27（a）］，ortho-P 的去除率分别为 94.62%±0.006%、98.69%±0.044%、99.21%±0.036%、99.60%±0.002%［图 4-27（b）］。NH_4^+-N、ortho-P 的去除率随着有机物浓度的降低而显著提高，与此相应的是有机物浓度在结晶后有一定程度的下降，其去除率随初始浓度的下降而下降（图 4-28），这表明有机物对鸟粪石结晶反应存在干扰，部分有机物被包覆于沉淀中，影响晶体纯度，大分子有机物（M_w>10000）对结晶反应的影响更为显著。模拟溶液 S-01 的 NH_4^+-N 去除率比 S-02 大，而 ortho-P 的去除率比 S-02 小，表明 Ca^{2+}与 Mg^{2+}存在竞争，使得 S-02 溶液形成的结晶产物以磷酸钙为主。如图 4-27（c）和（d）所示，有机物浓度对 Ca^{2+}、Mg^{2+}的去除率也存在影响，这

在低分子量有机物存在时更加明显（实验中低浓度的有机物也对应着有机酸等低分子量有机物），这可能是由于低分子量的有机酸易于与金属离子发生络合反应[59]，Ca^{2+}、Mg^{2+}在 A-04 溶液中的去除率要远高于 A-01、A-02、A-03。当然，作为对比的模拟溶液（S-01、S-02）中 Ca^{2+}、Mg^{2+}的去除率又远高于 A-04，这进一步佐证了有机物的存在对鸟粪石结晶反应的不利影响。有机物影响鸟粪石结晶的机理尚不明确，Udert 等[60]、Ronteltap 等[61]对尿液中鸟粪石回收的研究表明，有机物浓度对鸟粪石结晶的影响有多种原因，如与离子结合影响离子活度。而 Matsumoto 等[25]的研究表明，猫尿中有机物的分子量分布对鸟粪石的形成有重要影响，分子量小于 8000 的有机物对鸟粪石的形成可能有诱导作用，而在该研究中，有机物特别是大分子有机物（$M_w > 10000$），对结晶反应存在不利影响，并可能影响沉淀产物的纯度。

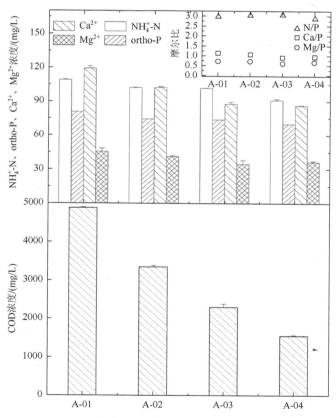

图 4-26　未过滤上清液和分别过 0.45μm 微滤膜、分子量 10000 超滤膜、分子量 1000 超滤膜上清液中 COD、NH_4^+-N、ortho-P、Ca^{2+}和 Mg^{2+}的含量

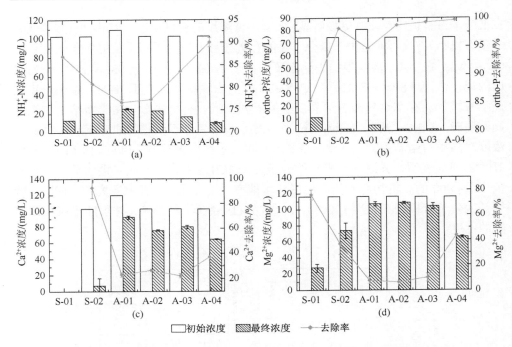

图 4-27　结晶反应前后溶液中 NH_4^+-N、ortho-P、Ca^{2+}、Mg^{2+} 变化情况

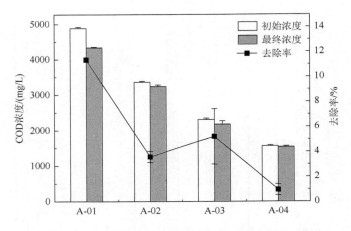

图 4-28　结晶反应前后溶液中 COD 浓度变化情况

　　为了进一步考察有机物对鸟粪石结晶反应的影响，作者通过扫描电子显微镜-能量色散 X 射线分析（SEM-EDX）对结晶产物的组分和形态进行了分析（图 4-29 和图 4-30）。从组分来看，模拟溶液（S-01、S-02）的结晶产物中 N/Mg/P（摩尔

比）分别为 0.84/1.7/1 和 0.67/1.15/1，表明产物中除了有鸟粪石外，还存在其他沉淀，如磷酸镁，此外，在 S-02 中，由于 Ca^{2+} 与 Mg^{2+} 存在竞争关系，Mg/P 比 S-01 中低，与此相应的是 Ca/P = 0.81，表明产物中还可能存在磷酸钙沉淀 [图 4-30（a）和（b）]。从图 4-29（a）和（b）扫描电子显微镜照片可知，因 Ca^{2+} 的加入，沉淀形态由多面体变成了无定形态。图 4-30（c）~（f）则反映了沉淀组分随有机物浓度的变化情况，随着溶液中有机物浓度的降低，产物中 C/P 逐渐降低，N/Mg/P 也逐步接近 1/1/1，表明产物中鸟粪石的纯度逐渐提高。然而，由于溶液中 Ca^{2+} 含量较高，其与 Mg^{2+} 的竞争使产物中不可避免地存在磷酸钙沉淀。此外，（A-03、A-04）溶液中的有机物分子量在 10000 以下，尽管它们的有机物浓度存在较大差异（SCOD 分别为 2190mg/L、1545mg/L），但它们的沉淀组分非常接近 [4-30（e）和（f）]，这表明分子量小于 10000 的有机物对结晶产物的影响很小。

图 4-29　结晶产物扫描电子显微镜照片

（a）S-01；（b）S-02；（c）A-01；（d）A-02；（e）A-03；（f）A-04

晶种对晶体形态的形成有重要影响，有晶种存在时，晶核能在晶种表面形成，从而影响晶体的大小和形态[61, 62]。通过激光粒度仪（Mastersizer 2000）对未过滤溶液（A-01）的粒径分布进行考察，发现未过滤溶液（A-01）中粒径为微米级的颗粒物起到了晶种的作用。值得注意的是，尽管 A-01 溶液中形成了较规则的晶体形态，但从组分上看，晶体中 N/Mg/P = 18.74/3.84/1 [图 4-30（c）]，表明该晶体不可能是鸟粪石晶体。已有研究表明，针形（needle-like）[63]、棺材形（coffin-like）[64]、梯形（trapezoidal）[65]是鸟粪石的典型晶体形态，鸟粪石的其他非典型形态包括 X 形（X-shape）、树枝形（dendrite-like）。而在 A-01 溶液中，晶体呈规则的方柱形［图 4-29（c）］，故从形态上看，该晶体也不是鸟粪石晶体。上述结果表明，未过滤溶液（A-01）中粒径大于 0.45μm 的颗粒物起到了晶种作用，但由于溶液中大分子有机物的浓度较高，溶液中并未形成鸟粪石沉淀。

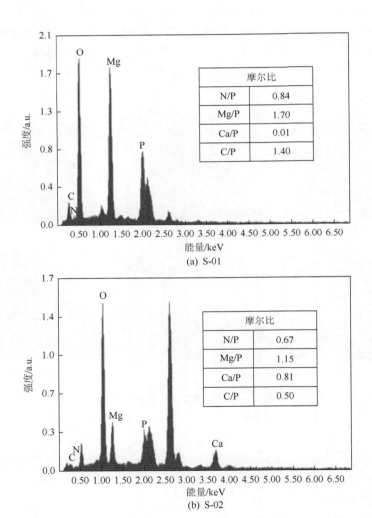

(a) S-01

(b) S-02

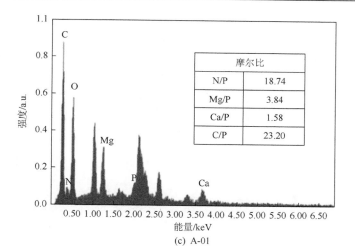

(c) A-01

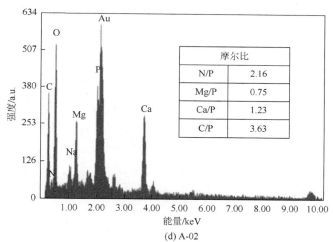

(d) A-02

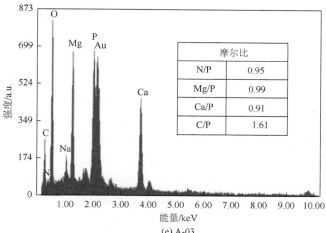

(e) A-03

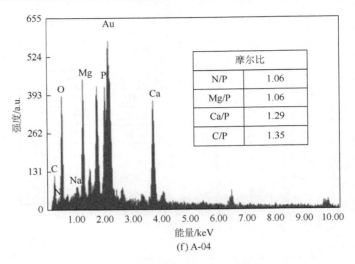

摩尔比	
N/P	1.06
Mg/P	1.06
Ca/P	1.29
C/P	1.35

(f) A-04

图 4-30　结晶产物 EDX 分析

　　微波及其组合工艺可实现污泥中 C、N、P、Ca^{2+}、Mg^{2+} 的选择性释放，从而可满足源头污泥减量和污泥磷回收的不同需求。经 $MW\text{-}H_2O_2$ 预处理后污泥上清液中 $Mg^{2+}/NH_4^+\text{-}N/ortho\text{-}P = 1.2/2.9/1$，表明 $MW\text{-}H_2O_2$ 可作为鸟粪石磷回收的优选污泥预处理工艺。有机物对磷的结晶反应存在干扰，有机物浓度较低时（A-04），反应后溶液中 $NH_4^+\text{-}N$、$ortho\text{-}P$ 浓度分别下降到（10.26 ± 1.07）mg/L、（0.28 ± 0.002）mg/L，去除率分别为 $89.99\%\pm1.04\%$、$99.6\%\pm0.002\%$。大分子有机物（$M_w > 10000$）会严重影响沉淀产物的组分。

4.4　基于微波预处理的污泥内碳源利用

　　碳源缺乏影响生物脱氮工艺（如 $A^2/O\text{-}MBR$）过程脱氮除磷的效果，理论上还原 1g 硝态氮至氮气需要碳源有机物 2.86g（BOD_5）。如果用实际污水作为碳源，由于只有部分快速可降解 BOD 能作为反硝化碳源，因此对 C/N（浓度比）的需求要高一些，一般城市污水的 C/N 需达到 8[66]。但目前我国一些城市污水的 C/N 尤其是南方地区仅在 6 左右，而反硝化作用和磷的去除作用依赖于碳源有机物，如果在工艺运行中碳源过少则会影响反硝化除磷的效率[67]。Ge 等[68]研究发现，磷的去除随 COD/P 和 TN/P 的增长有上升的趋势，氮的去除与 COD/TN 呈正相关。Wang 等[69]通过研究进水成分对脱氮除磷效果的影响，发现 C/N 不仅能够显著影响 TN 和 TP 的去除率，也会影响好氧磷吸收，同时他们的研究也发现 C/N 为 7.1 和 5 时都能达到最大的 TN 和 TP 的去除率；Fu 等[70]的研究结果显示进水 C/N 对

COD 的去除率没有影响，但会明显影响 TN 和磷酸盐的去除率，在他们的研究中当 C/N 为 9.3 时，TN 和磷酸盐的去除率会达到最大值，分别为 90.6% 和 90.5%；王宏杰等[71]利用气水交替式膜生物反应器进行污水处理研究，结果表明，C/N 为 3~10 时，C/N 的增加不影响 COD 和氨氮的去除，但有利于 TN 的去除，当 C/N 大于 5 时，TN 的去除率超过 66%。以上这些研究表明，进水中的 C/N 对污水处理工艺的脱氮除磷效果有显著的影响，C/N 过低会影响氮磷的去除效果，一般 C/N 需要达到 6 以上才能达到较好的脱氮除磷效果。

不同的碳源基质会对脱氮除磷效果产生影响。Bracklow 等[72]的研究发现，添加乙酸盐单一基质和复合基质都能够提高营养盐的去除率，但添加单一基质或复合基质对营养盐的去除效果无明显差异。但 Kargi 和 Uygur[73]研究发现，相比于乙酸盐单一基质，葡萄糖和乙酸盐的混合基质能够达到更高的营养物去除率。另外一些学者发现，以丙酸作为碳源能够达到更高的氮磷去除率；利用丙酸作为唯一碳源进行磷的去除研究发现，丙酸作为碳源能够使聚磷菌长时间在厌氧环境中富集并取得高的磷去除率[74, 75]。也有研究表明，将乙醇作为外加碳源不仅价格较为低廉，同时能够促进磷的去除[76]。

除外加碳源，即有机物碳源外，研究人员尝试了内源性碳源（即污泥处理后溶胞有机物）补充的研究。谭国栋等[77]对北京 11 个污水处理厂剩余污泥分析发现，尽管污泥来源、污泥处理工艺不同，有机物、氮、磷等含量有差异，但总体上污水处理厂剩余污泥富含有机物。因此一些研究人员通过对污泥预处理回流进行内源性碳源补充，同时进行污泥减量化的研究，主要通过对污泥的各种预处理，使其细胞破壁，达到溶胞效果，释放出其中的有机物等。目前针对污泥的预处理方法有很多，其中以物理、化学及组合技术为主，主要有臭氧氧化、热化学处理、微波处理等。基于这些污泥预处理方法，研究人员进行了污泥处理回流的研究，以达到补充碳源和污泥减量的目的。

Gao 等[78]利用两步污泥碱发酵过程对污泥进行预处理回流至 A²/O 工艺中进行碳源补充，发现 TN 和 TP 的去除率有显著提高，同时也达到了污泥减量的效果。Tong 和 Chen[79]对污泥进行碱处理后，利用磷酸铵镁沉淀法去除上清液中的氮、磷，并将上清液回流至 SBR 工艺中进行碳源补充，结果表明，TN 和溶解性磷酸盐的去除率明显上升。华南理工大学的贺明和[80]研究了 MBR 与污泥 Fenton 氧化组合工艺对焦化废水的处理和污泥减量化，实验装置可以分为以膜组件为核心的好氧生物处理单元和 Fenton 氧化单元，其中 Fenton 氧化单元用于破解和氧化剩余污泥。结果表明，将部分污泥 Fenton 氧化后回流至 MBR，在有效减少剩余污泥产量的同时还能提高系统的生物脱氮效率，但 MBR 需连续排泥来维持稳定运行，而组合工艺可以实现废水和污泥同时处理，其污泥产率（0.0023g MLVSS/g COD）接近于零，且在长期运行过程中污泥的活性基本没有降低；但膜污染有一定程度上的加剧。He 等[81]考察了污泥臭氧化回流-MBR 的不同回流量和运行情况，结果表明，将臭氧氧化单元应用于 MBR 单元能够达到良好的出水效果，同时减少了污泥产量，经济性分析表明臭氧操作成本仅为 0.096 元/m³ 污水。基于溶胞过程导致的磷去除率下降现象，Saktaywin 等[82]的研究通过结晶作用回收臭氧处理污泥中的磷，将上清液作为内碳源补充，并用稳态模型进行物料平衡计算，为内碳源的补充提供了参考。臭氧处理过程虽然操作成本较低，但投资成本较高，同时尾气中的臭氧不仅造成一定的浪费，而且影响环境。Banu 等[83]利用热化学消化 A²/O-MBR 中好氧膜池产生的污泥，通过沉淀过程去除上清液中的磷，并将上清液回流至缺氧池中进行碳源补充，取得了不错的污泥减量效果和碳源补充效果，且在 210d 的运行过程中，跨膜压差（TMP）保持恒定，没有出现明显的水质恶化。

　　以上研究利用各种技术对污泥进行溶胞处理，并将其回流至系统中进行碳源补充，研究结果表明，通过对污泥的预处理，经回流处理后上清液作为脱氮除磷工艺内碳源的补充是可行的，同时也能够达到污泥减量的效果。如前所述，作者课题组近年来在微波污泥预处理工艺、基于微波污泥预处理的污泥减量及污泥磷回收等方面进行了一系列研究，开发了微波-过氧化氢污泥预处理的污泥减量工艺，已成功地将该工艺应用于示范工程的研究中。针对污泥中过氧化氢酶的特性，作者课题组开发了微波-过氧化氢污泥预处理的过氧化氢投加策略，并提出了微波-过氧化氢污泥预处理技术的机理[6]；程振敏[84]利用微波进行污泥的破壁溶胞，并利用磷酸钙法回收上清液中的磷，研究结果显示磷的回收率超过 90%。阎鸿[9]研究了不同微波组合工艺对污泥的预处理效果，结果显示微波-酸、微波-过氧化氢对于溶出污泥中的含碳有机物、含氮物质的效果较好，并且能促进污泥中磷的释放，利于后续的污泥磷回收。肖庆聪[43]通过示范工程研究比较了微波及其多种组合工艺的污泥溶胞效果，结果表明，微波-过氧化氢工艺有利于 COD、总氮、总磷的溶出；示范工程结果表明，基于微波污泥预处理的污泥减量效果显著，污泥减量约为 50%。综合作者课题组的研究成果，用 10kW 功率的微波辐射样品，升温至 80℃，按 $H_2O_2/MLSS = 0.2$（质量比）的比例加入 30%的过氧化氢溶液，继续辐射升温至 100℃后结束的条件下，能达到最佳的溶胞效果。同时有研究表明，适当的微波辐射能够减少粒径为 $1\sim100\mu m$ 的超胶体颗粒的数量，而超胶体是影响污泥沉降性能的重要因素，因此微波处理能够提高污泥的脱水性能。以上研究结果表明，微波污泥处理不仅能够通过回流补充碳源，达到污泥减量化的目标，也能够改善污泥的脱水性能，降低污泥处理的难度。

　　虽然 MBR 能够承受较高的有机负荷，但并非污泥内碳源回流量越多越好。Yoon 等[85]利用超声破碎细胞技术进行剩余污泥的全部回流，运行期间发现，MLSS 升高，好氧池污泥粒径变小，出水水质有轻微恶化的现象，而这些会导致膜污染加剧，同时由于无污泥外排，除磷率降低。因此，在以内碳源回流的 MBR 脱氮除磷组合工艺研究中，需对污泥内碳源添加比例或回流量等工艺参数进行实际试验。此外，以上的这些研究缺少对膜污染影响的长期考察研究。因此，在采用污泥破壁溶胞液作为内碳源进行 A²/O-MBR 的碳源补充时，需要综合考虑系统的污水处理效果和对膜污染的影响，从实现污水处理与控制膜污染双赢的角度来考察内碳源的可利用性和优化添加量。

4.4.1　微波处理污泥内碳源对 A²/O-MBR 脱氮除磷的影响

图 4-31 分别给出了两组 A²/O-MBR 反应器在对照组不添加碳源和添加经 MW-H_2O_2-OH 预处理污泥产生的内碳源(C-MHP)运行时各阶段的进、出水 COD 浓度。从图中可以看出，进水中的 COD 浓度波动很大，有时 COD 浓度较高，超过 500mg/L；有时 COD 浓度很低，甚至低于 100mg/L。

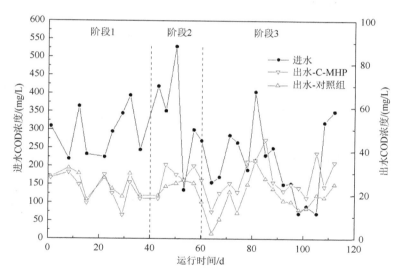

图 4-31　进、出水 COD 浓度随运行阶段变化情况

1. COD

从出水 COD 浓度变化情况可以看出，两组反应器出水 COD 均低于 50mg/L，COD 的去除效果稳定，满足《城镇污水处理厂污染物排放标准》(GB18918—2002)中的一级 A 标准。在阶段 2，当反应器 2 添加内碳源使 C/N 达到 6 时，对两组反应器出水的 COD 进行了 t 检验，结果表明，两组反应器出水 COD 不存在显著性差异。然而，在阶段 3，当反应器 2 添加内碳源至 C/N 为 8 时，反应器 2 中出水 COD 浓度明显高于对照组。通过对两组反应器好氧池上清液 COD 的监测发

现，在阶段 3，反应器 1 和反应器 2 中的 COD 浓度分别为 18～45mg/L 和 42～82mg/L，而出水中的 COD 浓度分别为 9～25mg/L 和 12.5～45mg/L。以上结果表明，膜分离在保证稳定优质的 COD 去除方面发挥了一定的作用，但添加内碳源会导致出水 COD 含量有所升高。与一些文献报道类似，在污泥溶胞处理过程中会释放出一些难降解的基质，如腐殖酸等物质，这些物质不能在反应器中去除，从而会导致出水 COD 含量升高[85]。

2. 氮的转化与去除

图 4-32（a）～（c）反映了三个阶段不同反应器中氨氮（NH_4^+-N）、硝态氮（NO_3^--N）浓度在 A^2/O-MBR 各单元的沿程变化情况。从图中可以看出，在三个阶段中，反应器好氧池中的氨氮浓度都很低，这表明进水中的氨氮在进入好氧池后的硝化过程很完全。在阶段 3，如图 4-32（d）所示，在对照组和添加内碳源两组反应器中，氨氮的浓度分别为 0.54～1.46mg/L 和 1.01～3.21mg/L；统计分析结果表明，添加内碳源反应器的出水中的氨氮浓度明显高于对照组（$p < 0.05$），这表明添加内碳源会导致出水中氨氮浓度有轻微的上升。从硝态氮浓度的变化情况可以发现，好氧池中硝态氮的浓度急剧上升，结合氨氮浓度的变化表明硝化效果很好。在阶段 3，对照反应器（反应器 1）缺氧池中的硝态氮浓度明显高于反应器 2，表明对照反应器缺氧池中反硝化出现了不利状况。这与污泥浓度有一定的关系，在阶段 3 中，由于进水 COD 浓度低，对照组反应器中的污泥浓度降低，约为 4100mg/L，而好氧池的曝气量并未降低，导致好氧池中的溶解氧浓度较高，大于 4mg/L，在污泥回流作用下，好氧池中的高溶解氧浓度会导致缺氧池溶解氧的含量升高，从而影响了反应器 1 的缺氧条件，对反硝化产生了不利影响。

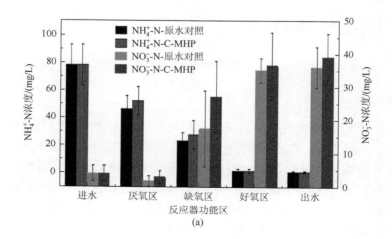

(a)

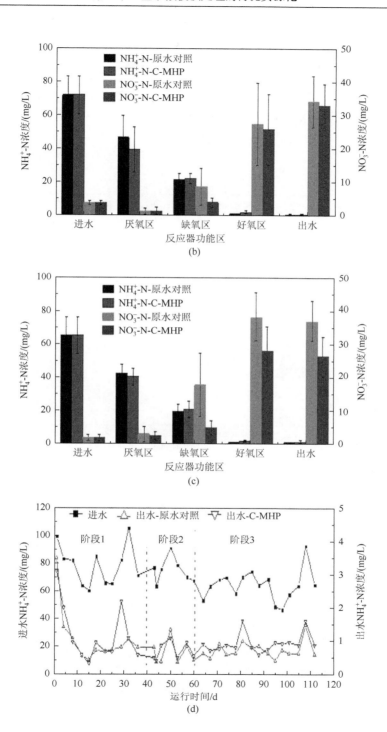

(b)

(c)

(d)

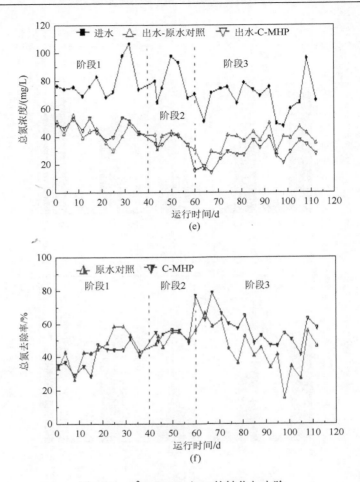

图 4-32　A^2/O-MBR 中 N 的转化与去除

（a）阶段 1；（b）阶段 2；（c）阶段 3；（d）进、出水中氨氮浓度；（e）进、出水中总氮浓度；（f）总氮去除率

　　图 4-32（e）和（f）分别给出了两组反应器 TN 的进、出水浓度和去除率。在阶段 1，两组反应器中出水 TN 浓度为 35～55mg/L，TN 平均去除率低于 50%。在阶段 2，反应器 2 中添加内碳源至 C/N 为 6，两组反应器中的 TN 去除率分别为 53.7% 和 54.9%。t 检验结果表明，两组反应器在阶段 1 和阶段 2 对 TN 的去除不存在显著性差异，这表明添加内碳源至 C/N 为 6 并没有达到预期提高脱氮除磷效率的目标。在阶段 3，当添加内碳源使 C/N 比提高为 8 时，相对于对照组，反应器 2 中 TN 的去除率提高了 11%，达到 46%～67%。结果表明，在阶段 2，微生物对内碳源的利用经过一定的适应期后，对碳源的利用率增高，同时当提高 C/N 至 8 时，更多的有机物进入反应器 2，从而提高了反硝化效率。结合进水 COD 和 TN

浓度分析发现，进水中的平均 C/N 约为 3.48，有时低于 1.5。文献研究认为，当 C/N 低于 8 时，N 的去除会受到碳源缺乏的影响[86]。

3. 磷的转化与去除

污泥经微波处理溶胞后会释放出大量的磷，约为 200mg/L。这部分磷如果随内碳源添加至反应器中，会大大提高反应器的磷负荷。因此在添加内碳源之前，需通过化学沉淀法去除内碳源中的磷。本实验经化学除磷后，微波处理后的内碳源磷浓度约为 45mg/L。图 4-33 给出了 A^2/O-MBR 工艺中磷的转化和去除情况，图 4-33（a）、（b）和（c）分别表示三个阶段中不同碳源添加条件时磷在 A^2/O-MBR 各单元的沿程变化情况。通过对各阶段不同反应器中磷的沿程变化分析发现，反应器中存在着明显的厌氧释磷和缺氧吸磷现象。在三个阶段中，两组反应器的缺氧吸磷率均达到 46% 以上，且随着运行时间的增长，缺氧吸磷率逐步增加。在阶段 3，两组反应器的缺氧吸磷率分别达到 63.49% 和 62.32%，表明在实验反应器中反硝化聚磷作用得到了加强。研究表明，C/N 对缺氧吸磷作用存在影响，当 C/N 较低时，缺氧吸磷的比例较高，尤其是 C/N 为 4~7 时，缺氧吸磷的比例较高[87]。在本实验中，由于进水碳源的缺乏，缺氧吸磷作用被强化。在阶段 3，内碳源添加情况下，反应器 2 的好氧吸磷率约为 42%，远高于对照组的 23%，这表明内碳源的添加加强了反应器的好氧吸磷作用。

从 TP 的去除情况分析 ［图 4-33（d）］，进水中磷的浓度变化范围很大，反应器中磷的去除效果不稳定。t 检验结果表明，在阶段 1 和阶段 2，两组反应器对磷的去除不存在显著差异；在阶段 3，反应器 2 中 TP 的平均去除率达到 59%，而此时对照反应器中 TP 的去除率仅为 31%，这表明尽管有部分残留的磷进入反应器 2 中，但内碳源的添加明显促进了反应器 2 对磷的去除。

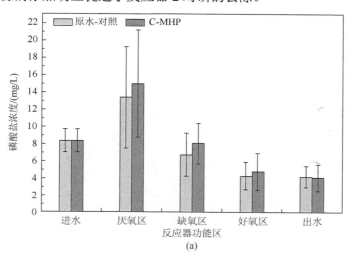

(a)

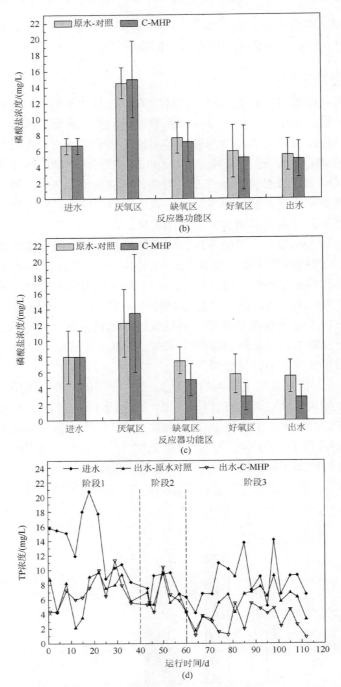

图 4-33　A²/O-MBR 中磷的转化与去除

（a）阶段 1；（b）阶段 2；（c）阶段 3；（d）进、出水中 TP 浓度

4.4.2　微波处理污泥碳源可利用性分析

从内碳源的脱氮除磷效果可以看到，当提高 C/N 至 8 时，内碳源的添加可使脱氮效率提高 11%，除磷效率提高 28%，能够使平均脱氮效率达到约 60%，除磷效率约 59%，这表明将经微波-过氧化氢处理产生的溶胞有机物作为内碳源具有一定的技术可行性。但在 C/N 为 6 时，外碳源甲醇和乙酸钠的脱氮效率分别为 70% 和 90%，内碳源的脱氮除磷效率要明显低于外碳源，为了说明内碳源脱氮除磷效率偏低的原因，有必要对内碳源的可利用性进行评估和研究。

1. 反硝化速率研究

在反硝化过程中，微生物利用溶解性有机物作为电子供体进行生物脱氮。因此反硝化速率能够反映不同碳源的可利用性。

图 4-34 为本实验中所用生活污水及内碳源的反硝化测试曲线。经计算，生活污水的反硝化速率为 0.132g NO_3^--N/(g VSS·d)，内碳源的反硝化速率为 0.065g NO_3^--N/(g VSS·d)。

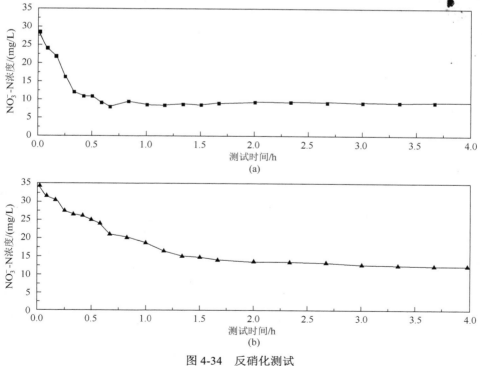

图 4-34　反硝化测试

（a）生活污水；（b）内碳源

表 4-11 列出了外碳源、普通生活污水、内源性物质及污泥溶胞碳源的反硝化速率。乙酸钠和甲醇属于快速可生物降解有机物，也称为第一类基质，其反硝化速率比较高；内源性代谢产物为第二类基质，反硝化速率较低。生活污水成分较为复杂，既包括一些易降解的有机物又含有难降解基质，其反硝化速率变化幅度较大。本研究中的生活污水反硝化速率要高于文献报道的数值，推测这是由于本实验所用生活污水取自生活区化粪池，经过了部分厌氧水解，污水中易降解基质增多。对比臭氧和机械破碎污泥溶出的有机物，微波-过氧化氢（MHP）预处理过程产生的有机物有更高的反硝化速率，这表明微波-过氧化氢预处理过程不仅能够使污泥有效溶胞释放出大量的有机物，同时能够将一些大分子难降解基质氧化为小分子物质，提高其可利用性。但微波预处理内碳源反硝化速率远低于外碳源的反硝化速率，说明微波预处理内碳源脱氮的生化可利用性较外碳源低。

表 4-11　不同碳源的反硝化速率

碳源种类	反硝化速率/[g NO_3^- -N/(g VSS·d)]	参考文献
甲醇	0.12～0.32	[88]
乙酸钠	0.603	[89]
生活污水	0.03～0.11	[90]
内源性物质	0.017～0.048	[90]
臭氧污泥处理溶出物	0.05	[91]
机械破碎污泥处理溶出物	0.0567	[92]
MHP 处理后内碳源	0.065	[93]
生活污水	0.132	[93]

2. 内碳源组分研究

活性污泥模型（ASM）组分的划分主要以生物降解特性为基础，将有机物 COD 划分为可生物降解 COD_b 和不可降解 COD_{nb}。根据降解速率的不同，废水中的 COD_b 分为两大类，即快速生物降解 COD（Ss）和慢速生物降解 COD（Xs）。通过间歇好氧呼吸速率（OUR）实验能够评估碳源的可生物降解组分，结果表明，在 MHP 产生的内碳源中，快速生物降解基质（Ss）浓度为 1451.3mg/L±106.2mg/L，慢速生物降解基质（Xs）浓度为 682.6mg/L±133.5mg/L，内碳源中 COD_b 占总 SCOD 的 47%左右，且 Ss 的浓度仅占总 SCOD 的 30%。在 Gao 等[78]进行的研究中，污泥碱发酵产生的碳源中 Ss 所占比例约为 27%，文献[79]报道污泥进行厌氧发酵所产生 Ss 的比例为 47%，表明污泥生物发酵能够产生更多的 Ss，这也说明内碳源可以通过进一步水解提高其 Ss 的浓度，提高其可利用性。

3. N、P 物料平衡研究

从内碳源的特性分析可以发现,内碳源具有相当高的 C/N,为 16.54g COD/g N,但从反硝化速率实验及 COD 组分研究发现,只有一部分的 COD 可以用于脱氮过程,另外内碳源中含有的 N 和 P 会随之进入反应系统中,因此有必要对整个系统进行 N 和 P 的物料平衡计算。图 4-35 为 A^2/O-MBR 中氮磷的物料平衡示意图。

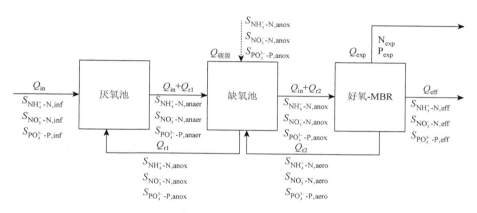

图 4-35　A^2/O-MBR 中氮磷物料平衡示意图

Q. 流量;S. 浓度;Q_{exp}.剩余污泥流量;N_{exp}.排泥中 N 的质量;P_{exp}.排泥中 P 的质量

根据图 4-35 以各阶段氨氮和硝态氮平均值为数据计算基础,对未加碳源、添加内碳源(C-MHP)、甲醇和乙酸钠四个反应阶段的 N 和 P 进行物料平衡计算。

尽管从表观数据分析看,内碳源的添加并没有达到外碳源添加时显著的脱氮除磷效果,但从表 4-12 可以发现,添加内碳源时,缺氧池的反硝化率达到了 70.75%,甚至稍高于添加甲醇和乙酸钠的情况,这表明内碳源在缺氧池的投加确实提高了其反硝化效果。而在添加外碳源的情况下,发生了同步硝化反硝化作用,提高了氮的去除率。在未加碳源和添加内碳源的情况下,好氧池硝态氮的生成量要高于氨氮的去除量,其差额分别为 0.51g/d 和 1.0g/d,这部分氮的差额与有机氮成分有关,有机氮会在好氧池通过硝化作用转化为硝态氮;同时内碳源中含有较多的有机氮,因此有机氮转化为硝态氮的量更多,而这部分有机氮的增多加大了反应系统的氮负荷,这可能是导致其总体脱氮效率较低的原因之一。

表 4-12　各运行阶段各功能区氮平衡分析

反应阶段	反应区	NH_4^+-N				NO_3^--N				好氧区氮去除量/(g/d)
		进水氮含量/(g/d)	出水氮含量/(g/d)	变化量/(g/d)	去除率/%	进水氮含量/(g/d)	出水氮含量/(g/d)	变化量/(g/d)	反硝化率/%	
未加碳源	厌氧区	8.45	8.52	−0.07	—	1.95	0.56	1.39	—	—
	缺氧区	8.67	7.70	0.97	11.19	8.24	7.10	1.14	13.83	—
	好氧区	5.77	0.22	5.55	96.19	5.33	11.39	−6.06	—	—
C-MHP	厌氧区	8.28	7.86	0.42	5.07	0.66	0.46	0.20	—	
	缺氧区	8.63	8.33	0.30	3.48	6.67	1.95	4.72	70.76	—
	好氧区	6.25	0.46	5.79	92.64	1.46	8.25	−6.79	—	
C-甲醇	厌氧区	10.90	9.99	0.91	8.35	0.77	0.26	0.51	—	
	缺氧区	10.26	9.76	0.50	4.90	5.47	1.88	3.59	65.63	
	好氧区	7.32	0.34	6.98	95.35	1.41	7.88	−6.47	—	0.51
C-乙酸钠	厌氧区	10.87	10.65	0.22	2.02	0.73	0.46	0.27	—	
	缺氧区	11.06	9.65	1.41	12.75	5.32	1.72	3.60	67.67	
	好氧区	7.24	0.50	6.74	93.09	1.29	7.35	−6.06	—	0.68

　　为了进一步说明添加碳源对脱氮的作用，以表 4-12 为基础，本研究对不同碳源添加条件下含氮物质的物料平衡进行分析，见表 4-13。在对各反应阶段进行物料平衡分析中，由于每天外排污泥 1.6L，需考虑系统排放的剩余污泥中氮的含量，根据文献，取外排污泥中氮含量系数为 0.1g N/g VSS[94]。通过氮平衡分析发现，在未加碳源和添加内碳源情况下，系统的氮平衡率较高，达到 95% 以上，而在添加外碳源的情况下，氮平衡率较低，为 90% 左右。这是因为在进行物料平衡计算时没有考虑有机氮对物料平衡的影响。前两组实验是在夏季进行的，平均水温在 25℃ 左右，后两组实验是在冬季进行的，平均水温为 15℃，尽管溶解氧浓度基本都在 3.4mg/L 左右，但是水温会对硝化作用产生明显的影响，在低温条件下，硝化细菌的比生长速率降低。在夏季时，进水中的有机氮在高效的硝化作用下被氧化为硝态氮进入系统中，系统的氮平衡率较高，而在温度较低时，有机氮很难被氧化进入系统中，因此氮平衡率较低；另外一个可能的原因是，在添加外碳源时，微生物优先利用快速生物降解基质，从而降低了对含氮有机物的利用率。在前两组实验运行时，由于系统中碳源的缺乏，微生物会对一些难降解碳源如蛋白质等进行利用，释放出含氮基团，其在好氧池被硝化进入平衡系统。而在添加外碳源时，微生物会优先利用快速生物降解基质，对进水中一些含氮的难降解碳源的利用减少，因此氮平衡率较低。

表 4-13　氮物料平衡

运行阶段	进水		反硝化作用		同步硝化反硝化作用		出水		污泥排放		氮平衡率/%
	进水氮含量/(g/d)	比例/%	氮去除量/(g/d)	比例/%	氮去除量/(g/d)	比例/%	出水氮含量/(g/d)	比例/%	氮排放量/(g/d)	比例/%	
未加碳源	7.12	100.00	2.52	35.39	—	—	3.78	53.09	0.51	7.16	95.64
C-MHP	8.57	100.00	4.92	57.41	—	—	2.75	32.09	0.77	8.98	98.48
C-甲醇	9.25	100.00	4.10	44.32	0.51	5.51	2.67	28.86	0.90	9.73	88.42
C-乙酸钠	9.25	100.00	3.87	41.84	0.68	7.35	2.49	26.92	1.06	11.46	87.57

　　为了说明添加碳源对除磷的作用和机理，本研究对添加各种碳源与不加碳源条件下磷的物料平衡进行了分析，见表 4-14 和表 4-15。进入反应器中的磷主要以两种方式去除：随出水外排和随剩余污泥排放。剩余污泥中磷含量按污泥干重（g VSS）的 3%计算[95]。由表 4-14 发现，内碳源和外碳源的添加均显著地促进了厌氧释磷作用。添加外碳源对好氧吸磷有明显的促进作用，在添加甲醇和乙酸钠时，好氧吸磷率分别达到 60%和 77.05%。在添加内碳源时，存在着明显的缺氧吸磷作用，缺氧吸磷率为 38.13%。一些研究表明，在碳源缺乏、存在硝态氮的情况下，系统中的反硝化聚磷菌会逐渐增长，进行反硝化聚磷[96]，内碳源添加过程中硝态氮的存在促进了反硝化聚磷菌的生长。同时内碳源的添加促进了厌氧区的磷释放，这是由于内碳源由缺氧池回流至厌氧池，一些复杂基质在厌氧池中被水解成为快速可生物降解基质，能够被聚磷菌利用从而促进了其释磷作用，这也表明内碳源能通过进一步的水解酸化成为快速可生物降解基质。

表 4-14　A^2/O-MBR 运行阶段各反应区磷平衡分析

运行阶段	反应区	进水磷含量/(mg/d)	出水磷含量/(mg/d)	变化量/(mg/d)	去除率/%
未添加碳源	厌氧区	1535.3	2436	−900.7	—
	缺氧区	3584	2980	604	16.85
	好氧区	2235	1891	344	15.40
C-MHP	厌氧区	1298.5	2684	−1385.5	—
	缺氧区	3268	2022	1246	38.13
	好氧区	1516.5	1251	265.5	17.51
C-甲醇	厌氧区	1466	3066	−1600	—
	缺氧区	3464	3200	264	7.62
	好氧区	2400	960	1440	60
C-乙酸钠	厌氧区	2033	3940	−1907	—
	缺氧区	4364	5468	−1104	—
	好氧区	4101	941	3160	77.05

表 4-15　磷物料平衡

运行阶段	磷输入		磷输出				磷平衡率/%
	进水磷含量/(g/d)	比例/%	出水磷含量/(g/d)	比例/%	磷排放量(污泥排放)/(g/d)	比例/%	
未加碳源	0.86	100.00	0.57	66.28	0.19	22.09	88.37
C-MHP	1.04	100.00	0.32	30.77	0.38	36.54	67.31
C-甲醇	0.82	100.00	0.15	18.29	0.38	46.34	64.63
C-乙酸钠	0.82	100.00	0.13	15.85	0.40	48.78	64.63

由表 4-15 可以看出，反应器中磷的平衡率较低，这可能是由于剩余污泥中含磷系数取值较低，在一些文献中磷含量系数能够达到 0.077g P/g VSS[97]。

通过对不同碳源添加过程中氮、磷的物料平衡的研究发现：①添加碳源能够提高缺氧区的反硝化率至 65%以上，内碳源的添加能够促进反硝化作用，使反硝化率达 70%以上；②当反应器缺乏碳源或具有较多的复杂碳源时，微生物能够利用复杂基质，对难降解物质进行分解利用，释放出氮源；③在添加外碳源时，系统存在好氧区的同步硝化反硝化的作用；④外碳源的添加能够有效促进好氧吸磷作用，而内碳源的添加能够促进厌氧释磷和缺氧吸磷。

4. 内碳源可利用评估

外碳源能够显著促进系统的脱氮除磷效果，但是外碳源的利用不仅会增加运行成本，也会增加污泥的产量。对于甲醇和乙酸钠而言，去除单位质量硝态氮所消耗的 COD 当量分别为 4.0g COD/g N 和 4.6g COD/g N，污泥产量分别为 0.4g VSS/g COD 和 0.65g VSS/g COD[98]，对于乙酸钠，每千克硝态氮转化为氮气需要的费用为 8.15 美元，人民币约 50 元[86]。内碳源的利用不仅能够使污泥达到资源化，同时也能促进系统的脱氮除磷。在该研究中，内碳源去除单位质量硝态氮所消耗的当量为 11.6g COD/g N，污泥产量为 0.28g VSS /g COD。在作者课题组之前的研究中[43]，污泥浓度为 15g/L 时，MHP 处理费用约为 0.06 元/L；本实验（100L/d 处理规模）中每天添加内碳源所需的污泥处理费用为 0.3 元，据此计算，内碳源每千克硝态氮转化为氮气需要的费用约为 116.01 元，同时消耗掉 1.94m³ 的污泥。对污泥减量而言，作者课题组在天津纪庄子污水处理厂的中试实验中，对污泥采用脱水填埋处理，单位干重污泥处理费用为 2.38 元/kg SS[43]，通过计算得到，添加乙酸钠时，去除每千克氮的污泥处理费用为 7.13 元/kg N；添加内碳源时，污泥处理费用为 7.73 元/kg N，同时消耗掉的污泥量为 1.94m³，则污泥减量的费用为 69.26 元/kg N。结合内碳源的污泥减量效果，去除单位质量氮，添加乙酸钠时的费用为 57.13 元，添加内碳源时的费用为 54.48 元。综上，结合污泥资源化效果，内碳源在利用过程中具有一定的经济和技术可行性。

4.4.3　水解酸化强化微波预处理污泥碳源可利用性研究

水解酸化过程可以将难生物降解的大分子物质转化为易生物降解的小分子物质，小分子物质进一步转化为挥发性脂肪酸，从而增加溶解性有机物与易生物降解有机物的比例。污泥水解酸化过程产生的大量溶解性有机物（SCOD）与挥发性脂肪酸（VFA），可以为生物反硝化脱氮提供碳源。同时，外加水解酶，如淀粉酶、蛋白酶等，不仅可以促进污泥中的悬浮固体溶解和大分子有机物降解，强化污泥水解，缩短污泥水解时间，改善污泥性能，还对环境无二次污染，经济高效，易控制。

因此，为了有效提高微波预处理污泥释放的溶解性有机物碳源的可利用性，将微波-过氧化氢-碱预处理与污泥水解酸化技术结合，并通过外加蛋白酶、淀粉酶强化污泥水解，进一步缩短污泥水解酸化时间，提高释放的溶解性有机物中易降解组分的含量。在本小节中，通过考察微波-过氧化氢-碱预处理及添加中性蛋白酶和中温 α-淀粉酶对污泥水解酸化的影响，明确酶强化污泥水解酸化的效果及其污泥上清液中有机物的变化与组成特征，进而优化微波预处理后污泥的水解酸化条件，以期为污泥高效资源化利用提供技术支撑。

1. 微波-过氧化氢-碱预处理及外加水解酶对污泥溶解性有机物释放的强化

如图 4-36 所示，剩余污泥直接水解酸化为对照组，经过微波-过氧化氢-碱预处理后进行水解酸化为预处理组。中性蛋白酶和中温 α-淀粉酶的加入对预处理后污泥的水解有促进作用，在最初的 0.5d 内各组的 SCOD 均大幅度提高，在 0.5d 时达到最大，预处理组的 SCOD 浓度比对照组提高了 100.23%，不同蛋白酶投加组的 SCOD 浓度比预处理组分别提高了 34.95%、44.42%、67.31%、77.90%，不同淀粉酶投加组的 SCOD 浓度比预处理组分别提高了 30.21%、43.18%、52.31%、63.25%、75.42%。这主要是由于在外加酶催化和污泥水解的共同作用下，固相有机物，如蛋白质、糖类和脂肪等逐渐被释放，由固相转移到液相，使 SCOD 浓度升高。之后的 3.5d，SCOD 浓度基本保持不变，波动不大，这说明污泥的水解主要发生在最初的 0.5d 内。由于外加酶本身是蛋白质，也可以贡献一部分 SCOD，但通过同样装置、温度及投加量等条件下的清水实验，实验结果表明，经过 0.5d，30mg 蛋白酶/g TS、60mg 蛋白酶/g TS、120mg 蛋白酶/g TS、180mg 蛋白酶/g TS 组的 SCOD 分别为 850mg/L、1685mg/L、3300mg/L、4050mg/L，扣除蛋白酶本身的 SCOD，投加不同蛋白酶相对于预处理组分别增加了 3410mg/L、3415mg/L、3830mg/L、4020mg/L 的 SCOD。同样地，30mg 淀粉酶/g TS、60mg 淀粉酶/g TS、90mg 淀粉酶/g TS、120mg 淀粉酶/g TS、180mg 淀粉酶/g TS 组的 SCOD 分别为

615mg/L、1305mg/L、2005mg/L、2675mg/L、3525mg/L，扣除淀粉酶本身的 SCOD，投加不同淀粉酶相对于预处理组分别增加了 3225mg/L、3685mg/L、3795mg/L、4095mg/L、4325mg/L 的 SCOD。这进一步说明中性蛋白酶和中温 α-淀粉酶的加入对预处理后污泥的水解有促进作用。从第 4 天开始，除了预处理组，其他各组的 SCOD 浓度均呈现不同程度的下降。SCOD 浓度的升高或降低，主要取决于 SCOD 的产生速率和消耗速率。如果产生速率大于消耗速率，则表现为 SCOD 浓度

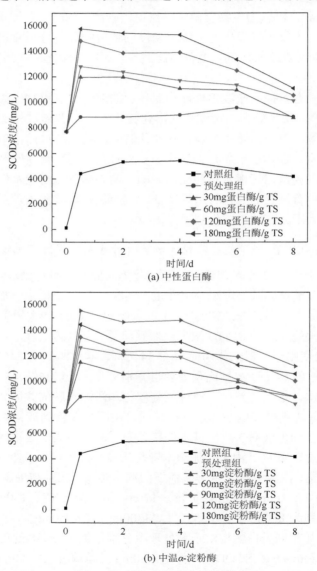

图 4-36　不同条件下 SCOD 浓度随水解酸化时间的变化

升高，反之，则为 SCOD 浓度下降。SCOD 浓度降低主要是因为水解酸化产生的 VFA 在厌氧环境中进一步分解产生 CH_4、CO_2 等。因此，从第 4 天开始污泥可能大幅度地产生 CH_4、CO_2 等，消耗了 SCOD，SCOD 总量下降，这意味着可以用于生物脱氮除磷的碳源变少了。因此，优化的水解酸化时间应该不大于 4d，以达到在不改变碳源总量的基础上，增加溶解性有机物与易生物降解有机物比例的目的。

2. 微波-过氧化氢-碱预处理及外加水解酶对 VFA 及其组分的影响与强化

从图 4-37 可知，对照组和预处理组在 18d 的反应时间内，总 VFA 浓度都是先升高后降低，对照组在第 4 天达到最大值（2136.19mg/L），预处理组在第 10 天达到最大值（4616.59mg/L），比对照组提高了 116.11%，这说明，经过微波-过氧化氢-碱预处理的污泥进行水解酸化能产生较多的 VFA，碳源可利用性提高，但是水解时间被延长。在最初的 4d 内，对照组产生的 VFA 浓度均高于预处理组。但在 4d 以后，预处理组产生的 VFA 浓度均高于对照组。对照组在第 12 天结束水解酸化，而预处理组在第 18 天结束水解酸化。预处理组在最初的 2d，总 VFA 浓度变化不大，存在产酸滞后期，这可能是由于经过微波-过氧化氢-碱预处理后污泥中残留了部分过氧化氢或预处理过程中产生的副产物，这些物质很有可能破坏了微生物细胞或者抑制了微生物的新陈代谢等，对水解酸化微生物产生了一定的毒害作用，抑制了初期污泥的水解酸化。经历了一段产酸滞后期之后，最初残留的过氧化氢或副产物产生的抑制被解除，水解酸化微生物活性恢复，溶解性蛋白质被大量消耗，开始大量产酸。如图 4-38 所示，VFA 中以乙酸、正丁酸和异戊酸为主。

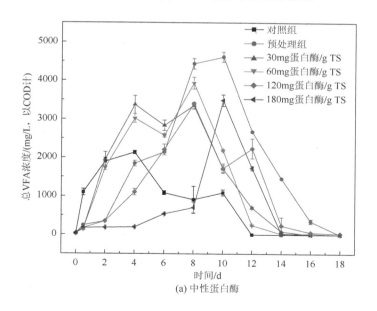

(a) 中性蛋白酶

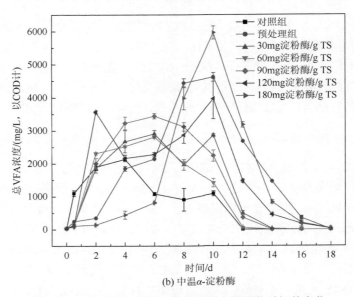

图 4-37　不同条件下总 VFA 浓度随水解酸化时间的变化

3. 碳源组成特征

在水解酶投加量为 30mg 蛋白酶/g TS 组和 90mg 淀粉酶/g TS 组的碳源组成随水解酸化时间的变化如图 4-39 所示。在 0.5～4d，随着水解酸化时间的延长，各组的溶解性蛋白质所占的比例均在下降，总 VFA 所占的比例均在提高，SCOD 浓度基本不变，因此，达到了在不改变碳源总量的基础上增加溶解性有机物与易生物降解有机物比例的目的。其中第 4 天，相对于其他组，30mg 蛋白酶/g TS 组的总 VFA、溶解性蛋白质、溶解性糖类三类物质占 SCOD 的比例最高（91.33%）。

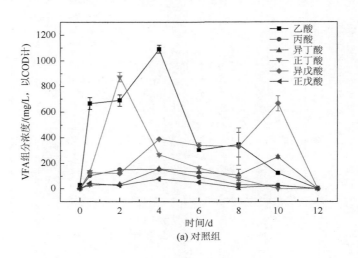

(a) 对照组

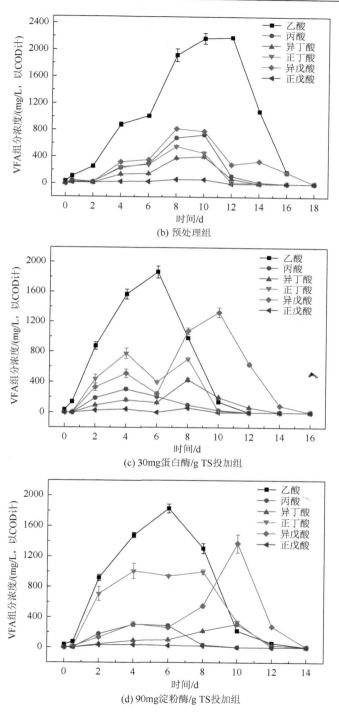

(b) 预处理组

(c) 30mg蛋白酶/g TS投加组

(d) 90mg淀粉酶/g TS投加组

图 4-38　不同条件下 VFA 各组分浓度随水解酸化时间的变化

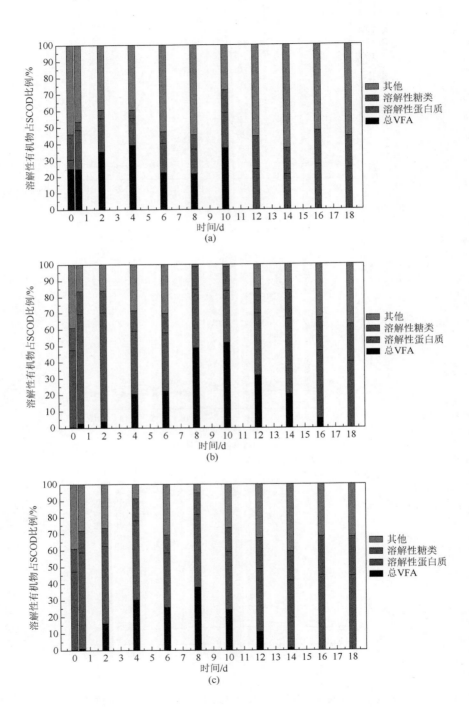

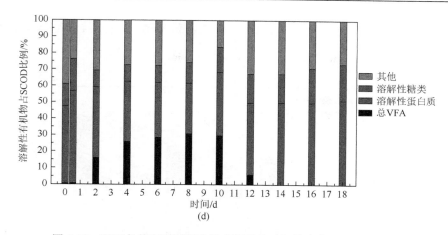

图 4-39　不同条件下碳源组成随水解酸化时间的变化（后附彩图）

（a）对照组；（b）预处理组；（c）30mg 蛋白酶/g TS 投加组；（d）90mg 淀粉酶/g TS 投加组

4. 营养物（氮、磷）的释放特征

氮、磷伴随着有机物的溶出而释放，释放多少与污泥水解酸化程度有关。从图 4-40 可知，剩余污泥经过微波-过氧化氢-碱预处理后，TN 浓度大幅度提高。不同处理组经过 4d 水解酸化后，NH_4^+-N、TN 浓度均有所提高，尤其是氨氮浓度，这些氨氮主要来自污泥水解酸化过程中蛋白质的分解，溶解性蛋白质水解为氨基酸继而产生氨氮。碳源缺乏（一般 COD/TN 为 4~7）是污水生物脱氮过程存在的主要问题之一。水解酸化 4d 后，30mg 蛋白酶/g TS 组和 90mg 淀粉酶/g TS 组污泥上清液中的 COD/TN 分别为 13.26、14.41，远高于对照组和市政污水的 COD/TN，可以作为外加碳源使用。对照组经过 4d 的水解酸化后，污泥上清液中的 TP 浓度为 128.4mg/L，其他处理组经过 4d 的水解酸化后，污泥上清液中的 TP 浓度为 103.6~106.0mg/L。TP 浓度的差异主要是经过微波-过氧化氢-碱预处理后，溶液偏碱性，部分磷以沉淀的形式出现，使得上清液中的 TP 浓度下降。

5. 碳源组成及碳源可利用性评估

如图 4-41 所示，在经过优化的水解温度 52.92℃、水解酸化时间 5.09d、蛋白酶投加量为 31.23mg/g 的微波预处理结合水解酸化的实验条件下，在碳源组成方面，优化工艺条件下 SCOD 占 TCOD 的 44.56%，总 VFA 占 SCOD 的 66.42%，溶解性蛋白质占 SCOD 的 19.34%，溶解性糖类占 SCOD 的 6.89%，其他类物质占 SCOD 的 7.35%。在 VFA 组成方面，乙酸占总 VFA 的 35.11%，丙酸占总 VFA 的 16.90%，异丁酸占总 VFA 的 7.15%，正丁酸占总 VFA 的 19.94%，异戊酸占总 VFA

的 20.14%，正戊酸占总 VFA 的 0.76%。碳源以总 VFA 为主，其中 VFA 以乙酸、异戊酸、正丁酸、丙酸为主。

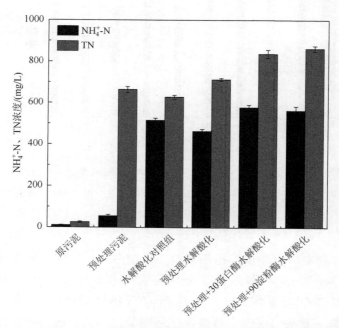

图 4-40　初始污泥和水解酸化第 4 天时不同处理组的氨氮和总氮浓度

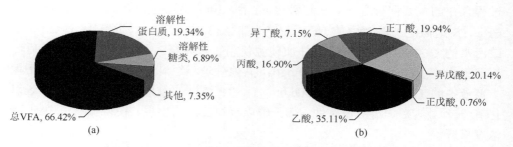

图 4-41　优化工艺条件下污泥上清液的碳源组成及 VFA 组成

　　为了研究碳源的可利用性，作者进行了反硝化速率研究。在反硝化过程中，微生物将溶解性有机物作为电子供体进行生物脱氮，所以反硝化速率可以很好地反映碳源的可利用性。图 4-42 为未优化组（仅微波-过氧化氢-碱预处理）和优化组（微波-过氧化氢-碱预处理并去除残留 H_2O_2 + 水解酸化）的污泥上清液作为碳源时的反硝化测试曲线，优化组的污泥上清液作为碳源时的反硝化速率为 $0.184g\ NO_3^- \text{-N}/(g\ VSS·d)$，远远高于未优化组$[0.065g\ NO_3^- \text{-N}/(g\ VSS·d)]$。理论上，在缺氧、可生物降解底物充足的条件下，去除 1mg 硝态氮需要消耗的 COD 量为 2.86/(1–YH)，其中 YH 为异养菌产率系数。根据 ASM1 活性污泥数学模型，YH 取 0.67，那么理论上去除 1mg 硝态氮需要 8.67mg 可生物降解底物 COD。在实验的前 50min，共去除 23.74mg/L 硝态氮，消耗了 208mg/L 的 SCOD，即实际上去除 1mg 硝态氮消耗了 8.76mg 可生物降解底物 COD，与理论相符。普通生活污水的反硝化速率为 $0.03\sim0.11 \mathrm{g\,NO_3^- \text{-}N/(g\,VSS\cdot d)}$，甲醇和乙酸钠的反硝化速率分别为 $0.12\sim0.32 \mathrm{g\,NO_3^- \text{-}N/(gVSS\cdot d)}$ 和 $0.603 \mathrm{g\,NO_3^- \text{-}N/(g\,VSS\cdot d)}$。总体来说，在优化工艺条件下的污泥上清液作为碳源的可利用性介于甲醇和乙酸钠之间，碳源可利用性较好。

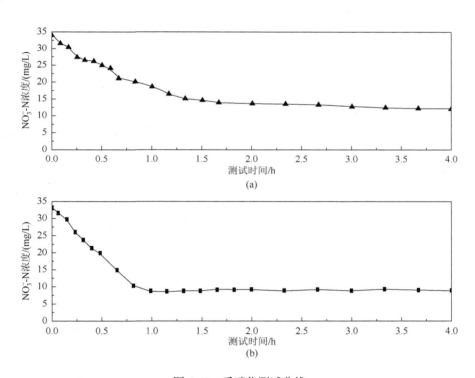

图 4-42　反硝化测试曲线

（a）未优化组（仅 $MW\text{-}H_2O_2\text{-}OH$ 预处理）的污泥上清液[12]；（b）优化组（$MW\text{-}H_2O_2\text{-}OH$ 预处理并去除残留 H_2O_2 ＋ 水解酸化）的污泥上清液

参 考 文 献

[1]　郝晓地，衣兰凯，王崇臣，等. 磷回收技术的研发现状及发展趋势. 环境科学学报，2010，30（5）：897-907.

[2]　Liu Z G，Zhao Q L，Wang K W，et al. Comparison between complete and partial recovery of N and P from stale.

Journal of Environmental Engineering and Science, 2008, 7 (3): 223-228.

[3]　Srinivasa H, Kochb F A, Monti A. Membrane EBPR for phosphorus removal and recovery using a side-stream flow system: preliminary assessment//Ashley K, Mavinic D, Koch F. The Proceedings of the International Conference on Nutrient Recovery from Wastewater Streams. London: IWA Publishing, 2009: 371-387.

[4]　Niewersch C, Petzet S, Henkel J. Phosphorus recovery from eluated sewage sludge ashes by nanofiltration//Ashley K, Mavinic D, Koch F. The Proceedings of the International Conference on Nutrient Recovery from Wastewater Streams. London: IWA Publishing, 2009: 245-256.

[5]　吴飞, 冯全芬, 刘芬芬. 混凝-活性炭-膜工艺处理黄磷化工渗滤液的研究. 环境污染与防治, 2008, 30 (5): 38-41.

[6]　王亚炜. 微波-过氧化氢协同处理剩余污泥的效能与机理研究. 北京: 中国科学院生态环境研究中心, 2009.

[7]　周峰. 鸟粪石沉淀法回收废水中磷的研究. 厦门: 华侨大学, 2006.

[8]　袁建磊. 强化膜生物反应器除磷性能及磷回收试验研究. 哈尔滨: 哈尔滨工业大学, 2007.

[9]　阎鸿. 微波及其组合工艺在污泥预处理中的比较研究. 北京: 中国科学院生态环境研究中心, 2010.

[10]　荆肇乾, 吕锡武. 污水处理中磷回收理论与技术. 安全与环境工程, 2005, 12 (1): 29-32.

[11]　Jaffer Y, Clark T A, Pearce P, et al. Potential phosphorus recovery by struvite formation. Water Research, 2002, 36 (7): 1834-1842.

[12]　Stratful I, Scrimshaw M D, Lester J N. Conditions influencing the precipitation of magnesium ammonium phosphate. Water Research, 2001, 35 (17): 4191-4199.

[13]　Pastor L, Mangin D, Ferrer J, et al. Struvite formation from the supernatants of an anaerobic digestion pilot plant. Bioresource Technology, 2010, 101 (1): 118-125.

[14]　袁鹏, 宋永会, 袁芳, 等. 磷酸铵镁结晶法去除和回收养猪废水中营养元素的实验研究. 环境科学学报, 2007, 27 (7): 1127-1134.

[15]　Song Y, Yuan P, Zheng B, et al. Nutrients removal and recovery by crystallization of magnesium ammonium phosphate from synthetic swine wastewater. Chemosphere, 2007, 69 (2): 319-324.

[16]　Zhang C, Chen Y. Simultaneous nitrogen and phosphorus recovery from sludge-fermentation liquid mixture and application of the fermentation liquid to enhance municipal wastewater biological nutrient removal. Environmental Science and Technology, 2009, 43 (16): 6164-6170.

[17]　Battistoni P, Pavan P, Prisciandaro M, et al. Struvite crystallization: a feasible and reliable way to fix phosphorus in anaerobic supernatants. Water Research, 2000, 34 (11): 3033-3041.

[18]　Battistoni P, De A A, Pavan P, et al. Phosphorus removal from a real anaerobic supernatant by struvite crystallization. Water Research, 2001, 35 (9): 2167-2178.

[19]　Ueno Y, Fujii M. Three years experience of operating and selling recovered struvite from full-scale plant. Environmental Technology, 2001, 22 (11): 1373-1381.

[20]　Nawamura Y, Ishiwatari H, Kumashiro K. A pilot plant study on using seawater as magnesium source for struvite precipitation. The Second International Conference on the Recovery of Phosphorus from Sewage and Animal Wastes, Noordwijkerhout, Netherlands, 2001.

[21]　Mitani Y, Sakai Y, Mishina F, et al. Struvite recovery from wastewater having low phosphate concentration. Journal of Water and Environment Technology, 2003, 1 (1): 13-18.

[22]　Scott W D, Wrigley T J, Webb K M. A computer model of struvite solution chemistry. Talanta, 1991, 38 (8): 889-895.

[23]　Musvoto E V, Wentzel M C, Ekama G A. Integrated chemical-physical processes modelling—II. Simulating

aeration treatment of anaerobic digester supernatants. Water Research，2000，34（6）：1868-1880.

[24]　王建森，宋永会，袁鹏，等. 基于 PHREEQC 程序的磷酸铵镁结晶法污水处理工艺模型化研究. 环境科学学报，2006，26（2）：208-213.

[25]　Matsumoto K，Funaba M. Factors affecting struvite（MgNH$_4$PO$_4$·6H$_2$O）crystallization in feline urine. Biochimica Et Biophysica Acta，2008，1780（2）：233-239.

[26]　Liao P H，Wong W T，Lo K V. Advanced oxidation process using hydrogen peroxide/microwave system for solubilization of phosphate. Journal of Environmental Science and Health. Part A：Toxic/Hazardous Substances and Environmental Engineering，2005，40（9）：1753-1761.

[27]　Kuroda A，Takiguchi N，Gotanda T，et al. A simple method to release polyphosphate from activated sludge for phosphorus reuse and recycling. Biotechnology and Bioengineering，2002，78（3）：333-338.

[28]　林木兰，游俊仁，汪惠阳. 鸟粪石法回收废水中磷的反应器研究现状. 化学工程与装备，2010，（8）：151-155.

[29]　Stratful I，Scrimshaw M D，Lester J N. Removal of struvite to prevent problems associated with its accumulation in wastewater treatment works. Water Environment Research，2004，76（5）：437-443.

[30]　Carballa M，Moerman W，Windt W D，et al. Strategies to optimize phosphate removal from industrial anaerobic effluents by magnesium ammonium phosphate（MAP）production. Journal of Chemical Technology and Biotechnology，2009，84（1）：63-68.

[31]　Yoshino M，Yao M，Tsuno H，et al. Removal and recovery of phosphate and ammonium as struvite from supernatant in anaerobic digestion. Water Science and Technology，2003，48（1）：171-178.

[32]　Wilsenach J A，Schuurbiers C A，van Loosdrecht M C. Phosphate and potassium recovery from source separated urine through struvite precipitation. Water Research，2007，41（2）：458-466.

[33]　解磊，赵庆良. 高浓度氨氮废水化学沉淀装置的最佳运行条件. 哈尔滨理工大学学报，2008，13（1）：96-99.

[34]　Suzuki K，Tanaka Y，Kuroda K，et al. Removal and recovery of phosphorous from swine wastewater by demonstration crystallization reactor and struvite accumulation device. Bioresource Technology，2007，98（8）：1573-1578.

[35]　Liu Z，Zhao Q，Lee D J，et al. Enhancing phosphorus recovery by a new internal recycle seeding MAP reactor. Bioresource Technology，2008，99（14）：6488-6493.

[36]　Shimamura K，Ishikawa H，Tanaka T，et al. Use of a seeder reactor to manage crystal growth in the fluidized bed reactor for phosphorus recovery. Water Environment Research：A Research Publication of the Water Environment Federation，2007，79（4）：406-413.

[37]　Adnan A，Dastur M，Mavinic D S，et al. Preliminary investigation into factors affecting controlled struvite crystallization at the bench scale. Journal of Environmental Engineering and Science，2004，3（3）：195-202.

[38]　Britton A，Koch F A，Mavinic D S，et al. Pilot-scale struvite recovery from anaerobic digester supernatant at an enhanced biological phosphorus removal wastewater treatment plant. Journal of Environmental Engineering and Science，2005，4（4）：265-277.

[39]　Eskicioglu C，Prorot A，Marin J，et al. Synergetic pretreatment of sewage sludge by microwave irradiation in presence of H$_2$O$_2$ for enhanced anaerobic digestion. Water Research，2008，42（18）：4674-4682.

[40]　Shahriari H，Warith M，Hamoda M，et al. Anaerobic digestion of organic fraction of municipal solid waste combining two pretreatment modalities，high temperature microwave and hydrogen peroxide. Waste Manage，2012，32（1）：41-52.

[41]　贾瑞来，刘吉宝，魏源送，等. 残留过氧化氢对微波-过氧化氢-碱预处理后污泥水解酸化的影响. 环境科学，2015，36（10）：3801-3808.

[42] Kubota K，Ozaki Y，Matsumiya Y，et al. Analysis of relationship between microbial and methanogenic biomass in methane fermentation. Applied Biochemistry and Biotechnology，2009，158（3）：493-501.

[43] 肖庆聪. 微波及其组合工艺在污泥磷回收及减量化中的应用研究. 北京：中国人民大学，2012.

[44] Coelho N M G，Droste R L，Kennedy K J. Evaluation of continuous mesophilic，thermophilic and temperature phased anaerobic digestion of microwaved activated sludge. Water Research，2011，45（9）：2822-2834.

[45] Feng G，Liu L，Tan W. Effect of thermal hydrolysis on rheological behavior of municipal sludge. Industrial and Engineering Research，2014，53（27）：11185-11192.

[46] Wang Y，Dieude-Fauvel E，Dentel S K. Physical characteristics of conditioned anaerobic digested sludge—a fractal，transient and dynamic rheological viewpoint. Journal of Environmental Sciences，2011，23（8）：1266-1273.

[47] Feng G，Tan W，Zhong N，et al. Effects of thermal treatment on physical and expression dewatering characteristics of municipal sludge. Chemical Engineering Journal，2014，247（2）：223-230.

[48] Erdincler A，Vesilind P A. Effect of sludge cell disruption on compactibility of biological sludges. Water Science and Technology，2000，42（9）：119-126.

[49] Valo A，Carrère H，Delgenès J P. Thermal，chemical and thermo-chemical pre-treatment of waste activated sludge for anaerobic digestion. Journal of Chemical Technology and Biotechnology，2004，79（11）：1197-1203.

[50] Eskicioglu C，Kennedy K J，Droste R L. Characterization of soluble organic matter of waste activated sludge before and after thermal pretreatment. Water Research，2006，40（20）：3725-3736.

[51] Hong S M，Park J K，Teeradej N，et al. Pretreatment of sludge with microwaves for pathogen destruction and improved anaerobic digestion performance. Water Environment Research：A Research Publication of the Water Environment Federation，2006，78（1）：76-83.

[52] Park B，Ahn J H，Kim J，et al. Use of microwave pretreatment for enhanced anaerobiosis of secondary sludge. Water Science and Technology，2004，50（9）：17-23.

[53] Namkung E，Rittmann B E. Soluble microbial products（SMP）formation kinetics by biofilms. Water Research，1986，20（6）：795-806.

[54] Barker D J，Mannucchi G A，Salvi S M L，et al. Characterisation of soluble residual chemical oxygen demand（COD）in anaerobic wastewater treatment effluents. Water Research，1999，33（11）：2499-2510.

[55] Thibault G. Effects of microwave irradiation on the characteristics and mesophilic anaerobic digestion of sequencing batch reactor sludge. Ottawa: University of Ottawa, 2005.

[56] Kuo W C，Parkin G F. Characterization of soluble microbial products from anaerobic treatment by molecular weight distribution and nickel-chelating properties. Water Research，1996，30（4）：915-922.

[57] Logan B E，Jiang Q. Molecular Size Distributions of Dissolved Organic Matter. Journal of Environmental Engineering，1990，116（6）：1046-1062.

[58] 王磊，梅翔，王金梅，等. 污泥厌氧消化液中碳酸盐对回收磷的影响. 环境工程学报，2010，4（7）：1519-1524.

[59] Chaudhary A J，Hassan M U，Grimes S M. Simultaneous recovery of metals and degradation of organic species：copper and 2,4,5-trichlorophenoxyacetic acid（2,4,5-T）. Journal of Hazardous Materials，2009，165（1）：825-831.

[60] Udert K M，Larsen T A，Gujer W. Estimating the precipitation potential in urine-collecting systems. Water Research，2003，37（11）：2667-2677.

[61] Ronteltap M，Maurer M，Hausherr R，et al. Struvite precipitation from urine-influencing factors on particle size. Water Research，2010，44（6）：2038-2046.

[62] Shimamura K，Tanaka T，Miura Y，et al. Development of a high-efficiency phosphorus recovery method using a fluidized-bed crystallized phosphorus removal system. Water Science and Technology，2003，48（1）：163-170.

[63]　Boistelle R，Abbona F. Nucleation of struvite（MgNH$_4$PO$_4$·6H$_2$O）single crystals and aggregates. Crystal Research and Technology，2010，20（2）：133-140.

[64]　Wierzbicki A，Sallis J D，Stevens E D，et al. Crystal growth and molecular modeling studies of inhibition of struvite by phosphocitrate. Calcified Tissue International，1997，61（3）：216-222.

[65]　Münch E V，Barr K. Controlled struvite crystallisation for removing phosphorus from anaerobic digester sidestreams. Water Research，2001，35（1）：151-159.

[66]　王晓莲，彭永臻. A^2/O 法污水生物脱氮除磷处理技术与应用. 北京：科学出版社，2009.

[67]　Cho J，Song K G，Sang H L，et al. Sequencing anoxic/anaerobic membrane bioreactor（SAM）pilot plant for advanced wastewater treatment. Desalination，2004，178（1）：219-225.

[68]　Ge S，Peng Y，Wang S，et al. Enhanced nutrient removal in a modified step feed process treating municipal wastewater with different inflow distribution ratios and nutrient ratios. Bioresource Technology，2010，101（23）：9012-9019.

[69]　Wang X，Peng Y，Wang S，et al. Influence of wastewater composition on nitrogen and phosphorus removal and process control in A^{2}O process. Bioprocess and Biosystems Engineering，2006，28（6）：397-404.

[70]　Fu Z M，Yang F L，Zhou F F，et al. Control of COD/N ratio for nutrient removal in a modified membrane bioreactor（MBR）treating high strength wastewater. Bioresource Technology，2009，100（1）：136-141.

[71]　王宏杰，董文艺，甘光华，等. 碳氮比对气水交替式膜生物反应器同步脱氮除碳的影响. 哈尔滨工业大学学报，2011，43（2）：45-49.

[72]　Bracklow U，Drews A，Gnirss R，et al. Influence of sludge loadings and types of substrates on nutrients removal in MBRs. Desalination，2010，250（2）：734-739.

[73]　Kargi F，Uygur A. Effect of carbon source on biological nutrient removal in a sequencing batch reactor. Bioresource Technology，2003，89（1）：89-93.

[74]　吴昌永，彭永臻，彭轶，等. 碳源类型对 A^{2}O 系统脱氮除磷的影响. 环境科学，2009，30（3）：798-802.

[75]　Vargas M，Casas C，Baeza J A. Maintenance of phosphorus removal in an EBPR system under permanent aerobic conditions using propionate. Biochemical Engineering Journal，2009，43（3）：288-296.

[76]　Puig S，Coma M，van Loosdrecht M C，et al. Biological nutrient removal in a sequencing batch reactor using ethanol as carbon source. Journal of Chemical Technology and Biotechnology，2007，82（10）：898-904.

[77]　谭国栋，李文息，何春利. 北京市污水处理厂污泥特性分析. 科技信息，2011，（7）：19-21.

[78]　Gao Y，Peng Y，Zhang J，et al. Biological sludge reduction and enhanced nutrient removal in a pilot-scale system with 2-step sludge alkaline fermentation and A^{2}O process. Bioresource Technology，2011，102（5）：4091-4097.

[79]　Tong J，Chen Y. Recovery of nitrogen and phosphorus from alkaline fermentation liquid of waste activated sludge and application of the fermentation liquid to promote biological municipal wastewater treatment. Water Research，2009，43（12）：2969-2976.

[80]　贺明和. MBR 与污泥 Fenton 氧化组合工艺对焦化废水的处理与污泥减量化. 广州：华南理工大学，2010.

[81]　He S B，Xue G，Wang B Z. Activated sludge ozonation to reduce sludge production in membrane bioreactor（MBR）. Journal of Hazardous Materials，2006，135（1-3）：406-411.

[82]　Saktaywin W，Tsuno H，Nagare H，et al. Advanced sewage treatment process with excess sludge reduction and phosphorus recovery. Water Research，2005，39（5）：902-910.

[83]　Banu J R，Uan D K，Icktae Y，et al. Nutrient removal in an A^{2}O-MBR reactor with sludge reduction. Bioresource Technology，2009，100（16）：3820-3824.

[84]　程振敏. 微波辐射技术应用于城市污水处理厂污泥磷回收的研究. 北京：中国科学院生态环境研究中心，

2008.

[85] Yoon S H, Kim H S, Lee S. Incorporation of ultrasonic cell disintegration into a membrane bioreactor for zero sludge production. Process Biochemistry, 2004, 39 (12): 1923-1929.

[86] Sun S P, Pellicer I N C, Merkey B, et al. Effective biological nitrogen removal treatment processes for domestic wastewaters with low C/N ratios: a review. Environmental Engineering Science, 2010, 27 (2): 111-126.

[87] 吴昌永. A²/O 工艺脱氮除磷及其优化控制的研究. 哈尔滨: 哈尔滨工业大学, 2010.

[88] 郑兴灿, 李亚新. 污水除磷脱氮技术. 北京: 中国建筑工业出版社, 1998.

[89] Xu Y T. Studies on volatile fatty acids carbon source for biological denitrification. Journal of East China Normal University (Natural Science), 1995, 2: 70-76.

[90] Tchobanoglous G, Burton F L. Wastewater Engineering-Treatment Disposal, and Reuse. 3rd ed. New York: McGraw-Hill, 1991.

[91] Chu L, Yan S, Xing X H, et al. Progress and perspectives of sludge ozonation as a powerful pretreatment method for minimization of excess sludge production. Water Research, 2009, 43 (7): 1811-1822.

[92] Kampas P, Parsons S A, Pearce P, et al. An internal carbon source for improving biological nutrient removal. Bioresource Technology, 2009, 100 (1): 149-154.

[93] 徐荣乐. A²/O-MBR 碳源优化及膜可持续临界通量研究. 北京: 中国科学院大学, 2014.

[94] Wentzel M C, Ubisi M F, Ekama G A. Heterotrophic active biomass component of activated sludge mixed liquor. Water Science and Technology, 1998, 37 (4-5): 79-87.

[95] 葛士建, 彭永臻, 张亮, 等. 改良 UCT 分段进水脱氮除磷工艺性能及物料平衡. 化工学报, 2010, 61 (4): 1009-1017.

[96] 吴昌永, 彭永臻, 彭轶. A²/O 工艺的反硝化除磷特性研究. 中国给水排水, 2008, 24 (15): 11-14.

[97] 黄满红, 李咏梅, 顾国维. A²/O 系统中碳、氮、磷的物料平衡分析. 中国给水排水, 2009, 25 (13): 41-44.

[98] 马勇, 彭永臻, 王淑莹. 不同外碳源对污泥反硝化特性的影响. 北京工业大学学报, 2009, 35 (6): 820-824.

第5章 结论与展望

本书在将作者多年来在微波预处理污泥技术方面的研究结果系统性地呈现后，有必要针对这一技术的优势、不足和未来发展前景做一总结，以期能够为从事该方面研究的学者和工业界提供借鉴。

5.1 结 论

（1）微波结合酸、碱、H_2O_2 的组合预处理方式，在低温（<100℃）常压的条件下，可有效实现污泥中不同组分的选择性释放。在不同组合和运行条件下，微波预处理对磷回收、内碳源利用、污泥生化处理原位减量、污泥脱水、厌氧消化等方面均具有强化作用。中试规模的研究表明其对污泥减量具有一定的经济性。

（2）微波预处理是否适用于实际污水处理厂，仍然需要在能源消耗、药剂消耗等方面进行进一步的优化，只有尽可能降低微波能量消耗和化学药剂消耗，才能使其产业化。因此，需要更高能量利用效率的微波反应器，如长波低频的微波辐射加热；更高效的 H_2O_2 利用效率，如 Fe 投加，形成微波-Fenton 反应，或残留 H_2O_2 的循化利用等，降低化学药剂的投加量。

（3）适当的物化处理结合生化处理，可能是实现污泥预处理并最大化其资源化的有效方式。采用适当的非高温高压、化学药剂投加的物化处理将污泥絮体结构破解后，依靠生化反应过程再处理，加快污泥的有机物分解。例如，污泥的好氧预处理，以及厌氧消化释放的氨氮经过亚硝化后产生游离亚硝酸，应用于污泥的预处理等。

（4）深入认识污泥絮体、微生物细胞、大分子有机物在不同预处理条件下的破解过程，明确各阶段的能量壁垒，在微波预处理释放污泥中碳、氮、磷的研究基础上，考察元素释放的源物质、微波（或组合工艺）的作用靶位、微观过程，对胞外物质解吸、细胞破碎、胞内物质溶出的过程进行分阶段研究，以明确微波在污泥溶胞过程中的作用及机理，这对于合理设计污泥预处理条件具有指导意义。

（5）在预处理强化单一过程的基础上，开展以预处理为核心的污水处理厂污泥碳、氮、磷资源化的集成化工艺研究。将预处理后污泥水分、碳、氮、磷的释放，集成厌氧消化、磷回收、内碳源利用、机械脱水各工艺单元，实现污泥单一预处理，后续多单元同时强化的集成化工艺，以扩大处理在污泥减量化、资源化方面的价值。

5.2 展　　望

剩余污泥作为污水生物处理过程产生的副产物，其处理处置仍然是我国面临的重要环境问题。尽管《水污染防治行动计划》《"十三五"生态环境保护规划》中明确提出了提升污泥处置水平，推进污泥稳定化、无害化和资源化处理处置目标，目前却仍然难以选择合适的污泥处理处置技术路线。污泥中含有大量水、有机物、氮、磷等组分，其水分的脱除及有机物、氮、磷的溶解释放却非常困难。这导致污泥的机械脱水、厌氧消化、内碳源利用、磷回收等工艺单元的效率往往较低，污泥的处理成本却较大。因此，污泥的预处理改性是提升后续减量化、资源化过程处理效率的重要途径。

早在 20 世纪 30 年代，进行污泥预处理以提高脱水效率的观点便被提出，这对提升污泥机械脱水效率具有显著效果，但因为高温高压处理过程及臭味、腐蚀、能耗等问题，难以真正大规模应用。直到 20 世纪 60 年代，人们重新认识到预处理不单单是可以用来强化污泥脱水，用其强化污泥厌氧消化更值得规模化应用。具有代表性的是 Cambi、Veolia's Biothelys、Exelys 和 SlurryCarb 等高温热水解工艺。其中，Cambi 高温热水解工艺设施已在全世界 65 座污水处理厂建成并投入使用。近年来，随着我国对污泥处理处置的迫切需求，高温热水解的污泥厌氧消化在我国也得到了规模化的应用。以北京为例，其在《北京市"十三五"时期城乡供排水设施建设规划》中明确了以"消化 + 干化 + 土地利用"为主的污泥处理处置路线，而消化将以高级厌氧消化来实现，并已在高碑店、小红门、高安屯、槐房等污水处理厂建成并运行。通过温度为 160~170℃、压力为 6~8bar 的高温热水解工艺处理污泥 30min，使有机物溶解释放、污泥黏度降低及致病微生物被杀灭，实现污泥厌氧消化的高负荷、高转化。

尽管各种各样的污泥预处理技术早就被提出，并且大量研究报道了不同预处理技术对污泥溶胞、污泥脱水、污泥厌氧消化等的促进作用，但实际规模化应用的预处理工艺仍然是以高温热水解为主，而高温高压、额外的再生水消耗等使污泥资源化的效率大打折扣。因此，高效低耗的污泥预处理技术仍然是解决污泥处理处置问题的关键。微波、超声、酸碱投加等预处理方式都被证明了对污泥溶胞的显著作用，但是，这些预处理方式仅仅停留在中试规模研究，真正规模化的应用仍然鲜有报道。虽然污泥预处理能够促进脱水、厌氧消化、溶胞释放氮磷组分，这有利于后续处理，但基于物化方法的预处理需要消耗大量的能源、化学药剂。在考虑预处理本身的能耗和化学试剂消耗后，其对污泥后续处理处置的强化作用是否仍有价值，值得进一步明确。因此，首先要解决的问题是如何选择合适的预处理方式。但是，基于实验室的研究，人们对这方面的认识还是非常不足的，物化方法的预处理技术是否真正有利于强化污泥的资源化还不确定，这是限制其规模化应用的重要因素。

　　总之，污泥预处理改性对后续污泥的处理处置至关重要，当污泥本身变得水分易于脱除，有机物容易被分解，氮、磷营养元素易于溶解释放时，后续污泥处理处置过程中的难题也将迎刃而解。本书作者经过多年的实验室研究，探究了微波及其组合工艺对污泥碳、氮、磷的选择性释放及其机制，进而对后续污泥减量化和资源化过程的影响进行了系统性探讨。尽管微波预处理技术仍然难以实际应用于污水处理厂的污泥处理处置，但借助于该方面的系统性研究，期望能为该技术的后续发展提供帮助，也能为其他预处理技术的研究和工程应用提供借鉴。

彩　图

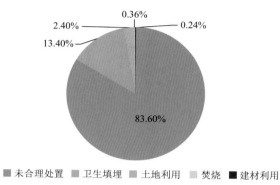

0.36%
2.40%
0.24%
13.40%
83.60%

■ 未合理处置　■ 卫生填埋　■ 土地利用　■ 焚烧　■ 建材利用

图 1-7　中国污泥处置情况（2013 年）

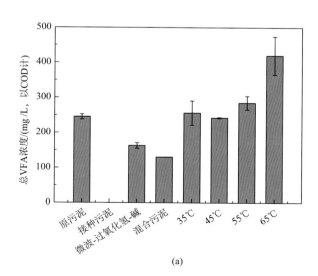

(a)

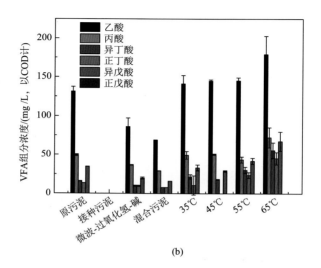

(b)

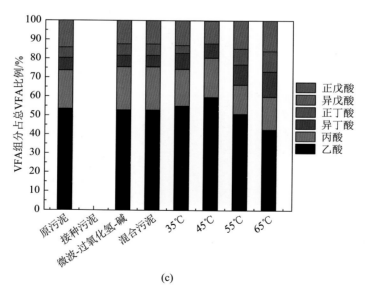

(c)

图 2-42　水解 12h、*I/S* 为 0.07 时不同污泥的总 VFA 及 VFA 组分的溶出特征

（a）总 VFA 的溶出特征；（b）VFA 组分的溶出特征；（c）VFA 组分占总 VFA 的比例

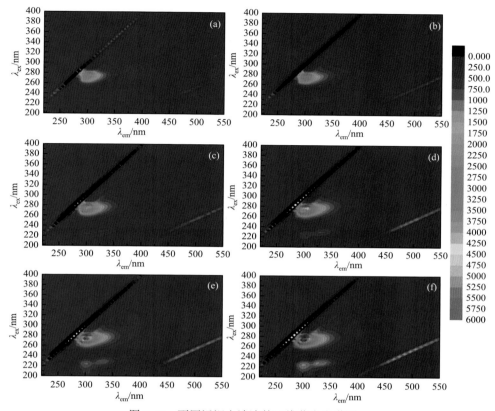

图 2-44　不同污泥上清液的三维荧光光谱图

（a）原污泥上清液；（b）MW-H₂O₂-OH 预处理后污泥上清液；（c）～（f）35℃、45℃、55℃、65℃下，I/S 为 0.07，
水解 12h 后的污泥上清液

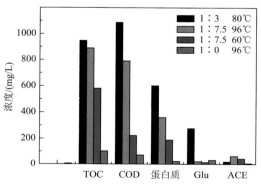

图 2-59　污泥处理液中主要成分分析

Glu. 糖类；ACE. 乙酸

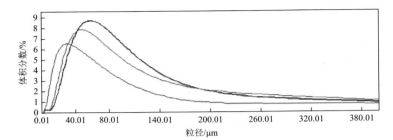

图 2-62　污泥粒径变化

图中三条曲线为平行实验结果

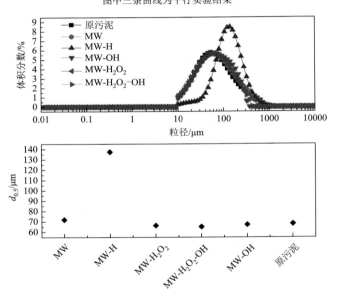

图 3-3　微波及其组合工艺对污泥粒径分布的影响

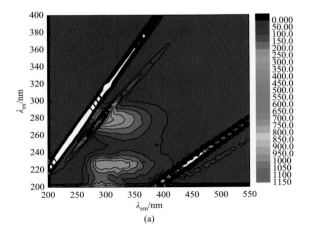

(a)

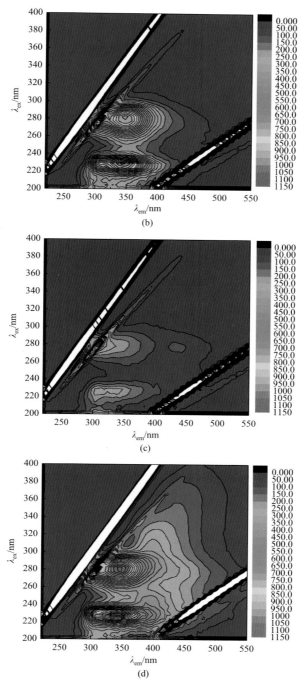

图 3-6　微波及其组合工艺释放溶解性有机物三维荧光光谱
（a）原污泥；（b）MW；（c）MW-H；（d）MW-H$_2$O$_2$-OH

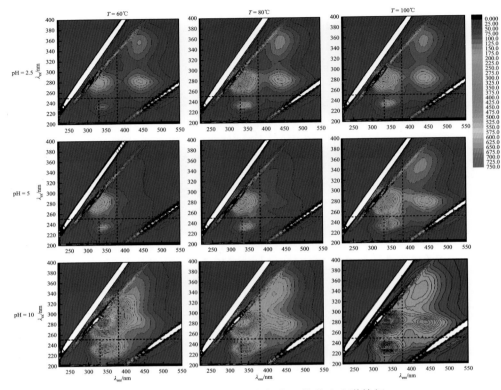

图 3-23　释放的溶解性有机物三维荧光光谱特征

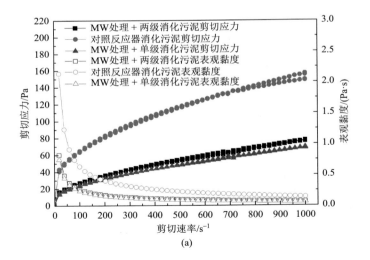

(a)

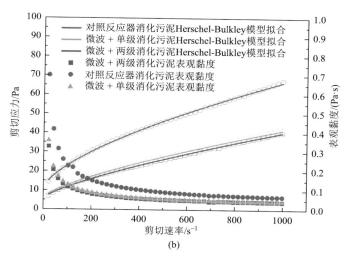

图 4-17 厌氧消化污泥流动曲线

（a）未稀释；（b）稀释

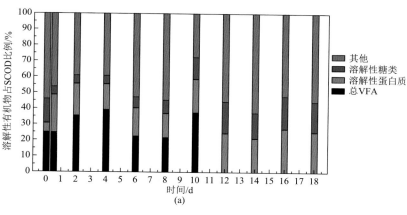

(a)

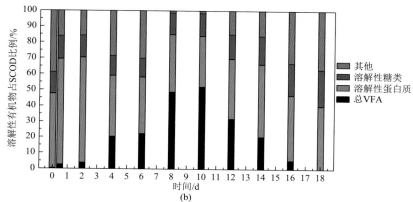

(b)

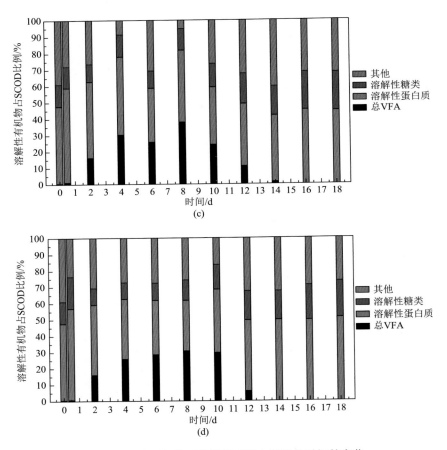

图 4-39　不同条件下碳源组成随水解酸化时间的变化

（a）对照组；（b）预处理组；（c）30mg 蛋白酶/g TS 投加组；（d）90mg 淀粉酶/g TS 投加组